FORSCHUNGSBERICHTE DES LANDES NORDRHEIN-WESTFALEN

Nr. 2895/Fachgruppe Umwelt/Verkehr

Herausgegeben vom Minister für Wissenschaft und Forschung



Prof. Dipl.-Ing. Leonhard Bommes

Fachhochschule Düsseldorf
Fachbereich 4 Maschinenbau und Verfahrenstechnik

# Minderung des Drehklanglärms bei einem Radialventilator kleiner Schnelläufigkeit

Springer Fachmedien Wiesbaden GmbH 1979

CIP-Kurztitelaufnahme der Deutschen Bibliothek

Bommes, Leonhard:
Minderung des Drehklanglärms bei einem Radialventilator kleiner Schnelläufigkeit / Leonhard Bommes. - Opladen : Westdeutscher Verlag, 1979.
(Forschungsberichte des Landes Nordrhein-Westfalen ; H. 2895 : Fachgruppe Umwelt, Verkehr)
ISBN 978-3-531-02895-8


Ursprünglich erschienen bei Westdeutscher Verlag GmbH, Opladen 1979
Gesamtherstellung: Westdeutscher Verlag
ISBN 978-3-531-02895-8 ISBN 978-3-663-19745-4 (eBook)
DOI 10.1007/978-3-663-19745-4

D 83

# V o r w o r t

Die vorliegende Arbeit entstand in den Jahren 1973 bis 1979 im Strömungsmaschinenlabor der Fachhochschule Düsseldorf.

Für die großzügige Betreuung und das mir stets entgegengebrachte Interesse in Form von wertvollen Anregungen und kritischen Diskussionsbeiträgen bin ich Herrn Professor Dr.-Ing. Heinz Gallus von der Rhein. Westf. Technischen Hochschule Aachen und Herrn Professor Dr.-Ing. Matthias Hubert von der Technischen Universität Berlin sehr zu Dank verpflichtet.

Allen Mitarbeitern, insbesondere Herrn Ing.(grad) Dieter Reinartz und Frau Charlotte Schmidtke, danke ich für ihre wertvolle Hilfe, ebenso meinen Studenten, die im Rahmen ihrer Graduierungsarbeiten an der Auswertung der Meßergebnisse und Erstellung der Schaubilder beteiligt waren.

Besonderer Dank gebührt dem Herrn Minister für Wissenschaft und Forschung des Landes Nordrhein-Westfalen für die finanzielle Unterstützung dieser Forschungsarbeit und Herrn Dr.Carl Graf Schönborn, geschäftsführender Gesellschafter der Firma Spelleken, Wuppertal, für die Bereitstellung von Mitteln.

Darüber hinaus förderten die Firmen Schlafhorst, Mönchengladbach, Kessler + Luch, Gießen, und Pollrich, Mönchengladbach, die Arbeit in dankenswerter Weise durch Sachspenden.

Dieser Forschungsbericht erscheint gleichzeitig als vom Fachbereich Umwelttechnik der Technischen Universität Berlin zur Erlangung des akademischen Grades Doktor-Ingenieur genehmigte Dissertation.

Düsseldorf, im Juli 1979 Leonhard Bommes

# I N H A L T

Seite

## 1. Einleitung

Die große Verbreitung von Ventilatoren in Industrie und Technik erfordert aus Gründen des Umweltschutzes ihre eingehende Untersuchung als Lärmerzeuger. In vielen Fällen läßt sich eine zufriedenstellende Lärmminderung durch konstruktive Maßnahmen beim Neubau in Verbindung mit sekundären Schallschutzmaßnahmen erzielen. Dies setzt aber voraus, daß zuverlässige Angaben über die Geräuscherzeugung der Ventilatoren vorliegen.

Stehen dem Hersteller und Abnehmer von Ventilatoren diese Angaben nicht zur Verfügung, so gestattet die bekannte von ALLEN /1/ bereits vor 20 Jahren aufgestellte Beziehung

$$L_{wt} = L_{ws} + 10 \lg \frac{\dot{V}}{\dot{V}_o} + 20 \lg \frac{\Delta p_t}{\Delta p_o} \pm 4 \text{ dB} \qquad (1.1)$$

zumindest eine grobe Abschätzung des Gesamtschallleistungspegels aus den Förderdaten: Volumenstrom $\dot{V}$ und Gesamtdruckerhöhung $\Delta p_t$ des optimalen Betriebspunktes. In Gl.(1.1) bedeutet $L_{ws}$ den spezifischen Schalleistungspegel, der für die einzelnen Ventilatortypen Bild 3.1e entnommen werden kann, sofern mit den Bezugsgrößen $\dot{V}_o = 1 \text{ m}^3/\text{s}$ und $\Delta p_o = 1$ Pa gerechnet wird. Wie ALLEN, CHRISTIE, GRAHAM und andere /1,2,3,4/ gezeigt haben, kann diese Beziehung auch zur näherungsweisen Abschätzung des Geräuschspektrums für Radialventilatoren mit vorwärtsgekrümmten und rückwärtsgekrümmten Schaufeln sowie für Axialventilatoren herangezogen werden, wenn man die in Tabelle 1.1 aufgeführten relativen Schalleistungspegel, die als mittlere Werte aus einer Vielzahl von Geräuschmessungen an mehr als 40 verschiedenen Ventilatortypen unterschiedlicher Baugröße und Drehzahl hervorgegangen sind, vom Gesamtschalleistungspegel nach Gl.(1.1) abzieht.

| Oktav-Mittenfrequenz Hz | Radialventilatoren vorwärts-gekrümmte Schaufeln dB | Radialventilatoren rückwärts-gekrümmte Schaufeln dB | Axial-Ventilatoren dB |
|---|---|---|---|
| 63 | 4 | 7 | 7 |
| 125 | 6 | 8 | 9 |
| 250 | 10 | 6 | 7 |
| 500 | 15 | 7 | 7 |
| 1000 | 18 | 10 | 10 |
| 2000 | 23 | 15 | 14 |
| 4000 | 27 | 20 | 18 |
| 8000 | 30 | 28 | 23 |

<u>Tabelle 1.1:</u> Mittlere relative Schalleistungspegel in Abhängigkeit von der Oktavmittenfrequenz gemäß /1 bis 4/

Die Unsicherheit dieses Berechnungsverfahrens ist aber im allgemeinen noch zu groß, so daß die Toleranzangabe von ± 4 dB für viele Fälle als zu klein angesetzt erscheint. Zu stark vereinfachend ist vor allem die Annahme, die saug- und druckseitige Schallabstrahlung erfolge mit gleicher Intensität und der Drehklang könne gemäß /5/ durch einen Zuschlag von 5 dB auf denjenigen Oktavpegel hinreichend berücksichtigt werden, dessen Frequenzbandbreite die Schaufelgrundfrequenz $f_g = nz$ enthält. Trotz all dieser Mängel und Unsicherheiten ist das ALLENsche Verfahren in die Praxis eingeführt und hat auch seinen Niederschlag in der VDI-Richtlinie 2081 gefunden /5/, allerdings mit der Einschränkung, daß es nur auf Lüftungsventilatoren, die als Nieder- und Mitteldrucktypen im Bereiche $\sigma = 0{,}35$ bis 1,6 arbeiten (Bild 3.1), anzuwenden ist.

Um zufriedenstellendere Angaben für eine gezielte Lärmbekämpfung zu erhalten, wurden in den vergangenen Jahren erhebliche Anstrengungen unternommen, das Geräuschverhalten der Ventilatoren genauer zu erforschen. Bei den meisten Veröffentlichungen liegt der Schwerpunkt auf der experimentellen Ermittlung von dimensionslosen Geräuschparametern, die in Abhängigkeit von der Geometrie des Ventilators und seinen Förderdaten gewonnen wurden. Hier sei vor allem auf eine Arbeit von MUHEIM und RATHÉ hingewiesen /6/, die eine kritische Übersicht über die gewonnenen Erfahrungen und Erkenntnisse bis zum Jahre 1968 vermittelt. Alle diese Ergebnisse basieren jedoch auf z.T. sehr unterschiedlichen und inzwischen wohl auch als überholt anzusehenden Meßverfahren, wodurch ein Vergleich der erhaltenen Meßergebnisse miteinander sehr erschwert, wenn nicht unmöglich gemacht wird.

Andere Experimentatoren haben sich mit der Schallminderung durch konstruktive Veränderungen am Ventilator selbst beschäftigt. Einen umfassenden Überblick über die Untersuchungen, die im Zeitraum der letzten 15 bis 20 Jahre durchgeführt wurden, brachte NEISE /7/. Der überwiegende Teil dieser Arbeiten ist auf die Herabsetzung des Schaufeltones gerichtet. Zusammenfassend konnte NEISE feststellen: "Die Vergrößerung des Abstandes zwischen Laufrad und Gehäusezunge, der Winkel zwischen den Laufradschaufeln und Gehäusezunge, Versetzen der Schaufeln bei Laufrädern mit zwei Einlässen und bei Laufrädern mit zwei Schaufelreihen, Turbulenzsiebe an den Vorder- und Hinterkanten der Schaufeln, Fehlanpassung der Impedanzen von Ventilator und angeschlossenem Kanalsystem sind die wichtigsten konstruktiven Maßnahmen zur Herabsetzung der Schaufeltonintensität."

LEIDEL /8/ hat bei einem Radialventilator mittlerer Schnelläufigkeit den Abstand zwischen Laufrad und Gehäusezunge sowie den Zungenradius variiert und herausgefunden, daß sich als wirksamste Maßnahme der

Geräuschminderung die Vergrößerung des Zungenabstandes erwies und eine Änderung des Abstandes von 1,6 % auf 40 % des Laufradradius eine Pegelminderung bei der Schaufelfrequenz um 20 dB im Optimalpunkt erbrachte.

Ein größerer Abstand zwischen Laufrad und Zunge kann dazu benutzt werden, dem äußeren Durchmesser des Schaufelkranzes einen mitrotierenden schaufellosen Leitring aufzusetzen, in welchem sich das unregelmäßige Strömungsprofil an den Schaufelenden glättet und die entsprechend starken Druckschwankungen spürbar abbauen. Ähnlich mitrotierende Diffusoren wurden, soweit festgestellt werden konnte, erstmals von BARON /9/ zum Zwecke der Geräuschminderung mit Erfolg verwendet.

PILTZ /10/, der sich mit dem Einfluß unterschiedlicher Schaufelaustrittswinkel $\beta_2$ bei sonst gleichen Abmessungen des Rades auf die Geräuscherzeugung von Radialventilatoren auseinandergesetzt hat, kommt zu dem Schluß, daß die Terzbandspektren eine typische Abhängigkeit von $\beta_2$ aufweisen. Danach dominiert für $\beta_2 \leqq 30^o$ im Spektrum der Drehklang gegenüber dem Rauschen, während für $\beta_2 \geqq 30^o$ der Pegel des Strömungsrauschens im Gesamtgeräusch vorherrscht und die zugehörige Pegelspitze des Drehklanganteils zunehmend verschluckt wird.

MELLIN und SOVRAN /11/ beschäftigten sich mit der Reduzierung der Schaufeltonkomponenten durch ungleiche Schaufelteilung. Ausgangspunkt ist ein ringförmiges Schalldruckwellenmuster, das von der Schaufelanordnung geprägt wird. Die Wellenform (sinusförmig, dreieckig, rechteckig) der einzelnen Schalldruckimpulse ist für jede Schaufel gleich und bestimmbar durch Messung des Frequenzspektrums, das von einer symmetrischen Schaufelanordnung erzeugt wird. Hierbei weicht die Wellenform umso mehr von der sinusförmigen Gestalt ab, je mehr Obertöne auftreten. Mit Hilfe eines Näherungsverfahrens können die günstigsten ungleichen Schaufelabstände berechnet werden. Eine ungleiche Schaufelteilung, die jedoch eine Erregung einer großen Anzahl von vorher nicht vorhandenen Tönen nicht harmonischer Frequenzen zur Folge hat, kann aber nur dann zu einer Geräuschminderung beitragen, wenn der Schaufelgrundton bei gleicher Schaufelteilung besonders stark aus dem Rauschspektrum hervortritt.

Die experimentelle Geräuschforschung an Ventilatoren hat zwar erhebliche Fortschritte gebracht, doch können die Fragen der Schallentstehung und -ausbreitung mit dem bisherigen Wissensstand in einigen Punkten noch nicht eindeutig beantwortet werden. Wohl läßt sich nach LIGHTHILL und anderen /12,13,14/ die aerodynamische Schallentstehung qualitativ beschreiben, eine quantitative Aussage nach dieser Theorie, die auf der Basis von drei typischen Elementarquellen: Monopol, Dipol und Quadrupol, beruht, ist aber wegen der sehr komplizierten Strömungsvorgänge im Ventilatorinnern nicht möglich. Das gilt ganz besonders für den typischen "Langsamläufer", der relativ schmale und lange Schaufeln besitzt und immer dann benötigt wird, wenn kleine Volumenströme gegen hohe Drücke zu fördern sind. Seine Arbeitsweise ist daher von vornherein lärmintensiv.

Die schwierige mathematische Erfassung des Ventilatorlärms führte dazu, die Schallemission nach ähnlichkeitsmechanischen Kriterien zu analysieren, da sich die erhaltenen Meßergebnisse im Hinblick auf ihren Quellcharakter meist gut deuten lassen. Daher konnten mit den in Abschnitt 3 behandelten strömungsakustischen Modellvorstellungen bisher noch die besten Ergebnisse erzielt werden.

## 2. Aufgabenstellung und Abgrenzung

Ausgangspunkt der Untersuchung ist ein Langsamläufer radialer Bauart, der seinen Standort im Cordier-Diagramm, Bild 3.1, bei $\sigma$ = 0,135 hat und dessen Hauptbemessungsgrößen in den Bildern 2.1 und 2.2 dargestellt sind. Im vorliegenden Fall hat der Ventilator, der in einer automatischen Kreuzspulmaschine, Bild 2.3, arbeitet, einen Unterdruck von 12000 Pa aufzubringen. Der relativ hohe Unterdruck wird benötigt, um bei einem Fadenbruch zwischen Spule und Fadenspanner die beiden Fadenenden des umzuspulenden Garns mit einer automatischen Knotervorrichtung (9) anzusaugen und zu verknüpfen. Die starke Geräuschabstrahlung infolge der notwendig hohen Drehzahl bzw. Umfangsgeschwindigkeit des Laufrades $n = 5000\ min^{-1}$ bzw. $u_2 = 133$ m/s kann zunächst durch einen Austrittsschalldämpfer (8) auf ein erträgliches Maß von 80 dB(A) reduziert werden. Vom Luftstrom mitgeführte Staub- und Paraffinpartikel sowie Spinnpuder und Textilflusen verschmutzen jedoch nach relativ kurzer Betriebszeit den Absorptionsschalldämpfer derart, daß der Lärmpegel in der Umgebung der Maschine auf über 90 dB(A) ansteigt und eine Reinigung der Kulissendämpfer erforderlich wird.

Aufgabenschwerpunkt war es festzustellen, ob und in welchem Maße sich vor allem der lästige Drehklanglärm durch geeignete konstruktive Maßnahmen an der Laufrad- und Gehäusegeometrie vermindern bzw. ausschalten läßt, um die Standzeit des Schalldämpfers zu erhöhen und die nicht unerheblichen Kosten für notwendige Schallschutzmaßnahmen herabzusetzen. Darüber hinaus sollte untersucht werden, wie sich die Geräuschmeßdaten mit Hilfe akustischer Modellgesetze auf geometrisch ähnliche Ventilatoren zweckmäßig übertragen lassen.

Die Aufgabenstellung erfordert eine Meßmethode, die nicht nur in aerodynamischer, sondern vor allem in akustischer Hinsicht einwandfrei reproduzierbare Meß-

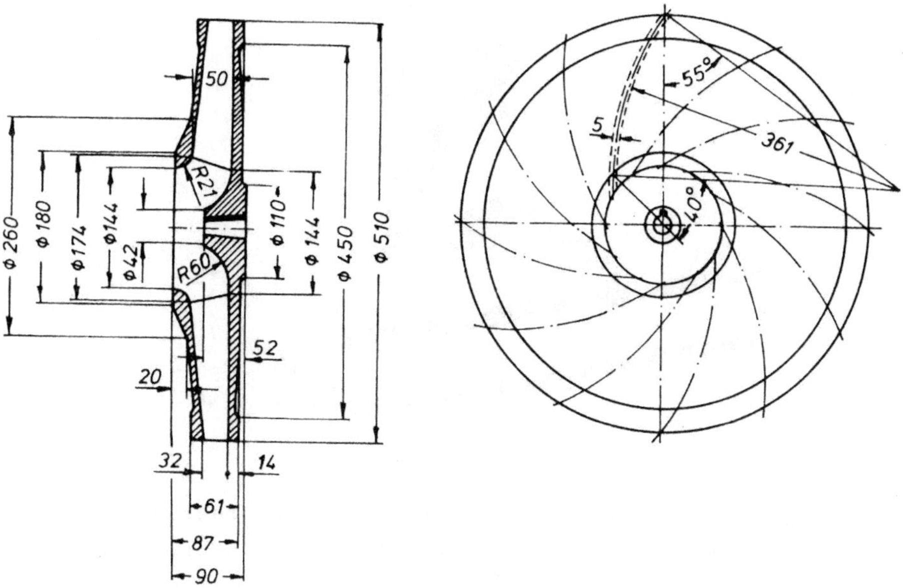


Bild 2.1: Abmessungen des Originalrades

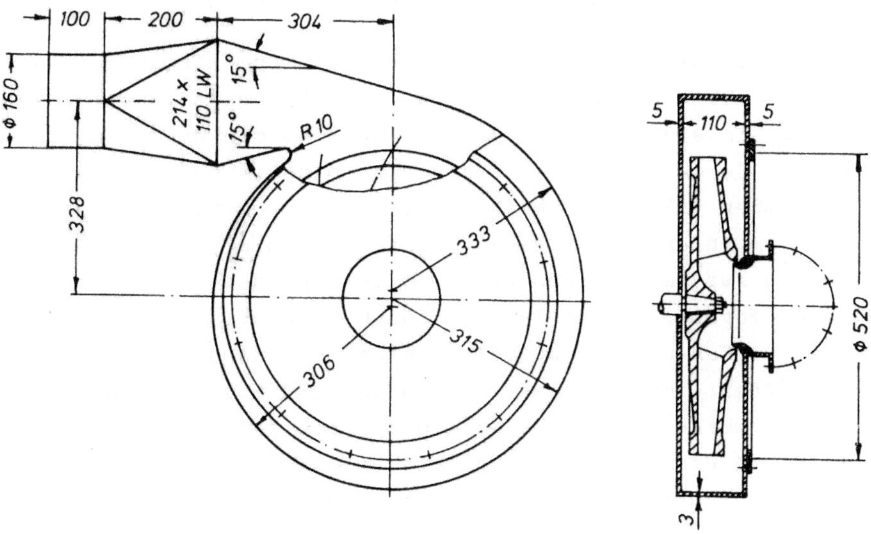


Bild 2.2: Abmessungen des Originalgehäuses

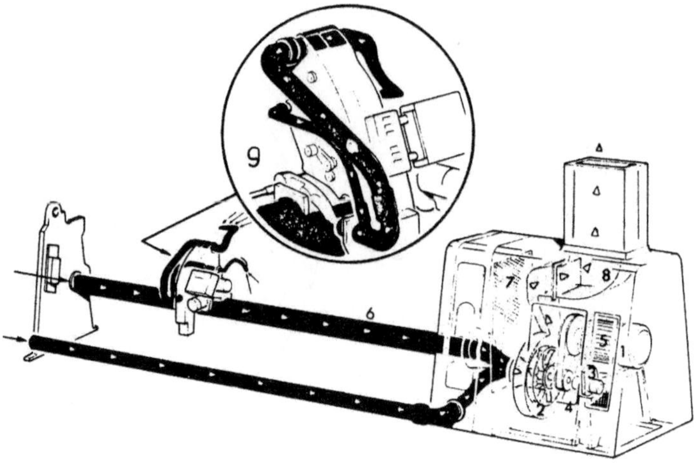


Bild 2.3: Hauptelemente der automatischen Kreuzspulmaschine
1 Ventilatormotor, 2 Radialventilator,
3 verstellbare Motorwippe, 4 Tür,
5 Siebfenster, 6 Saugrohrtraverse,
7 Sieb, 8 Austrittsschalldämpfer,
9 automatische Knotervorrichtung

entnommen aus Katalog "Autoconer"(6483d-12.74) der Firma W. Schlafhorst, Mönchengladbach

werte liefert, damit der Einfluß auch von relativ geringfügigen konstruktiven Änderungen exakt registriert werden kann. Ein einheitlich genormtes Geräuschmeßverfahren für diesen Zweck existiert jedoch noch nicht. Wohl ist im September 1977 mit DIN 45 635 Teil 9 in Übereinstimmung mit dem Internationalen Norm-Entwurf ISO/DIS 5136 ein Vorschlag zur Messung des Ventilatorgeräusches veröffentlicht worden, dessen Inhalt jedoch noch nicht die endgültige Fassung der beabsichtigten Norm darstellt, sondern der Öffentlichkeit erst zur Prüfung und Stellungnahme vorgelegt wurde. In dieser Norm wird eine Methode zur Bestimmung der Schalleistung, die vom Geräuscherzeuger in einen reflexionsarm ausgebildeten Kanal abgestrahlt wird, empfohlen. Für Ventilatoren werden in der Regel zwei solcher Kanäle, jeweils einer für die Saug- bzw. Druckseite benötigt. Das Geräusch soll stationär sein, darf aber breitbandigen, schmalbandigen und tonalen Charakter aufweisen. Der Bereich der Meßkanaldurchmesser erstreckt sich von 0,15 bis 2 m. Die maximale Strömungsgeschwindigkeit ist auf 30 m/s begrenzt, da die Reduzierung der turbulenten Druckschwankungen durch den Mikrophonvorsatz /15/ bei höheren Geschwindigkeiten ungenügend ist.

Trotz des erheblichen Fortschrittes, den das in DIN 45635 empfohlene Meßverfahren gegenüber älteren Verfahren /16,17/ darstellt, ist auch diese Methode für Untersuchungen an extremen Langsamläufern gemäß Bild 2.1, bei denen Kanalgeschwindigkeiten bis zu 65 m/s und mehr auftreten, denkbar ungeeignet. Es war daher notwendig, einen speziell auf diesen Ventilatortyp zugeschnittenen Geräuschmeßprüfstand zu entwerfen, um mit eigens für diesen Zweck entwickelten Spezialsonden die druck- und saugseitige Geräuschemission des Ventilators unter Ausschaltung des "Pseudoschalls" auch bei den höheren Strömungsgeschwindigkeiten störungsfrei aufnehmen zu können. Nähere Einzelheiten hierüber sind in Abschnitt 4 enthalten.

Da der zu untersuchende Radialventilator als typischer Langsamläufer in seiner Grundkonstruktion festliegt, erschien es sinnvoll, die Untersuchungen auf eine Variierung von Schaufelzahl, Laufradaußendurchmesser und Zungenform zu beschränken.

## 3. Ähnlichkeitsgesetze

Im Ventilatorenbau arbeitet man sehr erfolgreich mit dimensionslosen Kennzahlen, die als Unterscheidungsmerkmal für die verschiedenen Bauarten und deren Betriebsverhalten sowie als Unterlage für Neukonstruktionen dienen. Die wichtigsten davon, die aus dem Volumenstrom, der spezifischen Strömungsarbeit, dem Laufradaußendurchmesser, der Drehzahl, der Antriebsleistung und der Gesamtschalleistung des Ventilators hervorgehen, wurden in Bild 3.1 in Form von Kennkurven dargestellt, die in Übereinstimmung mit CORDIER und anderen /4,18,19,20/ aus den an vielen ausgeführten Ventilatoren radialer und axialer Bauart gemessenen und normierten Betriebsdaten des Optimums punktweise ermittelt und in Abhängigkeit von der Schnellaufzahl oder Laufradformkennzahl $\sigma$ aufgetragen wurden. Um die durch Zähigkeits- und Rauhigkeitseinflüsse verursachte Streuung der Optimalwerte mit zu erfassen, sind die einzelnen Kennkurven durch einen schraffiert angedeuteten Kurvenstreifen erweitert worden /21/. Unterhalb der $\sigma$ -Achse befinden sich noch die Abbildungen einiger Laufräder, die nach Form und Größe zueinander typisch für die darüber angezeigten $\sigma$ -Werte sind.
Die einzelnen Kurvenbänder in Bild 3.1 spiegeln die Gesetzmäßigkeit wider, nach der sich für ein bestimmtes Wertepaar $\dot{V}$ und $Y_t$ die Laufradbemessungsgrößen, die Strömungsgeschwindigkeit im Saug- oder Druckstutzen, die Umfangsgeschwindigkeit des Laufrades, der Wirkungsgrad bzw. Leistungsbedarf und die Gesamtschallleistung mit der Drehzahl des Ventilators optimal ändern. Mit ihnen werden also die Auswahl und die Bemessung eines Ventilators für einen bestimmten Bedarfsfall sehr erleichtert. Allerdings kann mit $L_{ws}$ aus Bild 3.1e, wie bereits erwähnt, in Verbindung mit Gl.(1.1) und Tabelle 1.1 nur eine grobe Abschätzung der Gesamtschalleistung und des Oktavbandspektrums

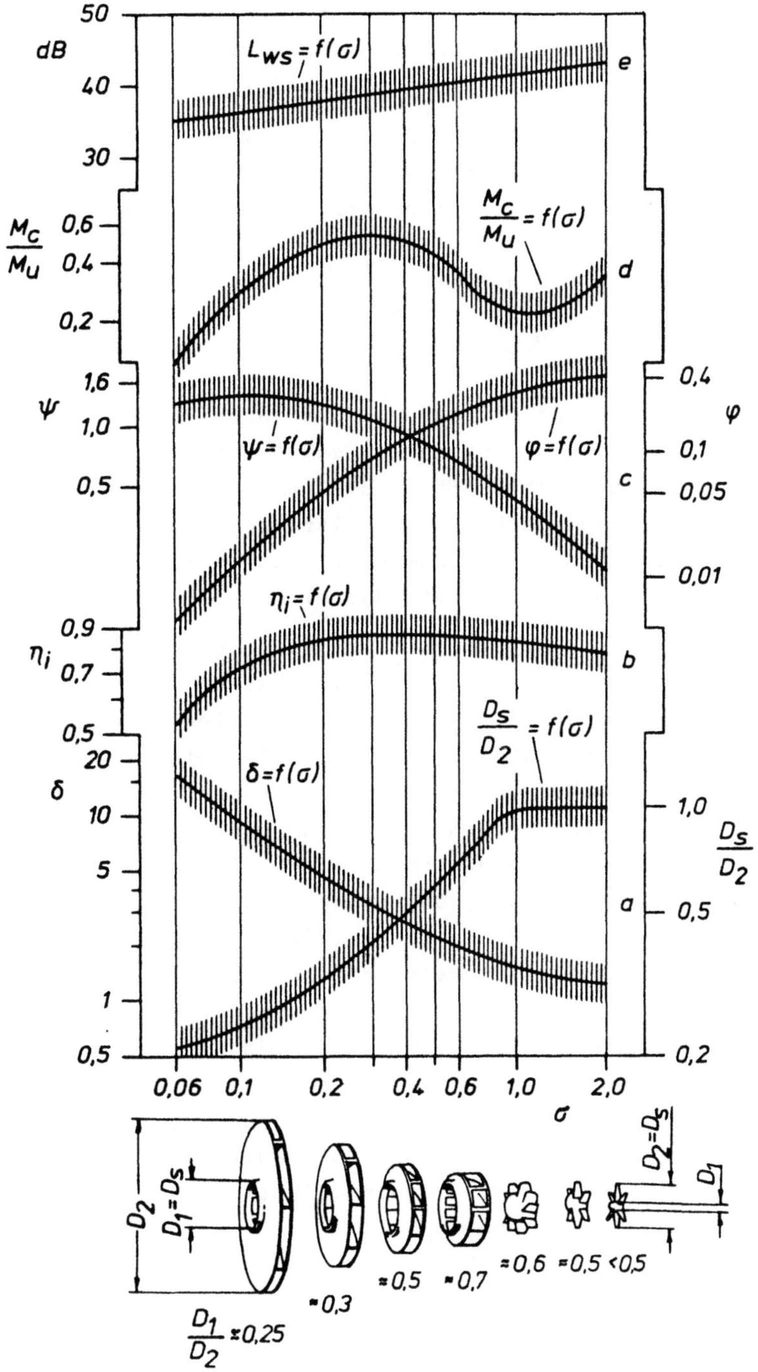


ld 3.1: Ordnungsdiagramme der Ähnlichkeitsmechanik für Ventilatoren, zusammengestellt nach /22/

vorgenommen werden, welche den heutigen Ansprüchen, die an eine Geräuschvorausberechnung gestellt werden, nicht mehr in vollem Umfange genügt.

Die Funktionswerte der Kennkurven $M_c/M_u = f(\sigma)$ in Bild 3.1d sind mit den $\varphi$ - und $D_s/D_2$-Werten aus Bild 3.1c und a wie folgt berechnet worden:

$$\frac{M_c}{M_u} = \frac{c}{u} = \frac{\dot{V}}{\pi \frac{D_s^2}{4} u} = \frac{\varphi}{\left[\frac{D_s}{D_2}\right]^2} \qquad (3.1)$$

Im Zusammenhang mit dem Turbulenzgrad der Strömung im Saug- oder Druckstutzen ist das Machzahlverhältnis $M_c/M_u$, wie in Abschnitt 4.3.2 näher begründet wird, ein Kriterium dafür, ob bei Geräuschmessungen im Kanal vor und hinter dem Ventilator mit "Pseudoschalleinfluß" zu rechnen ist oder nicht.

Bei Ventilatoren ist im allgemeinen ein Breitbandspektrum mit einem von der Strouhalzahl abhängigen Verlauf vorhanden, das mehr oder weniger von einem Linienspektrum überlagert wird. Die Intensität der diskreten Schallanteile, die meist aus dem Grundton und seiner Harmonischen bestehen, ist stark vom Bautyp abhängig. Schaufelform, Schaufeldicke, Schaufelzahl, Laufradbreite, Gehäusespalt und viele andere Konstruktionsmerkmale können hier von großem Einfluß sein. Grundsätzlich kann in diesem Spektrum ein "primär aerodynamischer Anteil", verursacht durch die Fluidströmung im rotierenden Laufrad und zwischen den feststehenden Gehäuseteilen, sowie ein "sekundärer Schallanteil", bestehend aus mechanischen Schwingungen und Gehäuse- sowie anderen Hohlraumresonanzen, unterschieden werden. Dies ergibt die im folgenden aufgeführte Einteilung /6/:

a) Aerodynamische Geräuschquellen:

- Quellen mit diskreten Frequenzen (Linienspektrum), verursacht durch periodische Störungen der Fluidströmung; hierzu gehören Drehklang und Sirenenklang.
- Quellen mit kontinuierlichem Spektrum (Breitbandgeräusch), verursacht durch stochastische Störungen der Fluidströmung; hierzu gehören Grenzschichtgeräusch, Ablösungs- und Wirbelgeräusch, Turbulenz- oder Strahlgeräusch.

b) Resonanzen und Schwingungen:

- Hohlraumresonanzen und stehende Wellen,
- mechanische Resonanzen und Schwingungen fester Maschinenteile.

Bei Ventilatoren interessiert im Zusammenhang mit den Hohlraumresonanzen vor allem das "Primärgeräusch", da es von der Strömungsleistung dominierend bestimmt wird, während das "Sekundärgeräusch", soweit es sich um mechanische Schwingungen fester Maschinenteile handelt, durch geeignete konstruktive Maßnahmen und durch sorgfältiges Auswuchten der rotierenden Teile sowie eine günstige Auswahl der Lager immer in erträglichen Grenzen gehalten werden kann.

Die breitbandige Komponente im Schallspektrum eines Ventilators wird, ihrem Ursprung entsprechend, Wirbelgeräusch genannt, das durch aerodynamische Kräfte hervorgerufen wird, die durch Wechselwirkung zwischen den einzelnen Schaufel- und Gehäuseflächen und der Strömung entstehen. Man unterscheidet drei verschiedene Entstehungsmechanismen /23/:

- die Wechseldruckverteilung infolge der turbulenten Grenzschicht auf den angeströmten Oberflächen;
- die wechselnden örtlichen Auftriebs- und Widerstandskräfte, verursacht durch die Wirbelablösungen von der Hinterkante der umströmten Schaufel;

- die wechselnden örtlichen Auftriebs- und Widerstandskräfte, hervorgerufen durch Geschwindigkeitsschwankungen (Turbulenz) der Zu- und Abströmung.

Die turbulente Strömungsform ist verantwortlich für den stochastischen Charakter der Wechselkräfte und somit für die breitbandige Verteilung der Schallenergie im Frequenzspektrum (Rauschvorgang). Die Ursache für die diskrete Komponente, den "Drehklang", liegt in einer periodischen Erregung eines Druckimpulses durch die Schaufeln, was ein von der Schaufelzahl abhängiges und mit der Schaufelfrequenz rotierendes Druckfeld zur Folge hat. Die Fourier-Analyse dieser Druckimpulse ergibt ein Linienspektrum mit der Schaufelfrequenz als Grundton und den ganzzahligen Obertönen, deren Druckamplituden umso größer sind, je kleiner die Schaufelzahl ist. Die Frequenzen des Drehklanges berechnen sich aus Schaufelzahl z und Drehzahl n zu

$$f = n\ z\ H \qquad (3.2)$$

mit H = 1,2,3...... als Klasse der Harmonischen.

Die Entstehung des Sirenengeräusches beruht auf der Tatsache, daß das Geschwindigkeitsfeld im Nachlauf eines Körpers instationär ist. Rotieren die Schaufeln durch ein solches sich periodisch änderndes Geschwindigkeitsfeld, so ändern sich auch der Schaufelan- und -abströmwinkel und damit die örtlichen Auftriebs- und Widerstandskräfte. Ihrer Natur nach treten diese Erscheinungen besonders bei den Axialventilatoren auf. Dasselbe geschieht aber, wenn ein nicht rotierender Gehäuseteil, z.B. die Zunge des Spiralgehäuses beim Radialventilator, von einem solchen wechselnden Geschwindigkeitsfeld angeströmt wird. Die Intensität des Sirenengeräusches hängt direkt vom Abstand zwischen Laufrad und Zunge ab sowie von der Art der Nachlaufdelle, die bestimmt wird von der Schaufeldicke, der Druckbelastung der Schaufel, also der Schaufelzahl, und von der aerodynamischen Formgebung. Dünne Schaufeln verursachen ein geringeres Sirenengeräusch als dickere Schaufeln. Sirenenklang und Drehklang können meist nicht voneinander getrennt werden und haben die gleiche Schaufelgrundtonfrequenz. Wie schon erwähnt, kann auch durch eine asymmetrische Schaufelteilung die Intensität des Grundtones beträchtlich verringert werden. Dafür treten aber andere nichtharmonische Töne im Spektrum auf, die vorher nicht vorhanden waren. Drehklang und Sirenengeräusch können im Zusammenwirken vor allem mit Hohlraumresonanzen sehr verstärkt, aber auch fast vollständig ausgelöscht werden.

Experimentelle Untersuchungen von WOLLHERR /24/ und LEIST /25/ bestätigen die Annahme, daß als Tonquellgebiet hauptsächlich der Raum zwischen Laufradaustritt und Gehäusezunge in Betracht kommt.

Nach heutigen Vorstellungen wird der Drehklang im wesentlichen durch zwei akustische Modelle beschrieben:

- Die periodischen Volumenstromschwankungen zwischen Laufrad und Gehäusezunge können auf den Grundtyp des Monopols zurückgeführt werden. Der Schalldruck ist dem Quadrat der Geschwindigkeit proportional und die Schalleistung folgt dem Gesetz

$$W \sim \frac{\rho}{2} c^3 \cdot Ma \cdot S \qquad (3.3)$$

  Die Schalleistung eines Monopols (auch Flußquelle genannt) setzt sich demnach zusammen aus einem

| | |
|---|---|
| Intensitätsterm | $\rho c^3/2$ |
| Machzahlterm | $Ma = c/a$ |
| Flächenterm | $S = 4\pi r^2$ |

- Die periodischen Kräfteschwankungen als Folge der Druckschwankungen am Laufradaustritt führen mehr auf den Typ eines Dipols. Die Größe der Kräfteschwankungen ist u.a. vom Drucksprung zwischen Saug- und Druckseite an den Schaufelenden und damit von der Schaufelzahl abhängig.

  Die Schallabstrahlung eines Dipols läßt sich durch das Zusammenwirken zweier Monopole mit entgegengesetzter Phase verstehen.

  Die Schalleistung des Dipols (auch Impulsquelle genannt) folgt dem Gesetz

$$W \sim \frac{\rho}{2} \cdot c^3 \cdot Ma^3 \cdot S \qquad (3.4)$$

  und setzt sich ebenfalls aus einem Intensitätsterm und Flächenterm zusammen, der Machzahlterm jedoch hat den Exponenten 3.

Bei Ventilatoren treten die Schallquellen meist in gemischter Form mit Monopol- und Dipolanteilen auf. Durch das Experiment kann der Anstieg des Schalleistungspegels (zumindest der mittlere Pegelgradient) in Abhängigkeit von einer charakteristischen Geschwindigkeit, z.B. der Umfangsgeschwindigkeit des Laufrades, bestimmt und daraus der prozentuale Anteil der aufgeführten Quelltypen ermittelt werden.

Daher ist die folgende Zusammenstellung oftmals von Nutzen:

Flußquelle bzw. Monopol: $W \sim c^3 \cdot Ma \sim c^4$

Die Schalleistung wächst hier mit der 4. Potenz der Strömungsgeschwindigkeit.

Impulsquelle bzw. Dipol: $W \sim c^3 \cdot Ma^3 \sim c^6$

Hier steigt die Schalleistung mit der 6. Potenz der Strömungsgeschwindigkeit an.

Von BROCKMEYER /26/ wurde eine anschauliche Beschreibung beider Quelltypen veröffentlicht. LEIST /25/ hat durch experimentelle Untersuchungen die Modellvorstellung vom Monopolcharakter erhärtet, WOLLHERR /24/ dagegen die vom Dipol. LEIDEL /8/ ermittelte Drehklangexponenten, die je nach Lieferzahl und Zungenform Werte zwischen 5,2 und 6,4 annehmen und somit mehr dem Dipol entsprechen.

Bekanntlich wird durch die im Ventilatorenbau angewandten Modellgesetze die Bemessung von Neuentwürfen und die Berechnung der Strömungs- und Antriebsleistung enorm erleichtert. Mit akustischen Ähnlichkeitsgesetzen soll das gleiche in bezug auf die Vorausberechnung der Schalleistung und des Frequenzspektrums erreicht werden, jedoch ist hier die Problematik wesentlich schwieriger. Einfache Ansätze zu dieser Thematik machte MADISON /27/. Als Variable wurden lediglich Laufraddurchmesser $D_2$, Drehzahl n, Lieferzahl $\varphi$ und Druckzahl $\psi$ betrachtet. Auf eine Beschreibung der spektralen Verteilung der Schallenergie und einen eventuell vorhandenen Zähigkeitseinfluß ging MADISON nicht ein. MALING /28/ ging weiter und verlangte neben Einhaltung der strengen geometrischen Ähnlichkeit die Einbeziehung der Zähigkeit und die Berücksichtigung der Spektren. Bei RIOLLET /29/ treten neben der Reynoldszahl Re, Machzahl Ma und Lieferzahl $\varphi$ bereits die Strouhalzahl St und Helmholtzzahl He in Erscheinung. Die experimentelle Verifizierung seiner aufgestellten Beziehungen gelang RIOLLET jedoch nicht. Erst WEIDEMANN /30/ erzielte den entscheidenden Durchbruch.Die experimentellen Untersuchungen wurden allerdings an einem freilaufenden Radialrad ohne Gehäuse mit einem Kantenwinkel zur Simulation der Gehäusezunge im reflexionsfreien Raum vollzogen. Unter diesen vereinfachenden Voraussetzungen kam WEIDEMANN zu dem Produktansatz

$$K_{\tilde{p}} = \frac{\tilde{p}}{\tilde{p}_0} = k \cdot Re^{\alpha} \cdot Ma^{\beta} \cdot F(St) \cdot G(He) \qquad (3.5)$$

Die ersten Faktoren in Gl.(3.5) beinhalten Drehzahl und Baugröße und berücksichtigen den aerodynamischen Einfluß; das akustische Verhalten beschreiben die Funktionen F(St) und G(He).

Die "Erregerfunktion" F(St) gibt die Quellstärke der einzelnen Harmonischen wider; der "Systemfrequenzgang" G(He) beschreibt die von der Geometrie des Laufrades und Gehäuses geprägten Resonanzeigenschaften des Ventilators, wie sie auch ein Helmholtzresonator zeigt.

AGNON /31/ führte am gleichen Rad, jedoch eingebaut in ein Spiralgehäuse, experimentelle Untersuchungen durch. Er folgerte aus seinen Meßergebnissen, daß für einen Radialventilator mit Gehäuse das Produktgesetz von WEIDEMANN zu einfach ist und nur für Wellenlängen $\lambda < D$ Gültigkeit besitzt. Für eine genauere Darstellung formulierte AGNON das Produktgesetz wie folgt:

$$\tilde{p} = \rho_0 \cdot u^2 \cdot Re^{\alpha} \cdot Ma^{\beta} \cdot F(St) \cdot G(He, \Theta) \qquad (3.6)$$

Der Einfluß der Umfangsgeschwindigkeit wird zerlegt in einen Staudruckanteil $\rho_0 u^2$, worin auch die Modellvorstellung des Monopolcharakters zum Ausdruck kommt, und in Potenzen von Mach- und Reynoldszahl. AGNON führte ebenfalls Freifeldversuche aus, so daß der Systemfrequenzgang auch noch vom Polarwinkel $\Theta$ des Mikrophonstandortes abhängig sein kann.

Viele Gase verhalten sich unter gewöhnlichen Bedingungen wie ein ideales Gas. Unter diesen Voraussetzungen gibt BARTENWERFER /32/ den Schalldruck bei einer Frequenz f als Funktion folgender symbolischer Kenngrößenbeziehung an

$$K = \rho_0 \cdot u^2 \cdot K' \left(Re,\ \kappa Ma^2,\ St,\ \varphi,\ \frac{x_i}{D},\ \frac{d_i}{D}\right) \qquad (3.7)$$

mit $K = \Delta\tilde{p}$ bzw. $K = \Delta\tilde{p}/\left(\frac{\Delta f\ D}{a}\right)^{1/2}$ als effektivem Mittelwert der schmalbandig gefilterten Druckschwankungen des Drehklangs bzw. Rauschens.

Die geometrischen Parameter $d_i$ von Laufrad und Spiralgehäuse kennzeichnen die Bauart des Ventilators, dessen Wände als akustisch hart anzusehen sind.
$x_i$ sind die Meßortkoordinaten bei Messungen im Freifeld.

Bei Ventilatoren, die mit einem Kanalsystem verbunden sind, erscheint es zweckmäßig, Geräuschmessungen unmittelbar in angeschlossenen reflexionsarmen Kanälen vorzunehmen. Die Meßortkoordinaten sind dann unabhängig von der Position des Mikrophons und bleiben daher für jede Messung konstant. Die Bemessungsparameter $d_i$, die auch die dimensionslosen Kennzahlen $\varphi$ und $\psi$ beinhalten, lassen sich durch die im Strömungsmaschinenbau häufig benutzte Schnellaufzahl $\sigma$ zusammenfassen.
$\sigma$, aus den Betriebsdaten des Bestpunktes gewonnen, gibt einen ersten, unverwechselbaren Anhalt über die charakteristische Laufradform (Bild 3.1), obwohl die Konstruktionsparameter des Laufrades $D_1/D_2$, $\beta_S$, $z$, $b_2/D_2$ bei gleichem $\sigma$ keinesfalls dieselben zu sein brauchen.

Gl.(3.7) kann daher auch für einen bestimmten, an ein Kanalsystem angeschlossenen Ventilatortyp wie folgt geschrieben werden

$$K = \rho_0 \cdot u^2 \cdot K'(Re, \kappa Ma^2, St, \sigma) \qquad (3.8)$$

Die Produktformeln (3.5) und (3.6) sind aus den symbolischen Kenngrößenbeziehungen (3.7) und (3.8) hervorgegangen.

## 3.1 Einfluß des Reynoldsschen Modellgesetzes

Nach WEIDEMANN /30/ ist für den Drehklang der Exponent der Re-Zahl $\alpha = 0{,}2$, für das Rauschen ist $\alpha = 0$.
AGNON, BARTENWERFER u.a. /31,32,25/ stellten fest, daß der Einfluß der Zähigkeit des geförderten Fluids sowohl auf den Drehklang als auch auf das Rauschen und den Gesamtpegel vernachlässigt werden kann, wenn die Reynoldszahl $> 10^5$ ist, was auch für die meisten

Industrieventilatoren zutrifft. Somit kann im weiteren das Reynoldssche Modellgesetz außer Betracht gelassen werden.

### 3.2 Einfluß des Machschen Modellgesetzes

Von den meisten Experimentatoren wurde festgestellt, daß sich der Schalldruck mit der 2. bis 3. Potenz des Machzahl-Terms ändert. Die empirische Ermittlung des Machzahlexponenten $\beta$ erbrachte in der Regel unterschiedliche, vom Bautyp und Betriebspunkt abhängige Werte. So kann $\beta$ nach ZELLER, HOLLE und LÜBCKE /4,33/ Werte zwischen 2 und 5 annehmen, wobei die Werte mit der Machzahl ansteigen. Jüngere Messungen an Radialventilatoren mit rückwärtsgekrümmten Schaufeln und Durchmesserverhältnissen $D_1/D_2 = 0{,}4$ ergaben $\beta$-Werte von etwa 2,2 bis 2,6. WEIDEMANN /30/ ermittelte im reflexionsarmen Raum an einem freilaufenden Rad ein $\beta$ von 2,6, AGNON /31/ für das gleiche Rad mit Spiralgehäuse unter sonst gleichen Meßbedingungen einen Wert von 2,3. Untersuchungen von BARTENWERFER und GIKADI /34/ an einem Ventilator mit angeschlossenen Kanälen ergaben einen Exponenten 2,2, der mit zunehmender Drosselung bis auf etwa 2 abnahm. Aus all diesen Untersuchungen ist der Schluß zu ziehen, daß das Machsche Modellgesetz von dominierendem Einfluß auf die Schallpegelstärke ist und sich der Exponent $\beta$ innerhalb der Grenzen 2 bis 3 bewegen kann.

### 3.3 Einfluß der Erregerfunktion und des Systemfrequenzganges

Die Erregerfunktion, ihrer Natur nach ein Erregerspektrum, charakterisiert die spektrale Verteilung der Schalldrücke in Abhängigkeit von der Strouhalzahl. Sie wird durch den Strömungszustand im Ventilator maßgebend beeinflußt. Der Systemfrequenzgang dagegen beschreibt unabhängig vom Strömungszustand die von der Geometrie des Ventilators verursachte spektrale Energieverteilung. Der Systemfrequenzgang erfährt daher im wesentlichen von der Bauform des Ventilators und der Wellenlänge seine Prägung.

Bei Vernachlässigung der Re-Zahl und durch multiplikatives Koppeln der Kennzahlen Ma, St und He ergibt sich mit Ma St/He = $\pi/z$ aus Gl.(3.5) ein einfaches akustisches Modellgesetz

$$K_{\tilde{p}} = \frac{\tilde{p}}{\tilde{p}_0} = k' \, F_{M} \, G_{M} \qquad (3.9)$$

worin die Funktionen $F_{M} = F(St)/St^{\beta}$ und $G_{M} = G(He)He^{\beta}$ leicht auf experimentellem Wege bestimmt werden können.

Das Produktgesetz hat sich, wie in zahlreichen Experimenten nachgewiesen werden konnte /32,34/, für solche Ventilatoren bewährt, die im Normal- und Schnellaufbereich ( $\sigma \geqq 0{,}3$) arbeiten (Bild 3.1). Dieses Ergebnis wird auch durch die auf Bild 3.2 und 3.3 dargestellten Meßwerte recht eindrucksvoll bestätigt.

Beim typischen Langsamläufer dagegen treten wegen der relativ langen und schmalen Schaufelkanäle, wie deutlich aus Bild 3.4 zu ersehen ist, offensichtlich Komplikationen im Hinblick auf die Kongruenz der Frequenzgänge der einzelnen Harmonischen auf. BARTENWERFER +) schlug daher vor, Erregerspektrum und Systemfrequenzgang zusammenzufassen und wie folgt auszudrücken

$$G = G(He, \text{Gehäuseform}, Ma, \varphi, z),$$

weil sowohl die Machzahl, die Lieferzahl als auch die Schaufelzahl das Hohlraumresonanzverhalten im Zusammenhang mit den Erregerkräften erheblich beeinflussen. Daß unter diesen Gesichtspunkten Systemfrequenzgang und Erregerspektrum nicht mehr experimentell voneinander zu trennen sind, wäre wegen des dominierenden Einflusses der Quellstärke des Schaufelgrundtones

---

+) private Mitteilung

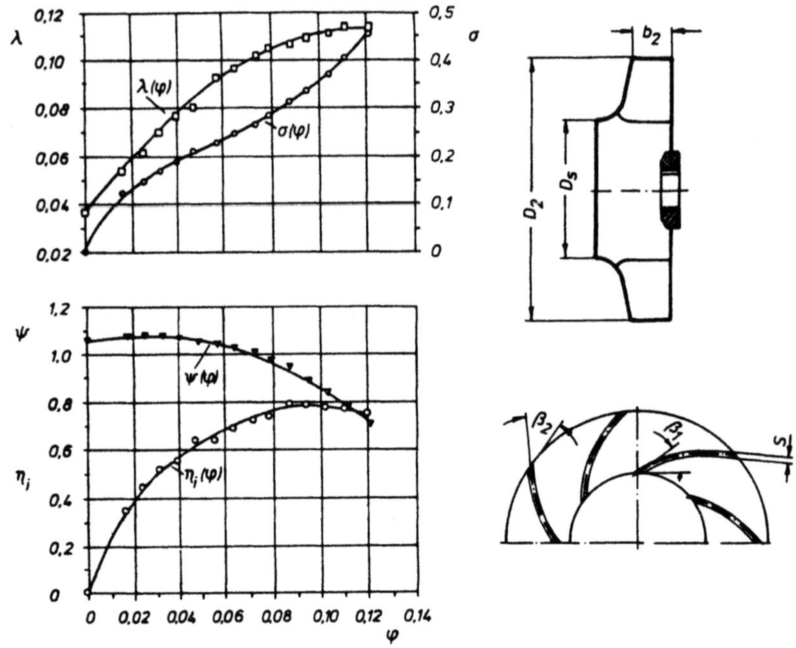


<u>Bild 3.2:</u> Dimensionslose Kennlinien eines Normalläufers $\sigma = 0{,}33$ mit den Bemessungsgrößen $D_2 = 280$ mm, $D_s/D_2 = 0{,}5$, $b_2 = 42$ mm, $\beta_1 = \beta_2 = 35^0$, Schaufelzahl $z = 7$, $s = 4$ mm, gemessen am Prüfstand Bild 4.1

gegenüber den Obertönen (vgl. Bild 3.4) nicht so schwerwiegend, wenn der Einblick in das strömungs- und hohlraumakustische Geschehen im Innern des Ventilators dadurch nicht verlorenginge. Die Vorstellung von einem Erregerspektrum soll daher beibehalten und das Produktgesetz gemäß Gl.(3.5) bzw.(3.9) wie folgt erweitert werden:

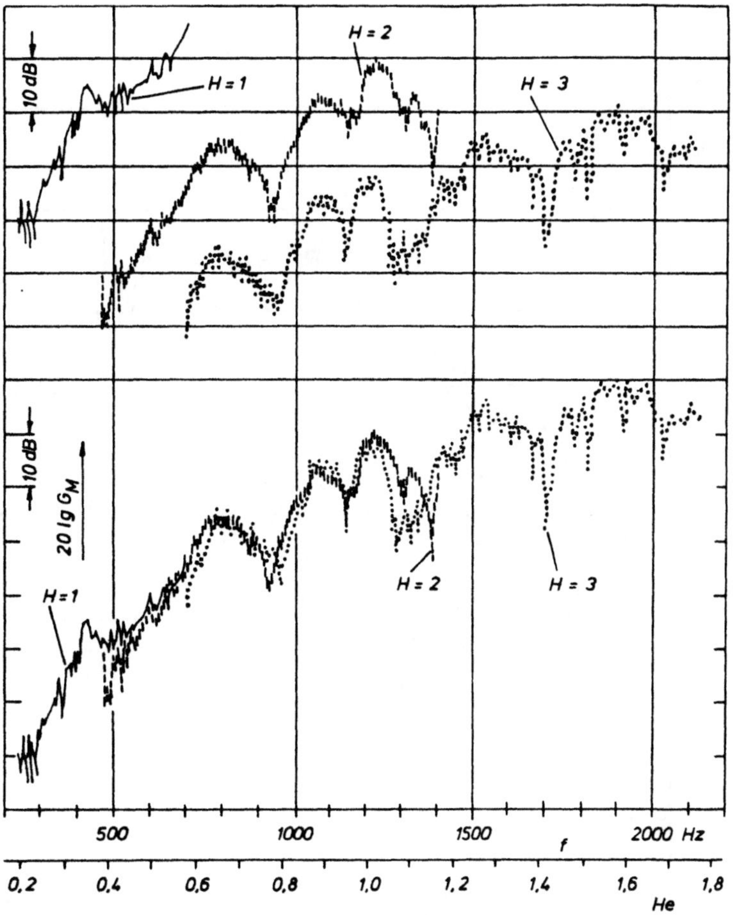


Bild 3.3: Nichtnormierte Systemfrequenzgänge des Normalläufers gemäß Bild 3.2, gemessen am Prüfstand Bild 4.1 und 4.2

$$K_{\tilde{p}} = k' \cdot \left(\frac{He}{St}\right)^{\beta} \cdot F(St) \cdot G(He) \cdot S(St, He, \sigma)$$

bzw. (3.10)

$$K_{\tilde{p}} = k' F_m \cdot G_m \cdot S(St, He, \sigma)$$

Durch die neu eingeführte "Störfunktion" $S(St, He, \sigma)$ können alle "Abnormitäten" im Systemfrequenzgang der einzelnen Harmonischen sowohl im Hinblick auf die Laufradform als auch in bezug auf den optimalen Betriebspunkt hinreichend genau erfaßt werden. Definiert man

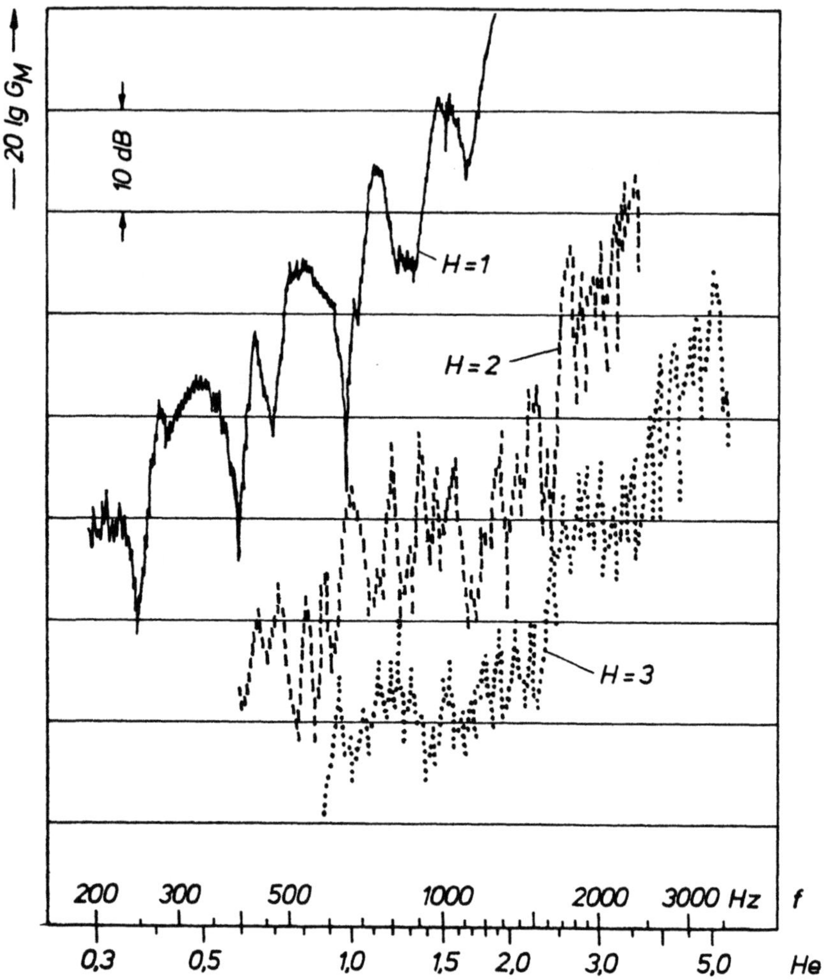


Bild 3.4: Nichtnormierte Systemfrequenzgänge des Langsamläufers gemäß Bild 2.1 und 2.2, gemessen am Prüfstand Bild 4.1 und 4.2

unter diesen Voraussetzungen $S(1,He,\sigma_{opt}) = 1$, indem man den nichtnormierten Systemfrequenzgang der 1. Harmonischen des im Optimum arbeitenden Ventilators als Bezugsfrequenzgang einführt, mit welchem die Systemfrequenzgänge aller in beliebigen Betriebspunkten vorkommenden Harmonischen normiert werden,und setzt man außerdem F(1) = 1, so sind die Konstante k', das Erregerspektrum F(St), der Systemfrequenzgang G(He) und die einzelnen S-Funktionen S(St ,He, $\sigma$) experimentell eindeutig bestimmbar. Nähere Einzelheiten hierzu sind den Abschnitten 6.2 und 7 zu entnehmen.

Aus bisher vorliegenden Untersuchungen kann nach vorsichtiger Abwägung aller Gegebenheiten der Schluß gezogen werden, daß bei Ventilatoren mit einer Schnellläufigkeit $\sigma_{opt} \geqq 0{,}35$, bei denen die Schaufelkanäle relativ kurz und breit sind, die Störfunktion für alle Strouhal-Zahlen im Optimum identisch 1 ist und demnach im Produktgesetz nicht mehr vorkommt:

$$S(St, He, \sigma_{opt} \geqq 0{,}35) \equiv 1$$

Dieser Fall ist immer dann gegeben, wenn die Systemfrequenzgänge der einzelnen Harmonischen die auf Bild 3.3 zu ersehende Kongruenz aufweisen.

Besonders schwierig ist, daß $\sigma$ wohl einen bestimmten Laufradtyp im Cordier-Diagramm repräsentiert (Bild 3.1), jedoch, wie bereits erwähnt, die Laufradkonstruktionsparameter bei gleichem $\sigma$ variieren können.

Bei der praktischen Anwendung der Modellgesetze ist noch zu beachten, daß die aerodynamischen und akustischen Kennfunktionen über die Bemessungsbeziehung

$u_2 = \sqrt{2Y_t/\psi} \sim Ma \sim He$ miteinander verknüpft sind, so daß nach Wahl der Hauptbemessungsgrößen $\dot{V}$, $Y_t$ und n bzw. $D_2$ der Arbeitspunkt des Ventilators auf seinem Systemfrequenzgang, der meist stark ausgeprägte "Gipfel" und "Täler" aufweist, von vornherein festliegt. In vielen Fällen läßt sich aber durch eine geschickte Änderung der Schnelläufigkeit, wie später noch gezeigt wird, der Betriebspunkt, falls er auf einem "Gipfel" liegt, in das nächstfolgende "Tal" des Systemfrequenzganges verlagern.

## 4.0 Beschreibung des Geräuschmeßprüfstandes und der Meßverfahren

### 4.1 Allgemeiner Versuchsaufbau

Der Aufbau des Ventilatorprüfstandes ist in Bild 4.1 schematisch dargestellt. Wie daraus zu ersehen, wird der zu untersuchende Ventilator saug- und druckseitig über elastische Manschetten an Rohrleitungen von 160 mm lichtem Durchmesser angeschlossen, die in Exponentialtrichter münden, deren Aufgabe es ist, eine durch die Mündungsreflexion bewirkte Stehwellenausbildung der sich im Meßrohr ausbreitenden Schallwellen so klein wie möglich zu halten. Der saugseitig angeordnete Trichter wurde nach /35/ innen kammerartig zur Aufnahme von loser Mineralwolle ausgeführt und so gestopft, daß die Packungsdichte am Trichtereintritt die größten Werte aufweist und sich zum Ende hin allmählich auflockert. Dem Saugtrichter ist ein Unterdruckkessel mit zwei innen angebrachten Gleichrichtern und einem Beruhigungssieb vorgeschaltet. An seiner Stirnseite befindet sich ein Saugrohr mit Einlaufdüse, wo eine aus Glaswollematten gebildete Laminardrossel ein geräuscharmes Eindrosseln der Betriebspunkte auch bei hohen Unterdrücken gewährleistet. Die Innenwände des Saugkessels, der auch als Überdruckkessel Verwendung finden kann, sind mit schwingungsisolierenden und schalldämpfenden Stoffen überzogen. Der druckseitig angeschlossene Schalltrichter ist innen vollständig hohl und mündet in einen vom Laborraum abgetrennten Nebenraum, dessen Wände ebenfalls mit Schallschluckstoff ausgekleidet sind. Außerdem ist vor seinem Mündungsquerschnitt noch eine Absorberpyramide angebracht. Jedem Trichter ist zusätzlich ein reflexionsarmer Rohrabschluß nach SHENODA /36/ (vgl.Abschn.4.2) vorgeschaltet.

Der Ventilator, an einen Spezialmotorbock montiert, wird über einen Flachriemen von einem fremdbelüfteten Gleichstromnebenschlußmotor angetrieben. Die Venti-

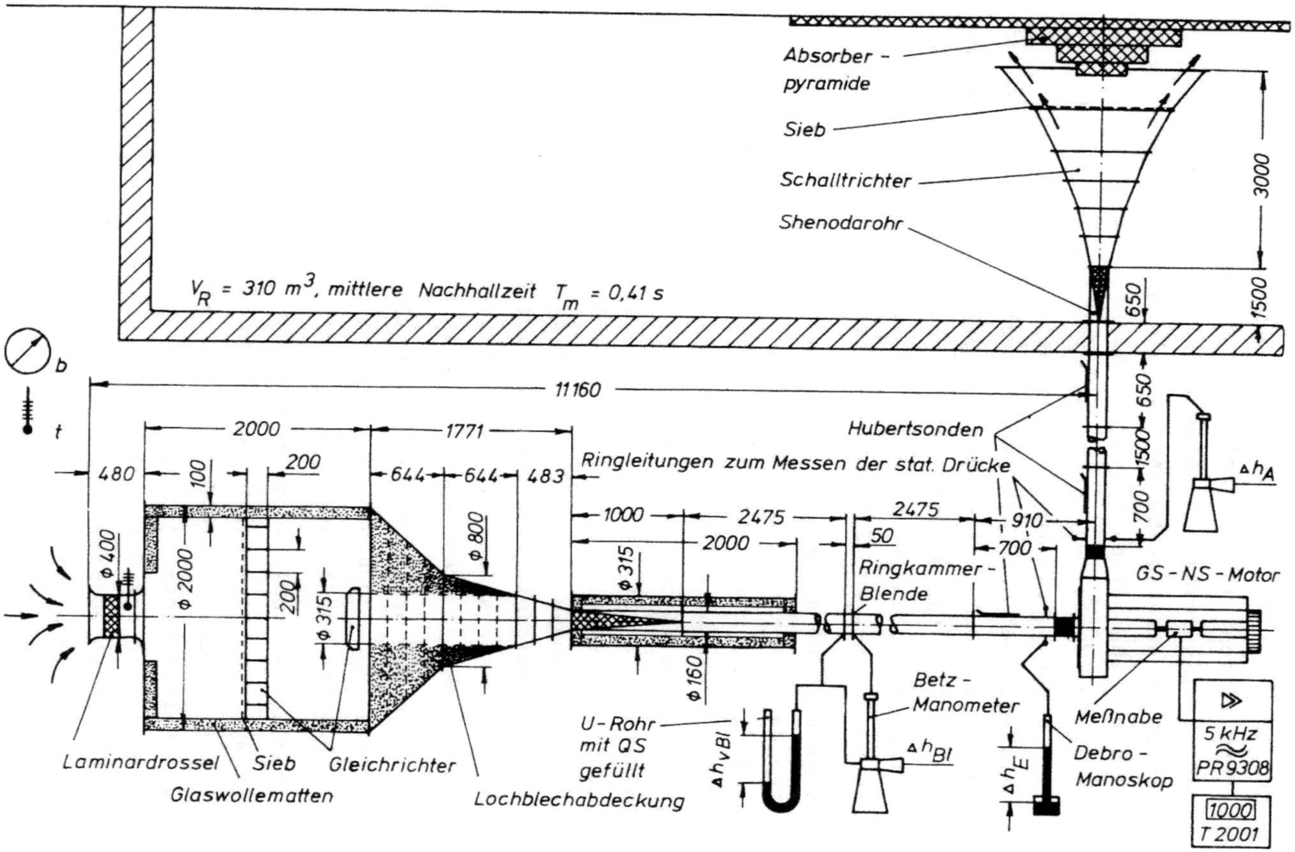


Bild 4.1: Schnittbild des Ventilatorprüfstandes

latordrehzahl kann zwischen 0 und 6000 $min^{-1}$ stufenlos variiert werden. Auf dem Antriebsbock zwischen den beiden Stehlagergehäusen befindet sich die Meßnabe zur Bestimmung des Lastdrehmomentes. Sie arbeitet nach dem induktiven Meßprinzip. Die Drehzahlaufnahme erfolgt digital. Zum Messen des Förderstromes dient eine in der Mitte der Saugleitung angeordnete genormte Ringkammerblende nach DIN 1952 mit einem Öffnungsverhältnis m = 0,64. Der Luftzustand (Atmosphärdendruck, Temperatur und Feuchte) wird unmittelbar vor der Einlaufdüse gemessen. Außerdem ist noch eine Temperaturmeßstelle zwischen Drossel und Saugkanal vorhanden.

Besonderer Wert wurde auf eine einwandfreie Reproduzierbarkeit der Schallpegelmessungen gelegt, um noch den Einfluß auch geringfügiger konstruktiver Änderungen auf das Geräuschspektrum und den Systemfrequenzgang beobachten zu können. Mit zwei eigens für diesen Zweck entwickelten Spezialsonden, die vor dem Eintritt und Austritt des Ventilators angebracht sind, Bild 4.1 und Bild 4.15, können zeitgleich seine saug- und druckseitige Geräuschemission und die spezifische Strömungsarbeit gemessen werden. (Nähere Einzelheiten über Aufbau und Funktion dieser Sonden siehe Abschnitt 4.3).

Die statischen Drücke werden ebenfalls an diesen Sonden abgenommen und von einem Debro-Manoskop bzw. einem Betzmanometer angezeigt.

Zur kontinuierlichen Aufzeichnung der Schaufeltonpegel in Abhängigkeit vom Durchfluß bei konstanter Drehzahl wird das in Abschnitt 4.8.5 aufgeführte Verfahren benutzt. Ferner können die diskreten Schallpegel in Abhängigkeit von der Drehzahl mit einer Nachlaufsteuervorrichtung aufgenommen werden, die gewährleistet, daß das Verhältnis der Mittenfrequenz des Analysators zur Drehfrequenz konstant gehalten wird (Abschn.4.7).

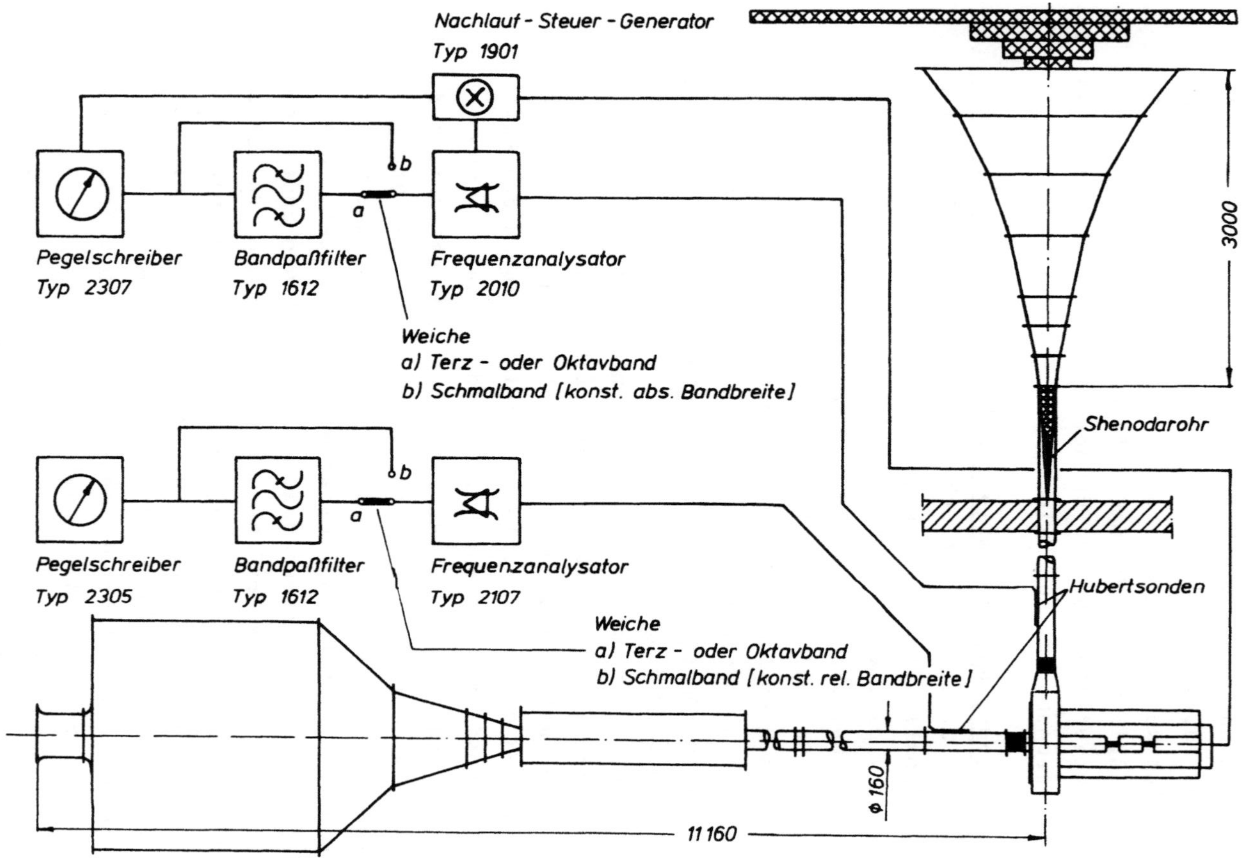


<u>Bild 4.2:</u> Versuchsaufbau zur Geräuschmessung

Für die Geräuschanalyse stehen Präzisionsschallpegelmesser Fabrikat Brüel und Kjaer mit Schmalbandfilter absolut konstanter und relativ konstanter Bandbreite ( $\Delta f$ = 3,16 bzw. 10 Hz und $\Delta f/fm$ = 0,06) sowie Terz- und Oktavfilter zur Verfügung. Die gesamte akustische Meßanordnung ist aus Bild 4.2 zu ersehen.

## 4.2 Überprüfung der Reflexionsfreiheit der Meßleitungen

Bei der Ermittlung der Schalleistung im Kanal stellen die Schallreflexionen an der Kanalmündung das Hauptproblem dar, weil die Messung des vom Ventilator kommenden Geräusches durch das am Leitungsende reflektierte Geräusch verfälscht wird. Dies gilt vor allem für den Drehklang des Ventilators, dessen Messung besondere Anforderungen an die Reflexionsfreiheit der Meßleitungen stellt. Es ist bekannt, daß sich der Einfluß der Mündungsreflexion durch Exponentialtrichter und Rohre mit dreieckigem Schlitz, der mit porösem Material abgedeckt ist, stark herabsetzen läßt. Um festzustellen, inwieweit die vorliegende Versuchsanlage den Normvorschriften entspricht, wurde der Reflexionsfaktor der auf Bild 4.1 dargestellten reflexionsarmen Abschlüsse nach der Impedanzrohrmethode durch Abtasten der sich im Rohr ausbildenden Stehwelle mit einem in Rohrachse angeordneten und verschiebbaren Mikrophon experimentell ermittelt. Die Grundmode wurde durch Beschallung über den Lautsprecher angeregt. Dieses Verfahren setzt ein ebenes Wellenfeld voraus, das sich aber nur bis zur Grenzfrequenz des runden Rohres $fg = 0{,}586\ a/d$ ausbildet. Oberhalb dieser Grenzfrequenz, die im vorliegenden Falle mit $a = 340$ m/s und $d = 0{,}16$ m Rohrdurchmesser 1245 Hz beträgt, ist wegen der dann auftretenden Quermoden, welche die Längsmoden überlagern und eine ungleichmäßige Energiedichteverteilung quer zur Rohrachse bewirken, eine Bestimmung von r nicht mehr sinnvoll.

Der Reflexionsfaktor ist eine komplexe Größe und stellt das Amplitudenverhältnis der Schalldrücke aus reflektierter und einfallender Welle an einer zu definierenden Bezugsebene x=o vor dem reflexionsarmen Rohrabschluß dar.

$$\underline{r} = \left.\frac{\hat{\underline{p}}_r}{\hat{\underline{p}}_e}\right|_{x=o} = r \cdot e^{j\varphi_r} \qquad (4.1)$$

r ist der Betrag des Reflexionsfaktors $\underline{r}$, der aus der die Stehwelle kennzeichnenden Pegeldifferenz $\Delta L = 20 \lg p_{max}/p_{min}$ zwischen den Maxima und Minima wie folgt erhalten wird:

$$r = \frac{10^{\frac{\Delta L}{20}} - 1}{10^{\frac{\Delta L}{20}} + 1} \qquad (4.2)$$

Den Phasenwinkel $\varphi_r$ zwischen reflektierter und einfallender Welle findet man aus der Entfernung $x_{min}$ des ersten Druckminimums vor der gewählten Bezugsebene wie folgt:

$$\varphi_r = \pi\left(\frac{x_{min}}{\lambda/4} - 1\right) \qquad (4.3)$$

Da der Phasenwinkel die Größe der Reflexionen nicht beeinflußt, interessiert bei den folgenden Untersuchungen hauptsächlich der Betrag r von $\underline{r}$.

Bei den einzelnen Messungen ist die Bezugsebene x=o entweder mit dem Eintrittsquerschnitt des Trichters oder Rohrabschlusses oder mit dem freien Blendenquerschnitt identisch.

Die ersten Versuche wurden am druckseitig angebrachten Exponentialtrichter vorgenommen, der in seiner Länge und in seinem Endquerschnitt dem zur Verfügung stehenden Raum optimal angepaßt ist, Bild 4.1. Unter Berücksichtigung der allgemein gültigen Beziehung für die Querschnittszunahme eines Exponentialtrichters /37/ $S = S_0 e^{\epsilon x}$ ergab sich ein Exponent $\epsilon = 1{,}76$. Dieses Ergebnis gilt, streng genommen, nur unter der Voraussetzung, daß sich in den einzelnen Trichterquerschnitten ebene Wellenfronten ausbilden. Durch den relativ großen Endquerschnitt sollte vor allem erreicht werden, daß die theoretisch gestellten Forderungen an die Reflexionsfreiheit auch praktisch zu realisieren sind.

Das Verhältnis der vom Trichter abgestrahlten zur am Eintritt eingestrahlten Schalleistung, das auch durch den normierten akustischen Strahlungswiderstand gegeben ist, wurde mit $\epsilon = 1{,}76$ berechnet und in Bild 4.3 aufgetragen. Wie daraus zu ersehen, beträgt die untere Grenzfrequenz des Trichters, bei der theoretisch keine Schallabstrahlung mehr erfolgen kann, etwa 47 Hz. Aber schon ab 90 Hz werden 85 % und mehr der vom Ventilator eingespeisten Schallleistung abgestrahlt, was einer Pegeldifferenz zwischen ein- und ausgestrahlter Leistung von nur $-10 \lg 0{,}85 = 0{,}7$ dB und weniger entspricht. Um untersuchen zu können, inwieweit dieses theoretisch günstige Ergebnis mit der Wirklichkeit übereinstimmt, wurde das in Bild 4.3 aufgetragene Schalleistungsverhältnis, das im vorliegenden Falle mit dem Schallabsorptionsgrad $\alpha$ der gewählten Bezugsfläche identisch ist, in den Betrag r des Reflexionsfaktors $\underline{r}$ umgerechnet.

Der Schallabsorptionsgrad $\alpha$ ist definiert als Bruchteil der Energie oder Leistung der einfallenden Schallwelle, der nicht reflektiert wird. Somit gilt:

$$\alpha = \frac{W_a}{W_e} = \frac{W_e - W_r}{W_e} = 1 - \frac{W_r}{W_e} = 1 - \left( \frac{|\hat{\underline{p}}_r|}{|\hat{\underline{p}}_e|} \right)^2 = 1 - r^2 \qquad (4.4)$$

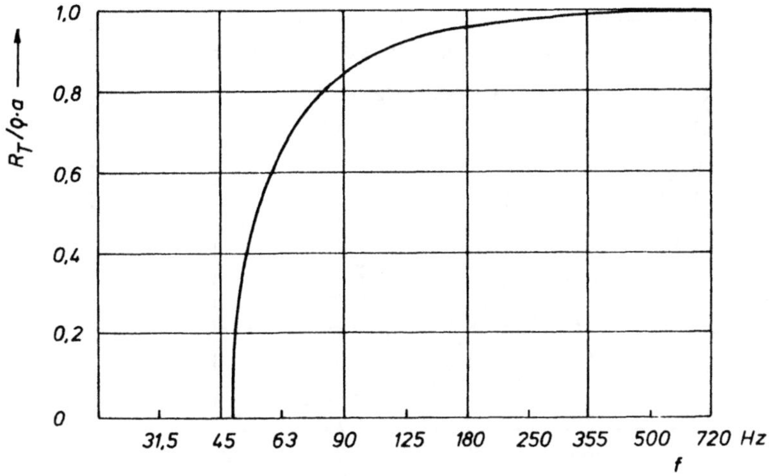


Bild 4.3: Frequenzgang des normierten Strahlungswiderstandes $R_T/\rho a$ bzw. Schalleistungsverhältnisses $W_a/W_e$ des druckseitigen Schalltrichters (unendlicher Länge)

Löst man Gl.(4.4) nach r auf, so folgt daraus

$$r = \sqrt{1 - \frac{W_a}{W_e}} \tag{4.5}$$

Mit $\frac{W_a}{W_e} = \frac{R_T}{\rho a}$ findet man schließlich gemäß /37/ den Betrag des Reflexionsfaktors wie folgt:

$$r = \sqrt{1 - \sqrt{1 - \left(\frac{\epsilon a}{4\pi f}\right)^2}}. \tag{4.6}$$

Der Ausdruck "Schallabsorptionsgrad" ist im vorliegenden Falle insofern etwas irreführend, als der nicht reflektierte Leistungsanteil keineswegs durch Dissipation absorbiert, d.h. in Wärme umgewandelt, sondern nach außen weitergegeben wird. Je kleiner somit r ist, umso größer ist die Übereinstimmung zwischen der Schallleistung im Kanalinnern und außerhalb des Kanals.

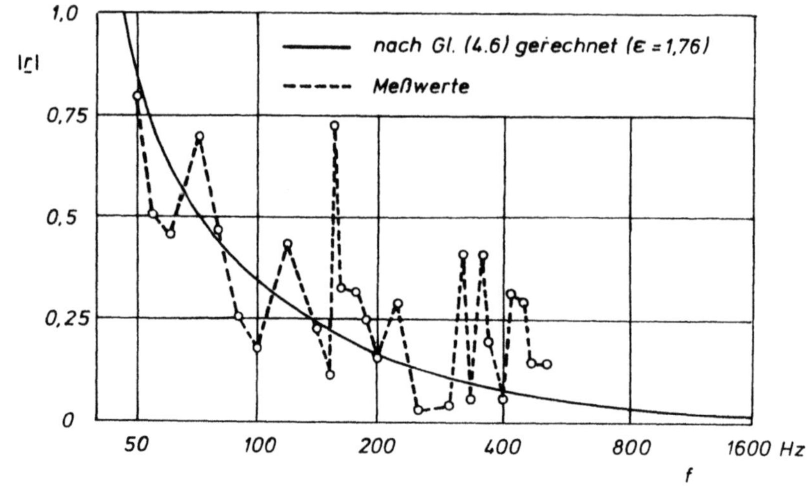


Bild 4.4: Reflexionsfaktor r des druckseitig angeschlossenen Trichters

In Bild 4.4 ist r, nach Gl.(4.6) mit $\epsilon$ = 1,76 berechnet, über der Frequenz f aufgetragen (ausgezogene Kurve) und mit den am Trichter gemessenen Werten verglichen worden. Wie das Ergebnis zeigt, entsprechen die erhaltenen Reflexionsfaktoren nicht der gestellten Erwartung. Das mag u.a. daran liegen, daß Gl.(4.6), streng genommen, nur für den unendlich langen Trichter Gültigkeit besitzt und außerdem die äußere Kontur des Schalltrichters, der aus konischen Teilstücken zusammengesetzt wurde, nur näherungsweise mit der gerechneten Kontur übereinstimmt (Bild 4.1).

In einer weiteren Versuchsreihe wurden daher die auf Bild 4.5 dargestellten reflexionsarmen Rohrabschlüsse nach SHENODA mit einer ortsabhängigen dreieckigen Öffnung an der Rohrwand, die mit einem porösen Stoff konstanten Strömungswiderstandes abgedeckt ist, zunächst allein, dann mit nachgeschaltetem Trichter durchgemessen.

Die bei diesem Meßprogramm erhaltenen Versuchsergebnisse sind in den Bildern 4.6 bis 4.9 dargestellt. In Bild 4.6 und 4.7 sind Druck- und Saugtrichter mit der jeweils zugehörigen Rohrmündung nach Bild 4.5 verglichen. Man erkennt sehr deutlich, daß bei fast allen Frequenzen der SHENODA-Abschluß die kleineren

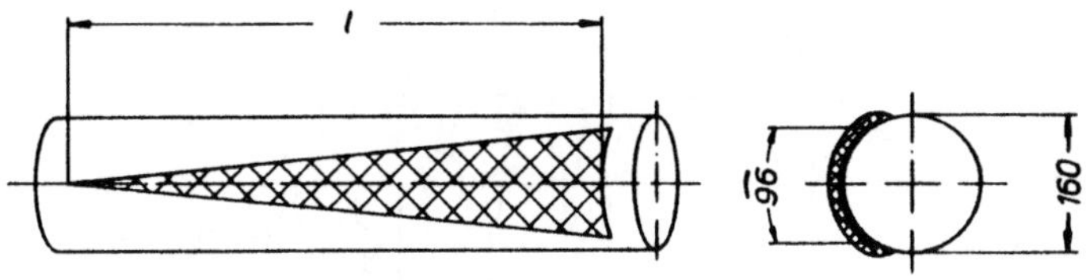


Bild 4.5: Reflexionsarme Rohrmündung nach SHENODA /36/
druckseitiger Anschluß 1 = 1500 mm
saugseitiger Anschluß 1 = 1000 mm

Reflexionsfaktoren aufweist. Dies gilt besonders für den niederfrequenten Bereich, wo erhebliche Unterschiede festzustellen sind.

Trotzdem genügt auch dieser Rohrabschluß nicht den in der Norm empfohlenen Grenzwerten. Erst mit dem Hintereinanderschalten beider Formstücke konnten, wie aus Bild 4.8 hervorgeht, befriedigende Ergebnisse erzielt werden. Man sieht, daß lediglich im Bereiche von 110 bis 160 Hz die saugseitig gemessenen Reflexionsfaktoren, Bild 4.8 oben, die schraffiert eingezeichneten Normgrenzwerte nach /38/ bis etwa r = 0,2 überschreiten. Die Ursache dafür ist in der luftdichten Ummantelung zu suchen, welche die Stoffabdeckung der zylindrischen Rohrmündung umschließt, damit während des Betriebes infolge des relativ hohen Unterdruckes auf der Saugseite keine Falschluft angesaugt wird. Auf der Druckseite dagegen war diese Ummantelung nicht notwendig, weil sich hier nur eine sehr kleine Druck-

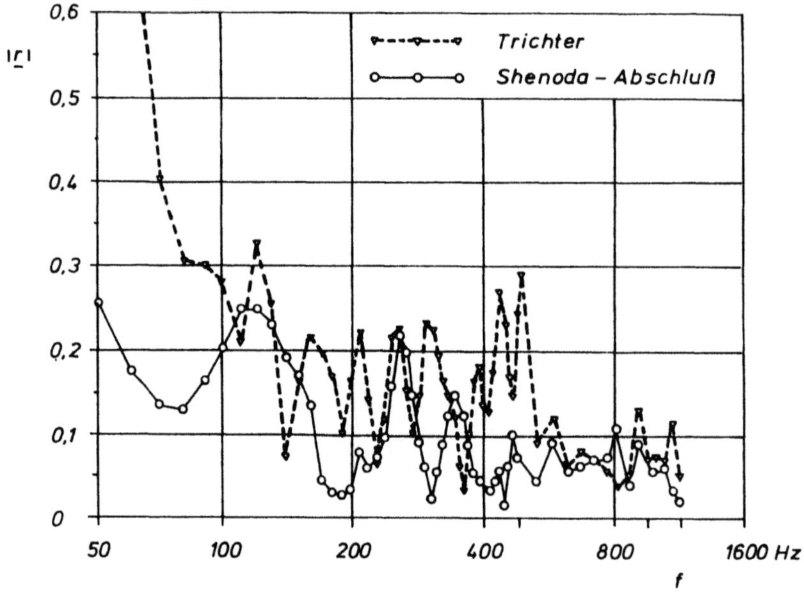


Bild 4.6: Reflexionsfaktor bei verschiedenen Rohrabschlüssen (druckseitig)

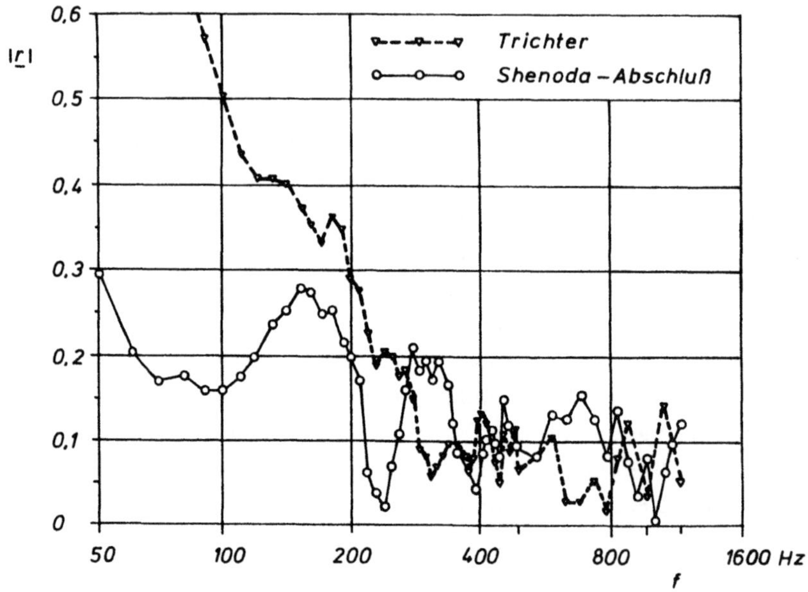


Bild 4.7: Reflexionsfaktor bei verschiedenen Rohrabschlüssen (saugseitig)

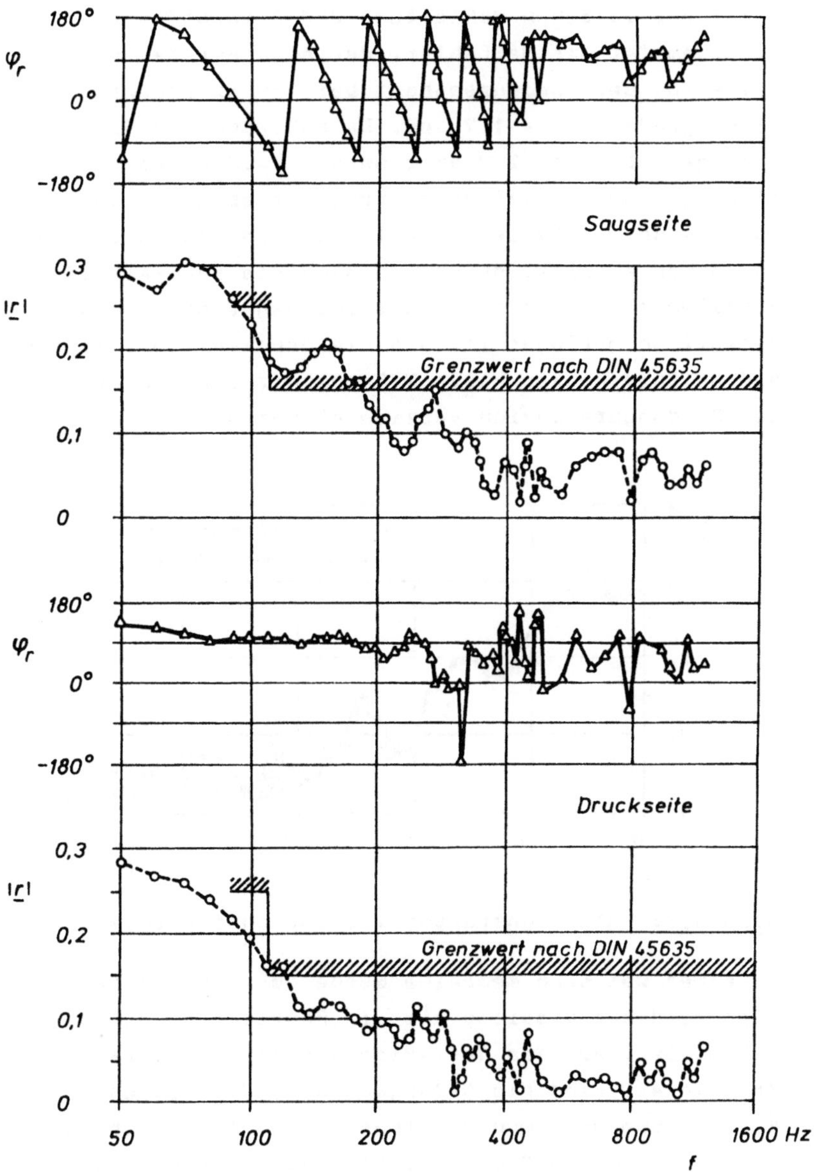


Bild 4.8: Reflexionsfaktor und Phasenwinkel von Trichter und Shenoda-Abschluß oben Saugseite, unten Druckseite

differenz zwischen Meßleitung und Atmosphäre einstellt. Trotzdem ist der Meßfehler, der sich auf der Saugseite aus der Längenresonanz bei 150 Hz ergeben kann, nicht größer als ± 1,75 dB. Da außerdem nur Schaufeltonpegel oberhalb 200 Hz gemessen werden, wo alle Bedingungen an die Reflexionsfreiheit erfüllt sind, und auch keine punktweise Schallpegelaufnahme in der Meßrohrachse erfolgt, darüber hinaus die saugseitige Schallemission des zu untersuchenden Ventilators wesentlich geringer ist als die druckseitige, konnte auf weitere konstruktive Maßnahmen zur Herabsetzung der Mündungsreflexion verzichtet werden.

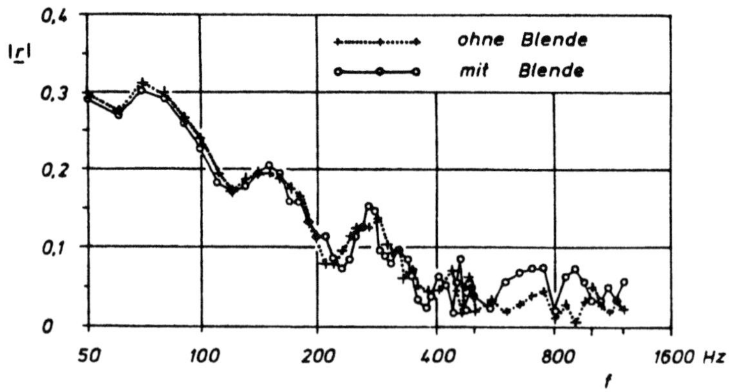


Bild 4.9: Reflexionsfaktor mit und ohne Blende

In einer weiteren Meßreihe wurde der Einfluß der Meßblende, die saugseitig etwa in Rohrleitungsmitte eingebaut ist, auf das Reflexionsverhalten untersucht. In Bild 4.9 sind die Meßergebnisse, die mit und ohne Blende gewonnen wurden, eingetragen. Wie aufgrund des relativ großen Öffnungsverhältnisses m = 0,64 der Blende zu erwarten war, zeigt sich bei den niedrigen Frequenzen überhaupt keine Veränderung. Erst ab 600 Hz sind leichte Anhebungen des Reflexionsfaktors zu verzeichnen, die jedoch alle noch weit unterhalb des Normgrenzwertes r = 0,15 liegen.

Der Einfluß der Strömungsgeschwindigkeit auf die Mündungsreflexion wurde nicht untersucht. LEIDEL /8/ stellte fest, daß bei einer Geschwindigkeit von 8,8 m/s im Kanal noch keine Veränderung des Reflexionsfaktors eintritt. Untersuchungen von MECHEL, SCHILTZ und DIETZ /39/ an luftdurchströmten Rohren haben gezeigt, daß sich bei einer ausblasenden Mündung der Reflexionsfaktor r(o) ohne Strömung gemäß der nachstehend aufgeführten empirischen Formel auf

$$r(Ma) = r(o)\cdot(1 + 2\cdot Ma) \qquad (4.7)$$

erhöht, worin die Machzahl $Ma = c/a$ das Verhältnis von mittlerer Rohrgeschwindigkeit zur Schallgeschwindigkeit bedeutet. Werte, die man mit Gl.(4.7) erhält, stimmen recht gut auch mit Messungen von SHENODA /36/, der mit Rohrgeschwindigkeiten bis 60 m/s experimentierte, überein.

Legt man nun diese Ergebnisse zugrunde, so bedeutet das, daß sich die auf Bild 4.8 unten aufgetragenen Reflexionsfaktoren bei der größten in der Meßleitung vorkommenden Geschwindigkeit von 65 m/s um höchstens 40 % erhöhen. Aber auch dann ist mit einer Überschreitung der in der Norm /38/ empfohlenen Grenzwerte oberhalb 150 Hz nicht zu rechnen.

Günstiger verhält sich nach /39/ die saugende Strömung. Hier wird im Gegensatz zur Ausblasströmung der Reflexionsfaktor vermindert, so daß eher mit kleineren als auf Bild 4.8 oben vorhandenen Werten zu rechnen ist.

Die aufgezählten Schwierigkeiten treten hauptsächlich dann auf, wenn man den Drehklanganteil exakt bestimmen will, nicht aber in annäherndem Maße bei der Messung breitbandiger Geräusche. Jedes Band erfaßt einen ganzen Bereich von Frequenzen, und die Reflexionen wirken sich dann, wie BAADE / 3 / feststellte, teils erhöhend, teils

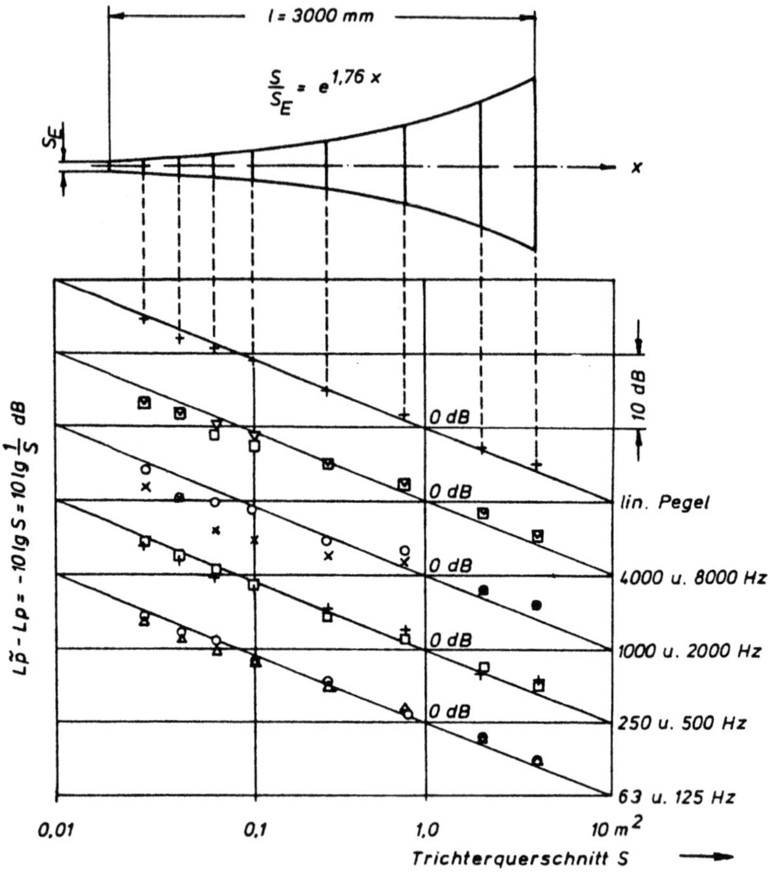


Bild 4.10: Relative Schalldruckpegelabnahme im druckseitig angeordneten Schalltrichter bei Nullförderung

- Ventilatordrehzahl $n = 5000\ min^{-1}$ -
- Schaufelzahl $z = 12$ -
- Schaufeltonfrequenzen 1000 und 2000 Hz -

erniedrigend aus. Ist der Bereich nur weit genug, so bleibt der Mittelwert fast unberührt. Dies wird sehr schön auch durch die Meßergebnisse auf Bild 4.10 untermauert. Dort sind die an den näher gekennzeichneten Stellen des Schalltrichters in genügend über den Querschnitt verteilten Punkten gemessenen Oktav- und Summenpegel, die bei Nullförderung des Ventilators aufgenommen wurden, nach deren energetischer Mittelung aufgetragen und mit der theoretischen Schalldruckpegelabnahme (ausgezogene Linien in Bild 4.10) verglichen worden. Wie das Ergebnis zeigt, ist trotz der auf Bild 4.4 ersichtlichen stark springenden Reflexionsfaktoren eine recht befriedigende Übereinstimmung zwischen der theoretischen und der im Trichter gemessenen Schalldruckpegelabnahme bei fast allen Oktavbändern vorhanden. Lediglich bei den Bändern, welche die aus dem Rauschen stark hervortretenden Tonpegelspitzen bei 1000 Hz und 2000 Hz enthalten, sind etwas größere Abweichungen festzustellen.

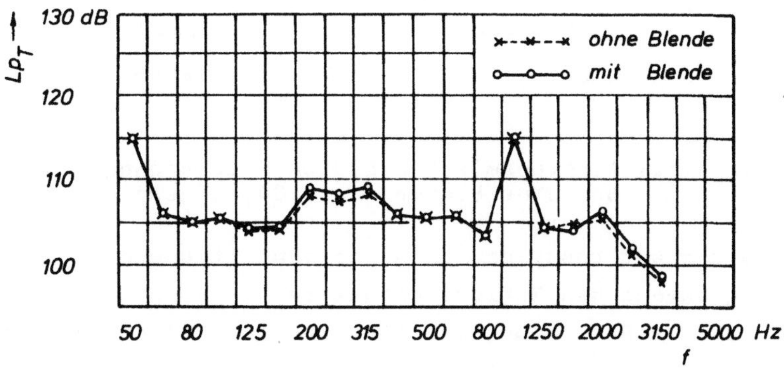


Bild 4.11: Terzbandspektrum mit und ohne Blende bei einer mittleren Rohrgeschwindigkeit c = 60 m/s aufgenommen

Schließlich wurde noch geprüft, ob die Geräuschmessungen durch die Meßblende selbst verfälscht werden. Um dies festzustellen, wurden je ein Systemfrequenzgang und Terzbandspektrum mit und ohne Blende bei sonst gleichen Betriebsbedingungen zwischen Blende und Ventilator aufgenommen. Das Ergebnis, das aus den Bildern 4.11 und 4.12 zu ersehen ist, beweist, daß keine Verfälschung der Meßwerte durch die Beströmung der Blende stattfindet.

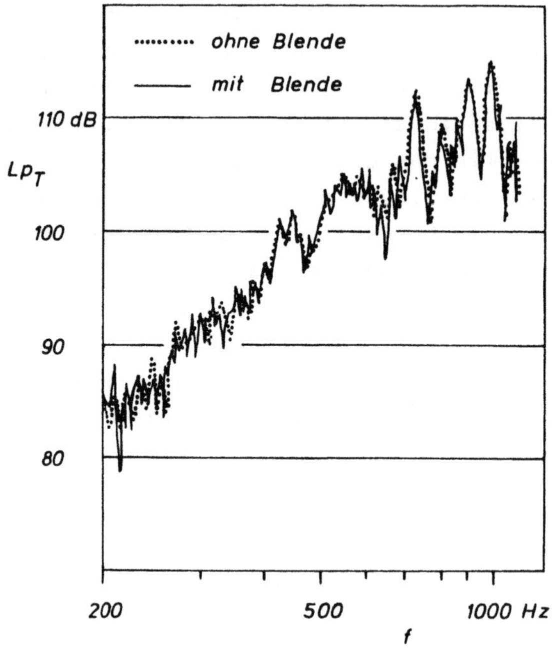


Bild 4.12: Nichtnormierter Systemfrequenzgang mit und ohne Blende, $\varphi$ = 0,04, aufgenommen

Damit steht fest, daß sich die ohne Strömungsüberlagerung gewonnenen Reflexionsfaktoren in Bild 4.9 auch durch die Beströmung der Meßblende praktisch nicht verändern.

## 4.3 Schalldruckmeßsonden

Schalldruckmessungen an Ventilatoren sind aus zweierlei Gründen recht problematisch:

- Wird die Messung außerhalb des Luftstromes, d.h. vor oder hinter der Kanalmündung vorgenommen, so wird infolge der unvermeidlichen Mündungsreflexion eine zu geringe Schalleistung gemessen. Zwar läßt sich der Fehlbetrag, wie in Abschnitt 4.2 gezeigt wird, durch einen Exponentialtrichter meist in ausreichendem Maße verringern. Mündet der Trichter in einen reflexionsarmen Raum, so ist das Hüllflächenverfahren anzuwenden. Diese Methode ist aber aufwendig, zeitraubend und außerdem für die Ermittlung des Drehklanganteils meist zu ungenau. Eine Messung im anschliessenden Hallraum, die wesentlich einfacher ist, scheidet jedoch bei Drehklangmessungen von vornherein aus. Auch läßt die Reproduzierbarkeit der Meßergebnisse bei beiden Verfahren manchmal zu wünschen übrig.

- Wird die Messung dagegen im Innern eines angeschlossenen reflexionsarmen Kanals vorgenommen, so besteht die Gefahr, daß allein durch das von der Strömung verursachte "Windrauschen" am Mikrophon eine zu große Schalleistung gemessen wird, u.U. auch dann noch, wenn als Windschirm ein normaler Nasenkonus, Bild 4.13, verwendet wird.

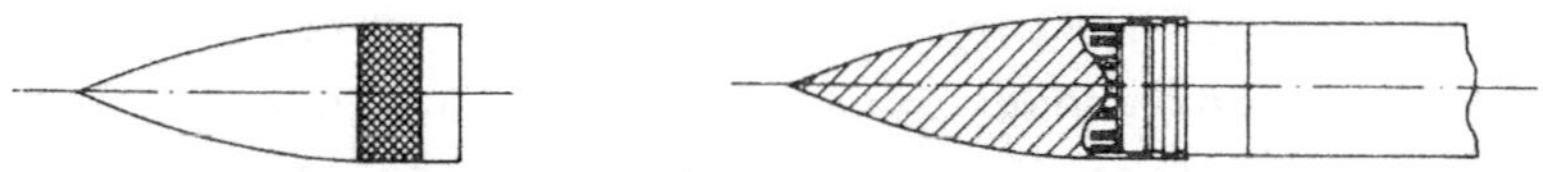

Bild 4.13: Nasenkonus, Fabrikat Brüel & Kjaer

Dieser Störschall, auch Pseudoschall genannt, wird durch Druckschwankungen infolge zeitlich und räumlich unregelmäßiger Wechselgeschwindigkeiten, der Eigenturbulenz der Strömung, hervorgerufen. Um die von der Rohrströmung herrührenden Druckschwankungen zu reduzieren entwarf FRIEDRICH /41/ ein perforiertes, mit Stoff bespanntes Schutzrohr, das dem Mikrophon aufgeschoben wird. Von NEISE /15/ wurde ein ähnliches jedoch geschlitztes Vorsatztohr, Bild 4.14, sowohl theoretisch als auch experimentell auf die verschiedenen Verläufe im Strömungswiderstand der porösen Schlitzabdeckungen untersucht, um eine Anordnung mit möglichst großer Herabsetzung des turbulenten Störpegels ausfindig zu machen.

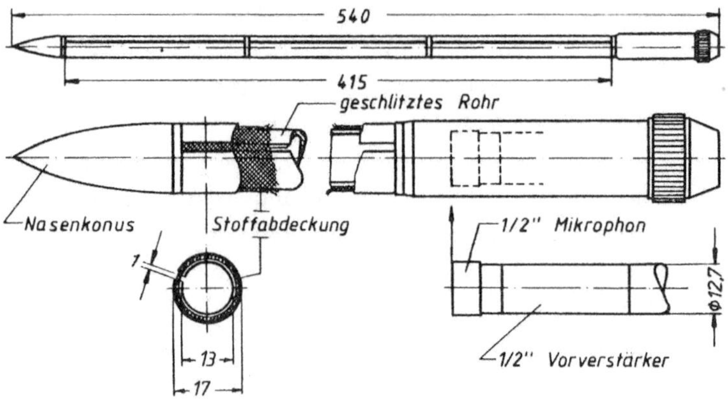


Bild 4.14: Mikrophonvorsatz nach NEISE, Fabrikat Brüel & Kjaer

Mikrophonvorsätze nach FRIEDRICH und NEISE sind neuerdings bei Geräuschmessungen in luftdurchströmten Kanälen vorgeschrieben /38/ und im Handel erhältlich. Diese Mikrophonvorsätze sind jedoch bei Geräuschmessungen an Ventilatoren kleiner Schnelläufigkeit nicht ohne Problematik anzuwenden. Besonders nachteilig kann sich der Einbau der verhältnismäßig dicken Sonde in Meßleitungen mit kleinem Rohrdurchmesser auswirken, wo außerdem noch hohe Luftgeschwindigkeiten, wie z.B. im vorliegenden Falle, vorkommen.

Um diese Nachteile zu vermeiden, wurde nach einem Vorschlag von HUBERT +) die auf Bild 4.15 dargestellte Rohrschlitzsonde entwickelt, bei der sich im Gegensatz zu FRIEDRICH und NEISE das Mikrophon einschließlich Vorsatzrohr nicht im Kanal, sondern außerhalb desselben befindet. Die Hubert-Sonde hat gegenüber den anderen

+) Private Mitteilung

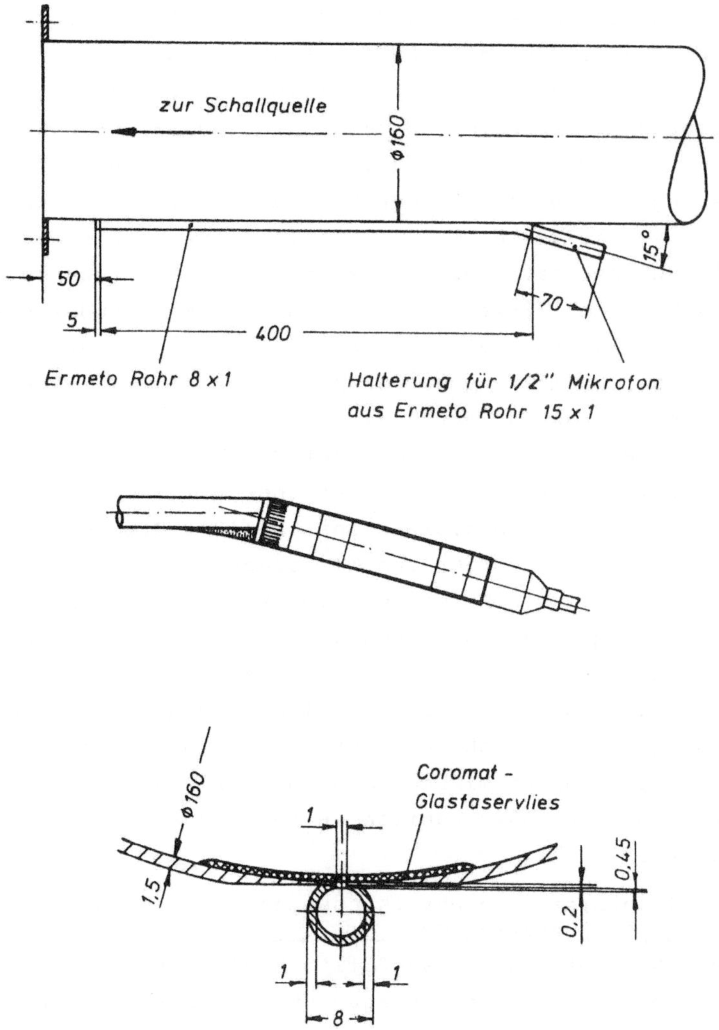


<u>Bild 4.15:</u> Geometrische Abmessungen der Hubert-Sonde

Sonden den Vorteil, daß das Mikrophon leicht zugänglich ist, was das Kalibrieren erleichtert, und keine besondere Halterung erfordert, die ihrerseits wieder Strömungsverwirbelungen und damit Störschall auslöst. Auch die Zu- und Abströmung des Ventilators wird nicht im geringsten behindert. Der Einfluß des Windrauschens kann ebenso wie beim geschlitzten oder perforierten Mikrophonvorsatz durch eine geeignete Stoffabdeckung des Sondenschlitzes in hinreichendem Maße reduziert werden. Ein Nachteil der Sonde liegt darin, daß oberhalb der Grenzfrequenz des Meßrohres eine Verfälschung der Meßergebnisse durch die dann auftretenden Quermoden eintreten kann. Außerdem wirkt das über einen schmalen Schlitz mit dem Innenrohr verbundene Meßrohr wie ein Tonraum oder Helmholtz-Resonator /42/. Die Schallübertragung vom Innenrohr zum Mikrophon wird daher in bestimmten Frequenzbereichen eine Verstärkung bzw. Abschwächung erfahren. Deshalb ist für jede Sonde die experimentelle Ermittlung des akustischen Übertragungsmaßes besonders wichtig. Dabei kann dann z.B. durch eine kontinuierliche Austastung der Querwellen mit einem geeigneten Mikrophon deren verfälschender Einfluß auf die Meßergebnisse weitgehend ausgeschaltet werden.

### 4.3.1 Theoretische Untersuchungen zum Resonanzverhalten der Hubert-Sonde

Beliebig geformte, gasgefüllte Hohlräume lassen sich zu Resonanzschwingungen anregen. Diese Tatsache wurde bereits von HELMHOLTZ zur Klanganalyse ausgenutzt, weshalb man solche Hohlräume gewöhnlich als Helmholtz-Resonatoren bezeichnet, Bild 4.16.

Die Schwingung kann ebenso wie bei dem in Bild 4.17 dargestellten Feder-Masse-System mit geschwindigkeitsproportionaler Dämpfung und harmonischer Massenerregung betrachtet werden. Dieses wichtige Schwingungssystem,bestehend aus den drei Grundelementen Masse, Feder und

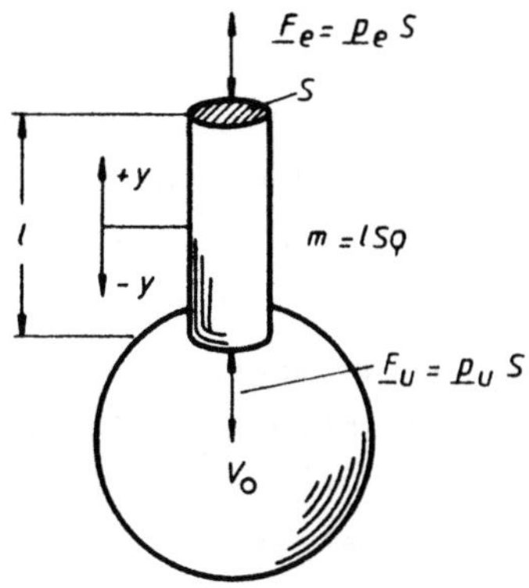


Bild 4.16: Helmholtz-Resonator

Dämpfer, wird allgemein als linearer mechanischer Parallelschwingkreis mit einem Freiheitsgrad bezeichnet. Bei diesem System wird die Bewegung durch die von außen angreifende Erregerkraft $\underline{F}_e = \underline{\hat{F}}_e\ e^{j\omega t}$ bestimmt, so daß man von einer erzwungenen Schwingung sprechen kann.

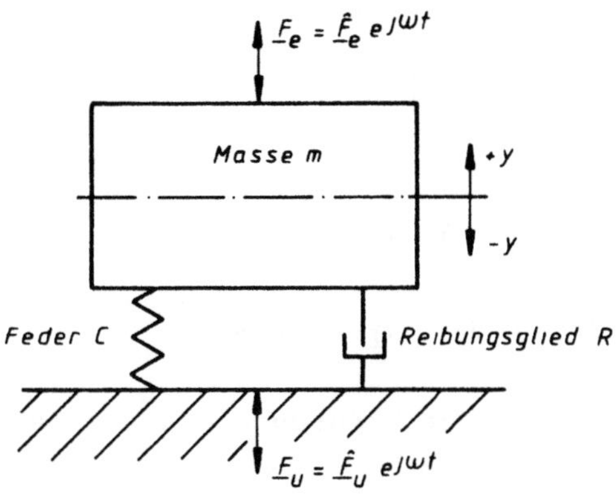


Bild 4.17: Schwingungsmodell zur Ableitung der Bewegungsgleichung des Helmholtz-Resonators

Für die erzwungene Schwingung, die sich nach Ablauf der Einschwingzeit als stationäre Bewegung einstellt, lautet die Bewegungsgleichung in komplexer Schreibweise:

$$m\underline{\ddot{y}} + R\underline{\dot{y}} + C\underline{y} = \underline{\hat{F}}_e\, e^{j\omega t} \qquad (4.8)$$

Die an der Masse angreifende Erregerkraft $\underline{\hat{F}}_e\, e^{j\omega t}$ berechnet sich aufgrund der Gleichgewichtsbedingung aus der Summe von Massenkraft $m\underline{\ddot{y}}$, Reibungskraft $R\underline{\dot{y}}$ und Federkraft $C\underline{y}$.

Gl.(4.8) ist eine inhomogene, lineare Differentialgleichung mit konstanten Koeffizienten. Mit der komplexen Amplitude $\underline{\hat{y}} = |\underline{\hat{y}}| \cdot e^{j\varphi}$ , worin $|\underline{\hat{y}}|$ der Maximalausschlag bzw. der Betrag der Auslenkung ist, lautet der Lösungsansatz:

$$\underline{y} = |\underline{\hat{y}}| \cdot e^{j\varphi} \cdot e^{j\omega t} = \underline{\hat{y}} \cdot e^{j\omega t} \qquad (4.9)$$

Die Differentiation von Gl.(4.9) nach der Zeit t liefert die Geschwindigkeit:

$$\underline{\dot{y}} = j\omega\, \underline{\hat{y}} e^{j\omega t} = j\omega \underline{y} \qquad (4.10)$$

Mit der zweiten Ableitung von Gl.(4.9) nach t ergibt sich die Beschleunigung:

$$\underline{\ddot{y}} = -\omega^2 \cdot \underline{\hat{y}} e^{j\omega t} = -\omega^2 \cdot \underline{y} \qquad (4.11)$$

Setzt man Gl.(4.10) und Gl.(4.11) in die Differentialgleichung (4.8) ein, so erhält man:

$$-\omega^2 \cdot m\underline{y} + j\omega R\underline{y} + C\underline{y} = \underline{\hat{F}}_e \cdot e^{j\omega t} \qquad (4.12)$$

Nach entsprechender Umformung und Ausklammerung von $\underline{y}$ wird aus Gl.(4.12):

$$(C - \omega^2 \cdot m + j\omega R)\underline{y} = \underline{\hat{F}}_e \cdot e^{j\omega t} \qquad (4.13)$$

Mit Gl.(4.9) erhält man für die komplexe Erregerkraftamplitude nach passender Rechnung:

$$(C - \omega^2 \cdot m + j\omega R)\hat{\underline{y}} = \hat{\underline{F}}_e \tag{4.14}$$

Mit dem Quadrat der Eigenkreisfrequenz $\omega_0$ der ungedämpften Schwingung

$$\omega_0^2 = \frac{C}{m} \tag{4.15}$$

ergibt sich schließlich aus Gl.(4.14)

$$m(\omega_0^2 - \omega^2 + j\omega\frac{R}{m})\hat{\underline{y}} = \hat{\underline{F}}_e \tag{4.16}$$

Bei Schwingungsuntersuchungen ist es sehr wichtig, die auf den Untergrund wirkende Kraft $\underline{F}_ü$ zu kennen, denn das Verhältnis der auf das Fundament übertragenen Kraft $\underline{F}_ü$ zu der auf die Masse wirkenden Erregerkraft $\underline{F}_e$ gibt die Wirksamkeit der Schwingungsisolierung an. Dieses Verhältnis wird als Übertragungsfaktor $\underline{V}$ bezeichnet.

$$\underline{V} = \frac{\underline{F}_ü}{\underline{F}_e} = \frac{\hat{\underline{F}}_ü \; e^{j\omega t}}{\hat{\underline{F}}_e \; e^{j\omega t}} = \frac{\hat{\underline{F}}_ü}{\hat{\underline{F}}_e} \tag{4.17}$$

Die Kraft $\underline{F}_ü$ ist die Summe der über die Feder C und den Dämpfungswiderstand R auf den Untergrund übertragenen Kräfte. Somit lautet hierfür die Bewegungsgleichung:

$$R\dot{\underline{y}} + C\underline{y} = \hat{\underline{F}}_ü \cdot e^{j\omega t} \tag{4.18}$$

Mit dem Lösungsansatz Gl.(4.9) ergibt sich für Gl.(4.18) durch Einsetzen von Gl.(4.9) und Gl.(4.10) nach Ausklammerung von $\underline{y}$:

$$(j\omega R + C)\hat{\underline{y}} e^{j\omega t} = \hat{\underline{F}}_ü \; e^{j\omega t} \tag{4.19}$$

Führt man auch hier die Eigenfrequenz $\omega_0$ gemäß Gl.(4.15) ein, so ergibt sich

$$m(\omega_0^2 + j\omega\frac{R}{m})\underline{\hat{y}} = \underline{\hat{F}}_ü \tag{4.20}$$

Mit Gl.(4.16) und Gl.(4.20) erhält man nun das komplexe Übertragungsverhältnis

$$\underline{V} = \frac{\underline{\hat{F}}_ü}{\underline{\hat{F}}_e} = \frac{\omega_0^2 + j\omega\frac{R}{m}}{\omega_0^2 - \omega^2 + j\omega\frac{R}{m}} \tag{4.21}$$

Definiert man den auf die schwingende Masse bezogenen Reibungsanteil $R/m = 2\alpha\,\omega_0$, mit $\alpha$ als dimensionslosem Dämpfungskoeffizienten, und führt außerdem noch das Abstimmungsverhältnis $\nu = \omega/\omega_0$ ein, so geht Gl.(4.21) über in

$$\underline{V} = \frac{1 + j\cdot 2\alpha\nu}{1 - \nu^2 + j\,2\alpha\nu} \tag{4.22}$$

Den Betrag des Übertragungsfaktors erhält man wie folgt:

$$|\underline{V}| = \sqrt{\frac{(\mathrm{Re}\,\underline{\hat{F}}_ü)^2 + (\mathrm{Im}\,\underline{\hat{F}}_ü)^2}{(\mathrm{Re}\,\underline{\hat{F}}_e)^2 + (\mathrm{Im}\,\underline{\hat{F}}_e)^2}} = \sqrt{\frac{1 + 4\,\alpha^2\cdot\nu^2}{(1-\nu^2)^2 + 4\,\alpha^2\cdot\nu^2}} \tag{4.23}$$

Um mit Gl.(4.22) die Übertragungsfunktion des Helmholtz-Resonators bestimmen zu können, muß in Gl.(4.8) die Erregerkraft $\underline{\hat{F}}_e\cdot e^{j\omega t}$ durch den von außen auf die Halsfläche S ausgeübten Erregerdruck $\underline{\hat{p}}_e\cdot e^{j\omega t}$ und in Gl.(4.18) die übertragene Wechselkraft $\underline{\hat{F}}_ü\cdot e^{j\omega t}$ durch den in den Hohlraum hineinwirkenden Wechseldruck $\underline{\hat{p}}_ü\cdot e^{j\omega t}$ ausgedrückt werden. Da sich die Fläche S bei der Bildung von $\underline{V}$ herauskürzt, erhält man mit Gl.(4.22) anstelle des komplexen Kraftamplitudenverhältnisses $\underline{\hat{F}}_ü/\underline{\hat{F}}_e$ das komplexe Druckamplitudenverhältnis $\underline{\hat{p}}_ü/\underline{\hat{p}}_e$.

Bei Geräuschuntersuchungen arbeitet man zweckmäßig mit dem "akustischen Übertragungsmaß", das sich aus dem

Betrag der komplexen Übertragungsfunktion wie folgt berechnet:

$$\Delta L_{ü} = 10 \lg |\underline{V}|^2 \quad \text{in dB} \tag{4.24}$$

Mit $|\underline{V}|$ aus Gl.(4.23) erhält man mit Gl.(4.24):

$$\Delta L_{ü} = 10 \lg \frac{1 + 4 \cdot \alpha^2 \cdot \nu^2}{(1 - \nu^2)^2 + 4 \cdot \alpha^2 \cdot \nu^2} \quad \text{in dB} \tag{4.25}$$

Der Frequenzgang des akustischen Übertragungsmaßes ist nach Gl.(4.25) stark von der Abstimmung $\nu$ abhängig. Die Funktion hat ihren Resonanzgipfel bei $\nu = 1$ oder bei großer Dämpfung etwas unterhalb 1.

Beim Helmholtz-Resonator, Bild 4.16, wirkt das kompressible Gasvolumen $V_0$ analog der Feder C in Bild 4.17, während die im Resonatorhals eingeschlossene Masse, die das Volumen von der Länge l und dem Querschnitt S einnimmt, die schwingende Masse m mit dem Reibungswiderstand R bildet. Dabei besteht die im Resonatorhals schwingende Masse m nicht nur aus der eingeschlossenen Luftmasse $Sl\rho$, sondern es sind noch mitschwingende Luftmassen vor und hinter der Öffnung hinzuzuschlagen. Man berücksichtigt dies, indem man zur Halslänge l an beiden Seiten eine Mündungskorrektur $\Delta l$, Bild 4.18, addiert. Diese Korrektur spielt vor allem bei kleinen Halslängen eine große Rolle. Für genaue Berechnungen ist aus diesem Grunde die korrigierte Länge $l' = l + 2\Delta l$ einzusetzen.

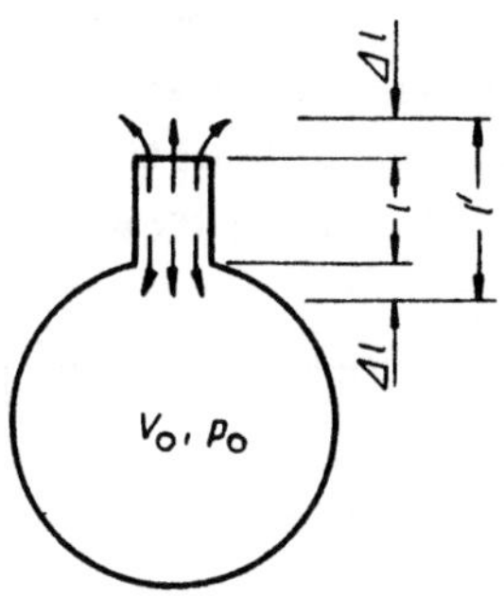


Bild 4.18: Mündungskorrektur

Für die effektiv mitschwingende Masse m', die in Anlehnung an den mechanischen Parallelschwingkreis in die Bewegungsgleichungen (4.8) und 4.20) eingesetzt wird, ergibt sich somit

$$m' = S\,l'\,\rho_0 \qquad (4.26)$$

Die Federung des Resonators berechnet sich aus der allgemeinen Beziehung:

$$C = -\frac{dF}{dy} = -\frac{d(Sp)}{dy} = -S\,\frac{dp}{dy} \qquad (4.27)$$

Erweitert man Gl.(4.27) mit der Halsfläche S, so erhält man mit $S\,dy = dV$ den Ausdruck

$$C = -S^2\,\frac{dp}{dV} \qquad (4.28)$$

Setzt man eine isentrope Zustandsänderung $p\,V^k = \text{konst.}$ mit $k = c_p/c_v$ als dem Verhältnis der spezifischen Wärmekapazitäten voraus, so ergibt sich nach passender Rechnung:

$$\frac{dp}{dV} = -k\,\frac{p}{V} \qquad (4.29)$$

In Gl.(4.29) ist für V das Hohlraumvolumen des Resonators $V_0$ und für p der im Hohlraum herrschende statische Gleichdruck $p_0$ einzusetzen.

Aus Gl.(4.28) erhält man dann mit Gl.(4.29) die Federkonstante

$$C = S^2\,k\,\frac{p_0}{V_0} \qquad (4.30)$$

Die Eigenfrequenz $\omega_0$ des Helmholtz-Resonators berechnet sich ebenso wie beim mechanischen Parallelschwingkreis gemäß Gl.(4.15), so daß mit Gl.(4.26) und Gl.(4.30) die nachstehende Beziehung aufgestellt werden kann:

$$\omega_0 = \sqrt{k\cdot\frac{p_0}{\rho_0}}\;\sqrt{\frac{S}{V_0\cdot l'}} = a\sqrt{\frac{S}{V_0\cdot l'}} \qquad (4.31)$$

Der Ausdruck $\sqrt{k\cdot\frac{p_0}{\rho_0}}$ stellt die Schallgeschwindigkeit a im Hohlraum dar.

Resonatoren, bei denen die Massen und Federungen aus luftgefüllten Hohlräumen bestehen, treten in der Akustik sehr häufig auf. So zeigten auch die Untersuchungen mit der Hubert-Sonde, die auf Bild 4.19 schematisch dargestellt ist, daß ihr Schwingungsverhalten ziemlich genau dem des beschriebenen Helmholtz-Resonators entspricht.

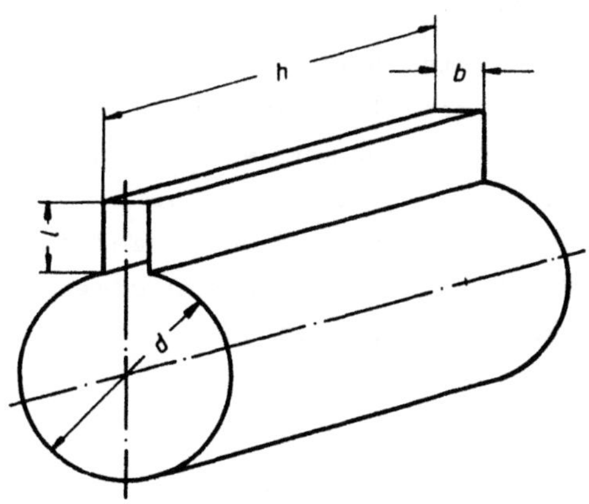


Bild 4.19: Hubert-Sonde als Helmholtz-Resonator

Mit dem Hohlraumvolumen $V_o = \frac{\pi d^2}{4} h$ und der wirksamen schlitzförmigen Halsfläche $S = \mu b h$, worin $\mu$ die Porosität der Schlitzabdeckung bedeutet, erhält man aus Gl.(4.31) die Eigenfrequenz

$$\omega_o = 2 \frac{a}{d} \sqrt{\frac{\mu b}{\pi l'}} \qquad (4.32)$$

Gl.(4.32) zeigt sehr anschaulich, daß die Resonanzfrequenz der Sonde mit wachsender Porosität der Stoffabdeckung und Schlitzbreite sowie kleiner werdendem Sondendurchmesser und abnehmender Halslänge zunimmt. Will man daher im hauptsächlich interessierenden Frequenzbereich des Schaufelgrundtones, der sich im vorliegenden Falle von etwa 200 bis 1200 Hz erstreckt, ein möglichst lineares Übertragungsmaß mit vernachlässigbar kleinen Pegelverstärkungen erhalten, so sind, da Schlitzbreite und Porosität der Stoffabdeckung in etwa festliegen, die Halslänge l des Schlitzes und der Rohrdurchmesser d der Sonde so klein wie möglich zu halten. Die Richtigkeit dieser aus Gl.(4.32) gezogenen Schlußfolgerung konnte durch die in Vorversuchen erhaltenen Versuchsergebnisse belegt werden.

Die neue Sonde bietet auch die Möglichkeit, das Geräusch in sehr kleinen durchströmten Rohrleitungen, zu denen man mit den üblichen Sonden keinen Zugang mehr hat, zu messen. Es ist dabei jedoch zu beachten, daß die Verhältnisse des Tonraumes /42/ umso mehr zutreffen, je größer das Verhältnis vom Sondendurchmesser d zum Meßrohrdurchmesser $d_R$ ist, Bild 4.20.

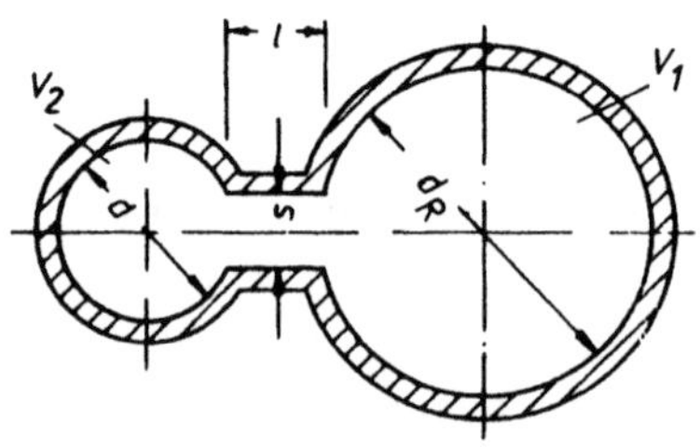


Bild 4.20: Hubert-Sonde als Tonraum

Für diesen gilt, daß sich das Effektivvolumen $V_o$ aus den Einzelvolumina $V_1$ und $V_2$ wie folgt berechnet:

$$\frac{1}{V_o} = \frac{1}{V_1} + \frac{1}{V_2} \tag{4.33}$$

Mit $V_o = \frac{\pi d_o^2}{4} h$, $V_1 = \frac{\pi d^2}{4} h$ und $V_2 = \frac{\pi d_R^2}{4} h$

folgt aus Gl.(4.33), daß in Gl.(4.32) für d der repräsentative Sondendurchmesser

$$d_o = \frac{d \cdot d_R}{\sqrt{d^2 + d_R^2}} = \frac{d}{\sqrt{1 + \left( \frac{d}{d_R} \right)^2}} \qquad (4.34)$$

einzusetzen ist. Für $d_R >> d$ ist dann $d_o \approx d$.

### 4.3.2 Experimentelle Ermittlung des akustischen Übertragungsmaßes

Das Übertragungsmaß kann durch zeitgleiches Messen der Schalldruckpegel $L_{pH}$ an der Sonde und $L_{pR}$ im Kanal ermittelt werden. Aus der Pegeldifferenz

$$\Delta L_ü = L_{pH} - L_{pR} \qquad (4.35)$$

ergibt sich dann das Übertragungsmaß für die Mittenfrequenz der jeweils gewählten Bandbreite. Für $L_{pR}$ ist der über den Meßquerschnitt energetisch gemittelte Schalldruckpegel einzusetzen. Oberhalb der Kanalgrenzfrequenz, wo Eigenschwingungen quer zur Rohrachse und in Umfangsrichtung zu unterschiedlichen Pegelwerten führen, wurde mit einer geeigneten, das Mikrophon aufnehmenden Vorrichtung der gesamte Meßquerschnitt in vier verschiedenen Richtungen senkrecht zur Rohrachse auf konzentrischen Kreisen kontinuierlich abgetastet und der dabei aufgenommene Pegelschrieb in Abständen von jeweils 10 mm markiert, um den Verlauf der ortsabhängigen Schallenergie möglichst genau bestimmen zu können. Ein zweiter Pegelschreiber ermöglichte gleichzeitig die Schallaufzeichnung an der Hubert-Sonde. Zur Erläuterung ist auf Bild 4.21 ein solcher Schrieb von insgesamt vier Schrieben, die für jedes eingestellte Frequenzband aufgenommen wurden, dargestellt. Man erkennt sehr deutlich die erhöhte Pegelanzeige an der Hubert-Sonde als Folge ihrer Resonanzeigenschaften.

Die Abtastmessungen wurden mit und ohne Durchströmung des Sondenrohres an der Ventilatoraustrittsseite durchgeführt. Als Geräuschquelle diente jeweils der Ventilator selbst, eine im Ventilatorgehäuse eingebaute rotierende schaufellose Radscheibe oder ein Lautsprecher. Für die Messungen am nichtdurchströmten Rohr wurde zunächst ein 1/2" Mikrophon mit Schutzgrill benutzt, später ein Nasenkonus-Vorsatz gemäß Bild 4.13, um Vergleichswerte für die Untersuchungen an der durchströmten Sonde zu erhalten.

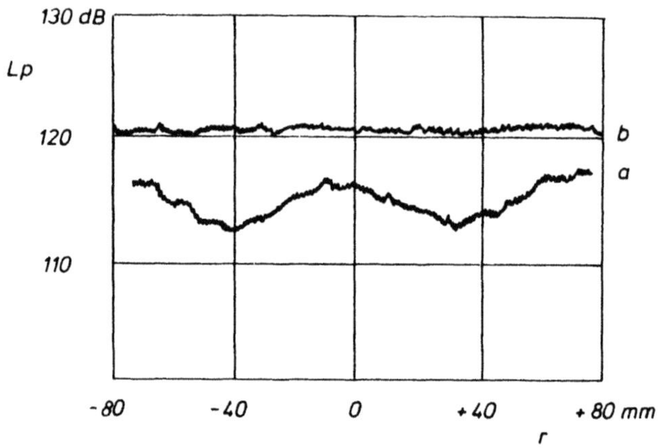


Bild 4.21: Schalldruckpegelverlauf
a senkrecht zur Rohrachse,
b an der Hubert-Sonde
während der Abtastzeit gemessen im Terzband mit der Mittenfrequenz 3150 Hz bei einer Rohrgeschwindigkeit c = 60 m/s.

Aufgrund der von NEISE festgestellten Störpegelanhebungen in bestimmten Geschwindigkeits- und Turbulenzbereichen waren außerdem Vergleichsmessungen zwischen Nasenkonus und Vorsatzsonde nach Bild 4.14 notwendig, die im Windkanal der Fachhochschule Düsseldorf durchgeführt wurden. Hierbei war noch zu beachten, daß der Turbulenzgrad des Windkanals viel geringer ist als beim Ventilator. Um auf die Werte zu kommen, die gemäß Bild 4.22 in der Ausblasströmung des Ventilators herrschen, mußte daher der Turbulenzgrad mittels im Freistrahl eingebrachter Siebe künstlich erhöht werden.

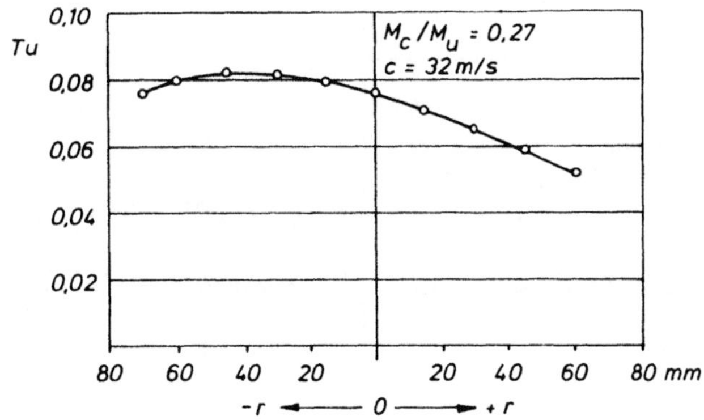


Bild 4.22: Turbulenzgradverteilung in der Ausblasströmung des Ventilators

Die Ergebnisse dieser Untersuchung sind in Bild 4.23 aufgetragen, wo die Pegeldifferenz der von beiden Sonden unter sonst gleichen Bedingungen aufgenommenen Schalldrücke im Frequenzbereich von 200 bis 6000 Hz für verschiedene Gesamtturbulenzgrade dargestellt ist. Die in diesem Bild unten aufgetragenen Meßpunkte wurden außerhalb des Windkanals gemessen. Daher sind hier der Gesamtturbulenzgrad Tu und der Machzahlquotient $M_c/M_u$ als Verhältnis von Strahlgeschwindigkeit zur Umfangsgeschwindigkeit des Windkanallaufrades gleich Null. Soweit hier Unterschiede auftreten, sind diese auf das Übertragungsmaß der Neise-Sonde zurückzuführen, das sich dabei in seinem inversen Verlauf abbildet.

Besonders aufschlußreich sind die Meßergebnisse in Bild 4.23 oben. Sie zeigen, daß sich bei der gewählten Strömungsgeschwindigkeit von 32 m/s entsprechend einem $M_c/M_u = 0,57$ im gesamten untersuchten Frequenzbereich bis zu einem Turbulenzgrad von 8% praktisch kein Störschall durch turbulente Druckschwankungen am Nasenkonus bemerkbar macht. Erst bei Tu = 12 % ist eine dann

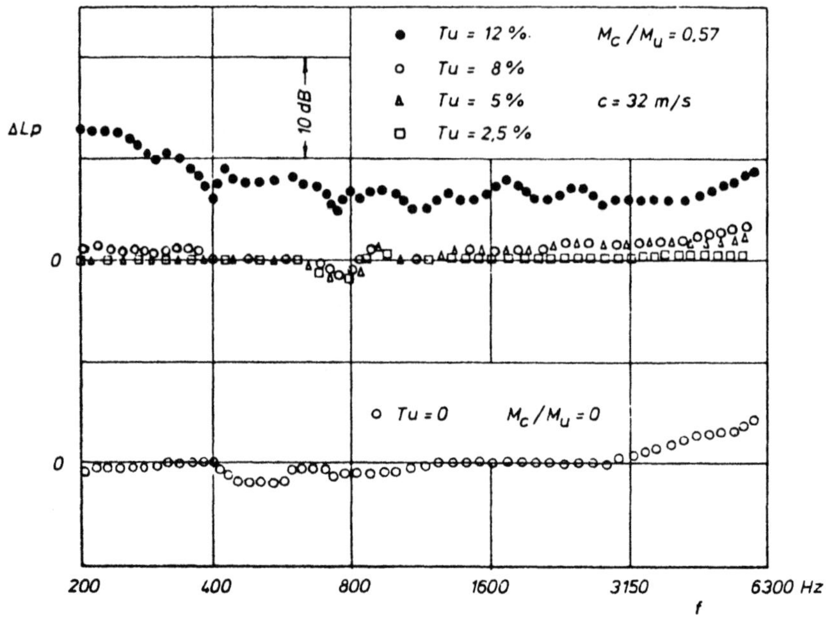


Bild 4.23: Schalldruckpegeldifferenz zwischen Nasenkonus und Neise-Sonde bei verschiedenen Turbulenzgraden $Tu = \tilde{u}/u$

allerdings spürbare Meßverfälschung durch den Windeinfluß festzustellen. Aus diesen Meßkurven kann der interessante Schluß gezogen werden, daß bei Geräuschmessungen im durchströmten Kanal nicht unbedingt eine perforierte oder geschlitzte Vorsatzsonde benötigt wird. Dieser Fall ist offensichtlich immer dann gegeben, wenn der Ventilator in seinem Optimum arbeitet, einen Turbulenzgrad von nicht mehr als 8 % hat, das Machzahlverhältnis $M_c/M_u$ innerhalb des in Bild 3.1d dargestellten Kurvenbandes liegt und keine besondere Schalldämpfung zwischen Ventilator und Meßstelle im Kanal erfolgt. Dieses Ergebnis, das im Widerspruch zu Untersuchungen an anderer Stelle /15/ zu stehen scheint, erklärt sich einfach daraus, daß im vorliegenden Falle eine stark schallbelastete Strömung

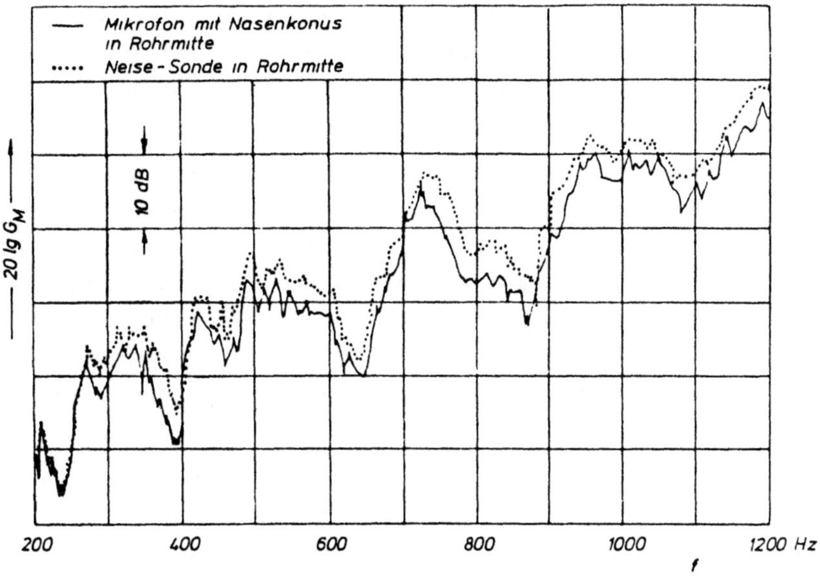


Bild 4.24: Frequenzgang der 1. Harmonischen, aufgenommen mit Neise-Sonde und Nasenkonus

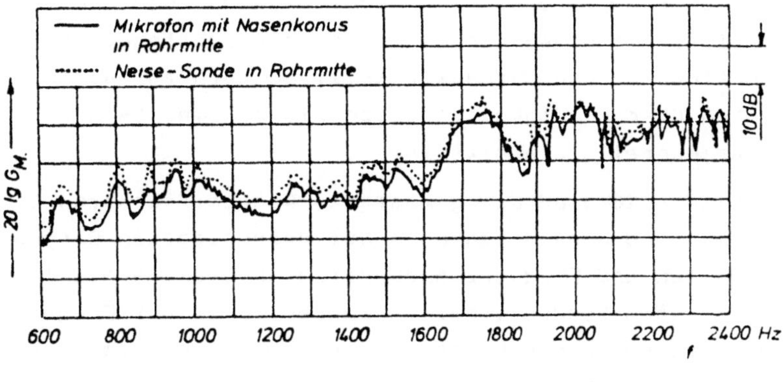


Bild 4.25: Frequenzgang der 2. Harmonischen, aufgenommen mit Neise-Sonde und Nasenkonus

untersucht wurde, während es sich dort um eine durch zusätzliche Schalldämpfung zwischen Ventilator und Rohrleitung künstlich schallarm gemachte Strömung handelt.

LEIDEL /8/ stellte bei Geräuschmessungen mit Nasenkonus im Ausblaskanal eines Radialventilators mittlerer Schnelläufigkeit ($\sigma$ = 0,44), der zwischen Nullförderung und Optimum untersucht wurde, ebenfalls fest, daß bei einem gesamten Turbulenzgrad von durchschnittlich 5 % bei den Terzbändern 63, 200, 315 und 1000 Hz kein Störschall durch Windrauschen das Ventilatorgeräusch verfälscht.

Um bei den Tonpegelaufzeichnungen ganz sicher zu gehen, wurden Systemfrequenzgänge von der ersten und zweiten Harmonischen im Optimum des Ventilators zusätzlich als Vergleichsmessungen zwischen beiden Sonden aufgenommen. Diese aus den Bildern 4.24 und 4.25 ersichtlichen Aufzeichnungen bestätigen recht eindrucksvoll die Unempfindlichkeit des Nasenkonus gegen die turbulenten Druckschwankungen in der Ausblasströmung des untersuchten Ventilators. Daher schien es durchaus gerechtfertigt, mit demselben nicht nur die Übertragungsfunktion für den Durchsatz Null, sondern für den gesamten Geschwindigkeitsbereich bis maximal 64 m/s experimentell zu ermitteln.

In Bild 4.26 sind die gemessenen Pegeldifferenzen $\Delta L_{Ü}$, die mit und ohne Nasenkonus bei verschiedenen Geschwindigkeiten und Frequenzbandbreiten an drei nach Bild 4.15 gefertigten Sonden erhalten wurden, über der Frequenz aufgetragen. Man erkennt, daß die Meßpunkte zwischen 100 und 1200 Hz, wo die Übertragungsfunktion fast horizontal verläuft, nur wenig um 0 dB streuen, so daß sich eine Korrektur der aufzunehmenden Systemfrequenzgänge, zumindest solche von der 1. Harmonischen, erübrigt. Darüber hinaus erkennt man aus dem in diskreter

Form vorliegenden Frequenzgang sehr schön den typischen Verlauf der Übertragungsfunktion eines linearen Einmassensystems mit einem Freiheitsgrad, die bei einer Eigenfrequenz von 2700 Hz eine Resonanzgipfelhöhe von etwa 9 dB sowie eine Nullstelle bei $2700\sqrt{2} = 3818$ Hz hat.

Mit diesen Werten läßt sich nun der Dämpfungskoeffizient aus Gl.(4.25) wie folgt berechnen:

$$10\lg\frac{1+4\alpha^2}{4\alpha^2} = 9, \text{ woraus folgt: } \alpha = \frac{1}{2\sqrt{10^{0,9}-1}} = 0{,}190$$

Setzt man dieses Ergebnis in Gl.(4.25) ein, so lautet die akustische Übertragungsfunktion der untersuchten Sonden

$$\Delta L_{\ddot{u}} = 10\lg\frac{1+0{,}144\left(\frac{f}{2700}\right)^2}{\left(1-\left(\frac{f}{2700}\right)^2\right)^2+0{,}144\left(\frac{f}{2700}\right)^2} \text{ in dB} \qquad (4.36)$$

worin die Frequenz f in Hz einzusetzen ist.

Zum Vergleich mit den Versuchsergebnissen wurde die Beziehung (4.36) in Bild 4.26 graphisch dargestellt. Wie daraus ersichtlich, schmiegen sich die Meßpunkte bis etwa 4000 Hz recht gut an die gerechnete Kurve an unabhängig davon, ob diese bei Nullförderung oder bei höheren Geschwindigkeiten gewonnen wurden. Auch ist kein Unterschied zwischen den Messungen bei Nullförderung mit und ohne Nasenkonus festzustellen. Erst oberhalb 4000 Hz treten größere, wahrscheinlich durch die Stoffschicht und Geschwindigkeit beeinflußte Meßwertstreuungen auf, die jedoch weniger von Bedeutung sind, weil die Erregerfunktion des Ventilatorrauschens im höheren Frequenzbereich ohnehin stark abgefallen ist (vgl.Bild 6.1 und 6.6). Offensichtlich hat aber

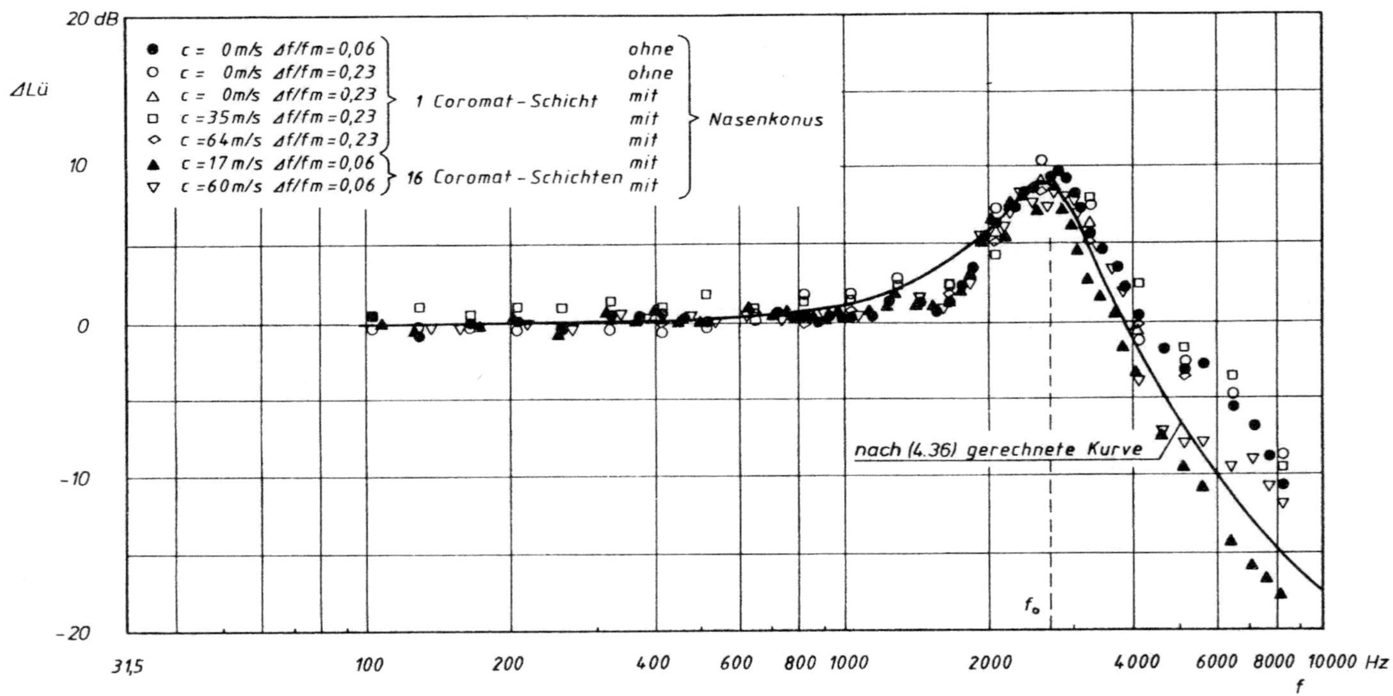


<u>Bild 4.26:</u> Akustisches Übertragungsmaß der Hubert-Sonde (gemäß Bild 4.15)

bis etwa 4000 Hz die Anzahl der untersuchten Coromat-Schichten keinen nennenswerten Einfluß auf den Frequenzgang des akustischen Übertragungsmaßes.

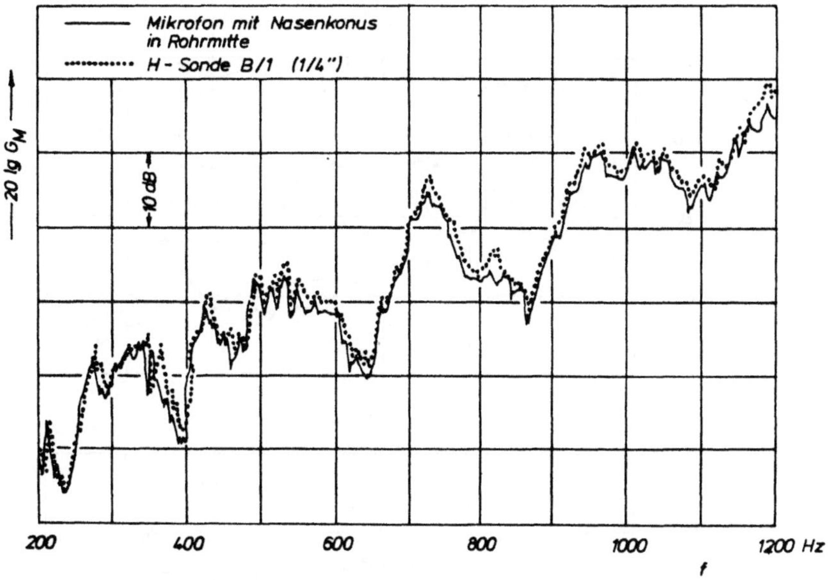


Bild 4.27: Frequenzgang der 1. Harmonischen, aufgenommen mit Hubert - Sonde und Nasenkonus

Schließlich ist in Bild 4.27 noch ein Vergleich zwischen Nasenkonus und Hubert-Sonde durchgeführt worden, aus dem ebenfalls hervorgeht, daß die mit der Hubert-Sonde aufgenommenen Frequenzgänge bis 1200 Hz keiner Korrektur bedürfen.

## 4.4 Eigengeräusche des Ventilatorantriebs

Um festzustellen, ob die Geräuschmessungen nicht durch die von Motor, Fremdlüfter, Lagern und dergl. herrührenden Antriebsgeräusche verfälscht werden, wurden die in Bild 4.28 und 4.29 dargestellten Terzspektren und Systemfrequenzgänge mit und ohne Laufrad bei jeweils konstanter Drehzahl aufgenommen.

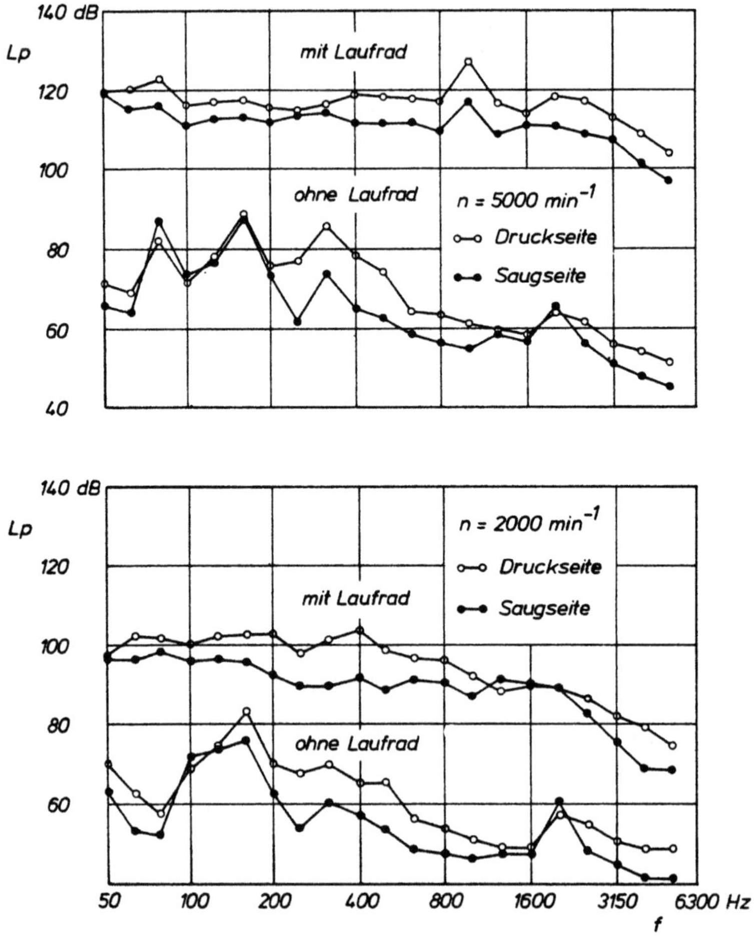


Bild 4.28: Terzspektrum vom Ventilator mit und ohne Laufrad aufgenommen

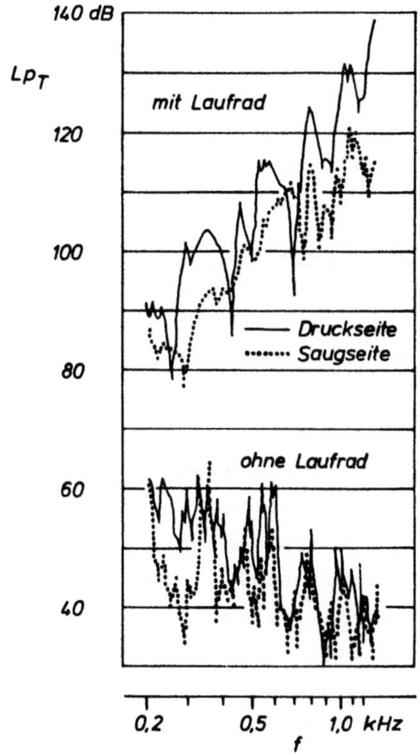


Bild 4.29: Systemfrequenzgang vom Ventilator mit und ohne Laufrad aufgenommen

Wie erkennbar, sind die vom Antrieb allein herrührenden Geräusche so gering, daß die vom Ventilator erzeugten Geräusche hierdurch nichtin Mitleidenschaft gezogen werden.

## 4.5 Motor und Regelschiene

Bei dem Antriebsmotor handelt es sich um einen Gleichstromnebenschlußmotor mit Fremderregung, der seine maximale Leistung von 23,5 kW bei einer Drehzahl $n = 2400 \text{ min}^{-1}$ abgibt. Die Kühlung erfolgt durch Fremdbelüftung. Eine anmontierte Tachomaschine übermittelt die Istdrehzahl des Motors an die Regelschiene, welche die Aufgabe hat, Anker und Feld des Motors zu erregen und nach einem Ist-Sollwert-Vergleich die Drehzahl gegebenenfalls durch Veränderung der Spannung nachzuregeln. Die Sollwerteinstellung erfolgt über Druckknopfsteuerung am Stellsatz, wo auch die Gesamteinrichtung, bestehend aus Motor und Regelschiene, ein- und ausgeschaltet werden kann.

### 4.6 Drehmomentenmeßnabe und Trägerfrequenzmeßbrücke

Die Messung des Ventilatordrehmomentes erfolgt mit einer schleifringlosen Meßnabe, die ein induktives Meßsystem mit großer Empfindlichkeit, guter Linearität und Hysterese sowie hoher Temperaturstabilität besitzt. Die Meßnabe wird mit einer Trägerfrequenzmeßbrücke PR 9308 bei einer Speisespannung von 10 V und einer Frequenz von 5 KHz betrieben. Elf verschiedene Stellungen des Stufenabschwächers (grob) und ein Präzisionspotentiometer (fein) ermöglichen die optimale Anpassung der Verstärkung an den Meßbereich und die Empfindlichkeit des Aufnehmers. Das Meßbrückensignal kann für Übersichtsmessungen über ein eingebautes, abschaltbares Drehspulinstrument angezeigt werden. Die Brücke verfügt für genaue Messungen über einen Spannungsausgang mit einer Nennspannung von $\pm$ 1 V bei Vollaussteuerung. Hier wurde ein integrierendes Digitalvoltmeter mit hoher Anzeigegenauigkeit angeschlossen. Um eine möglichst große Genauigkeit zu erreichen, wurde die gesamte Meßkette, bestehend aus Drehmomentenmeßnabe, Anschlußkabel, Trägerfrequenz-Meßbrücke und Digitalvoltmeter, mit einer speziell dafür hergestellten Vorrichtung in allen Stellungen des Stufenabschwächers statisch kalibriert. Da die erhaltenen Werte in allen Meßbereichen eine gute Linearität zwischen den über die Vorrichtung eingeleiteten Momenten und den am Digitalvoltmeter angezeigten Spannungswerten aufweisen, kann das Drehmoment aus den einzelnen Meßdaten wie folgt berechnet werden:

$$M = \Theta_0 u + K \qquad (4.37)$$

In Gl.(4.37) bedeuten

- $u$ die Anzeige am Digitalvoltmeter in mV,
- $\Theta_0$ einen Faktor in Nm/mV, der von der Stellung des Stufenabschwächers abhängig ist, und
- $K$ eine von der Stellung des C-Abgleichschalters abhängige Größe in Nm.

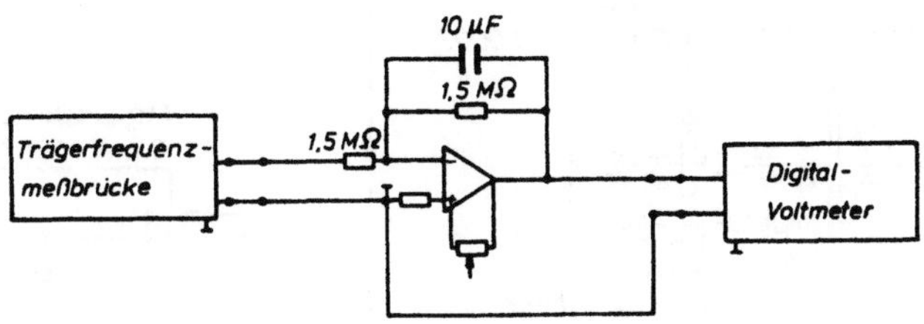


Bild 4.30: Schaltplan des Integrators

Eine Schaltung, Bild 4.30, mit integrierender Arbeitsweise, die über eine feste Zeitkonstante von ca. 15 s verfügt, zwischen Spannungsausgang der Brücke und Digitalvoltmeter angeordnet, ermöglicht eine gute Mittelwertanzeige der induzierten Spannung und damit der aufzunehmenden Drehmomente.

## 4.7 Nachlaufsteuervorrichtung

Zur Aufnahme der Systemfrequenzgänge bei konstantem Drosselpunkt, die eine Konstanz des Verhältnisses von Mittenfrequenz des Analysators zur Drehfrequenz des Ventilators verlangt, diente der in Bild 4.31 dargestellte Meßaufbau.

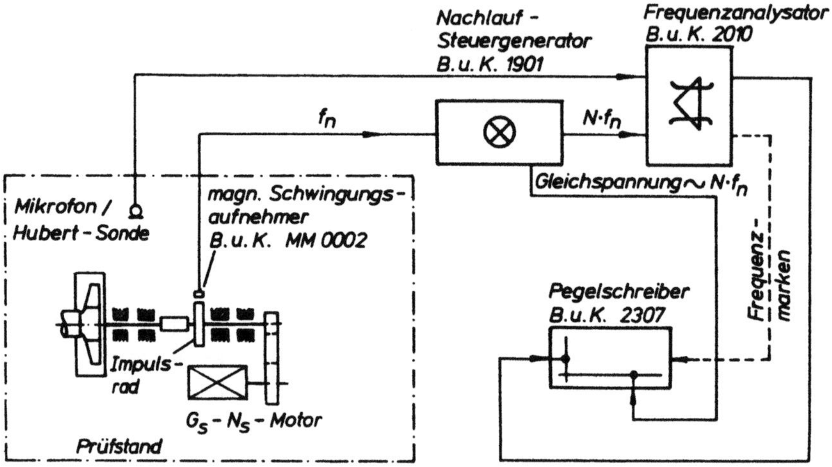


Bild 4.31: Blockschaltbild zur Messung der Drehklangkomponenten in Abhängigkeit von der Ventilatordrehzahl (Systemfrequenzgänge)

Zur weiteren Information über die Wirkungsweise der verwendeten Nachlaufsteuervorrichtung sei auf WEIDEMANN /30/ verwiesen.

## 4.8 Einzelmessungen und Auswertungsformeln

### 4.8.1 Durchflußmessung mit Normblende

Die Messung des Förderstromes erfolgt mit einer genormten Ringkammerblende, die in der Mitte der Saugleitung, Bild 4.1, angordnet ist. Blende und Meßstellen wurden in Übereinstimmung mit den "VDI-Durchflußregeln DIN 1952" ausgeführt. Die dort angegebenen Vorschriften für Einbau, Messung und Auswertung wurden genau eingehalten.

Der vom Ventilator geförderte Massenstrom berechnet sich wie folgt:

$$\dot{m} = \epsilon \alpha_{Bl} \cdot A_{Bl} \sqrt{2 \cdot \rho_{Bl} \cdot \Delta p_{Bl}} \qquad (4.38)$$

Die Expansionszahl beträgt gemäß "VDI 2040, Blatt 1",

$$\epsilon = 1 - (0{,}3707 + 0{,}3184 \cdot m^2) \cdot \left[1 - \left(\frac{p_2}{p_1}\right)^{1/k}\right]^{0{,}935} \qquad (4.39)$$

Mit dem gewählten Blendenöffnungsverhältnis m = 0,6378 und dem Isentropenexponenten k = 1,4 für Luft geht Gl.(4.39) über in

$$\epsilon = 1 - 0{,}5 \left[1 - \left(\frac{p_2}{p_1}\right)^{0{,}714}\right]^{0{,}935} \qquad (4{,}40)$$

In Gl.(4.40) bedeuten $p_1$ und $p_2$ die unmittelbar vor und hinter der Blende abzunehmenden statischen Absolutdrücke. Der Blendenbeiwert $\alpha_{Bl}$ ist in Abhängigkeit von der wie folgt definierten Reynoldszahl

$$Re = \frac{c\, d_R}{\nu} = \frac{4}{\pi d_R} \cdot \frac{\dot{m}}{\rho_{Bl}\, \nu} \qquad (4.41)$$

auf Bild 4.32 dargestellt.

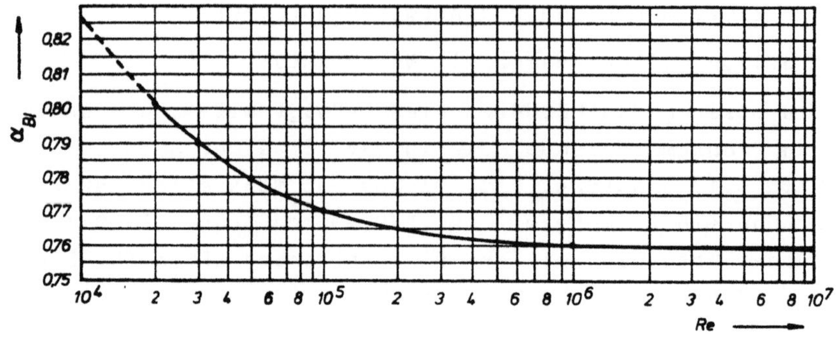


Bild 4.32: $\alpha_{Bl}$,Re-Diagramm für Ringkammerblende DIN 1952, Öffnungsverhältnis m = 0,6378 /40/

Mit dem lichten Blendenquerschnitt $A_{Bl} = 0{,}12838\ m^2$, der Luftdichte +) vor der Blende

$$\rho_{Bl} = \frac{p_b - \Delta p_{vBl}}{R \cdot T} \qquad (4.42)$$

und der Wirkdruckdifferenz $\Delta p_{Bl} = p_1 - p_2$ an der Blende erhält man aus Gl.(4.38) nach passender Rechnung die Beziehung

$$\dot{m} = 0{,}001007 \left(1 - 0{,}5\ \frac{\Delta p_{Bl}}{p_b - \Delta p_{vBl}}\right)^{0{,}668} \cdot \sqrt{\frac{p_b - \Delta p_{vBl}}{273 + t} \cdot \Delta p_{Bl}} \quad \text{in kg/s} \qquad (4.43)$$

in der die Druckmeßgrößen Atmosphärendruck $p_b$, Unterdruck vor der Blende $\Delta p_{vBl}$ und Wirkdruck $\Delta p_{Bl}$ in Pa und die Temperatur t in °C einzusetzen sind. Gl.(4.43) wurde mit R = 287 J/kgK und $\alpha_{Bl} = 0{,}76$ hergeleitet.

---

+) Die Luftdichte $\rho$ läßt sich aus der allgemeinen Gasgleichung $\rho = \frac{p}{ZRT}$ herleiten. Der Realgasfaktor Z, der die Abweichungen des realen Gases vom idealen Gas berücksichtigt, kann für die am Prüffeld herrschenden Temperatur- und Druckänderungen mit hinreichender Genauigkeit gleich 1 gesetzt werden.

Nach Berechnung von $\dot{m}$ aus Gl.(4.43) mit den an der Blende abgenommenen Meßwerten erhält man Re aus Gl.(4.41) und korrigiert mit Bild 4.32 $\alpha_{Bl}$ und danach den Massenstrom wie folgt:

$$\dot{m}_k = \frac{\alpha_{Bl}}{0{,}76}\,\dot{m} \qquad (4.44)$$

Aus dem korrigierten Massenstrom und der Beziehung für die Luftdichte am Eintritt

$$\rho_E = \frac{p_b - \Delta p_E}{R(273+t_E)} \qquad (4.45)$$

worin $\Delta p_E$ den Unterdruck und $t_E$ die Lufttemperatur im Ventilatoreintritt bedeuten, ergibt sich schließlich das wirkliche Ansaugvolumen des Ventilators zu

$$\dot{V}_E = \dot{m}_k / \rho_E \qquad (4.46)$$

<u>4.8.2 Totale spezifische Strömungsarbeit</u>

Die totale spezifische Strömungsarbeit des Ventilators berechnet sich in Übereinstimmung mit den "Ventilatorregeln VDI 2044" aus den am Eintritt und Austritt zu messenden statischen Drücken und den dort herrschenden Luftgeschwindigkeiten wie folgt:

$$Y_t = \frac{p_A - p_E}{\rho_E}\cdot f + \frac{c_A^2 - c_E^2}{2} \qquad (4.47)$$

Da beim untersuchten Ventilator die Querschnitte am Eintritt und Austritt gleich groß sind, ist der dynamische Energieanteil in Gl.(4.47) vernachlässigbar klein. Der Kompressibilitätsfaktor f geht durch Reihenentwicklung aus der allgemein gültigen thermodynamischen Beziehung

$$Y = \frac{n}{n-1}\,\frac{p_E}{\rho_E}\left[\left(\frac{p_A}{p_E}\right)^{\frac{n-1}{n}} - 1\right] \qquad (4.48)$$

hervor und lautet, wenn vereinfachend $p_A - p_E = \Delta p_{EA}$ gesetzt wird:

$$f = 1 - \frac{1}{2n} \cdot \frac{\Delta p_{EA}}{p_E} + \frac{1}{6n} \cdot \left(1 + \frac{1}{n}\right)\left(\frac{\Delta p_{EA}}{p_E}\right)^2 - + \dots \quad (4.49)$$

Für relativ kleine Druckzunahmen $\Delta p_{EA}/p_E$, wie sie im Ventilatorenbau üblich sind, und nicht zu kleine innere Wirkungsgrade ($\eta_i > 0,5$) ist es zulässig, anstelle des Polytropenexponenten n in Gl.(4.49) den Isentropenexponenten k einzusetzen. Man erhält dann aus Gl.(4.47) mit Gl.(4.49) und k = 1,4 für Luft:

$$Y_t = \frac{\Delta p_{EA}}{\rho_E} \left[1 - 0,357 \frac{\Delta p_{EA}}{p_E} + 0,204 \left(\frac{\Delta p_{EA}}{p_E}\right)^2 - + \dots\right] \quad (4.50)$$

$\rho_E$ ist mit Gl.(4.45) zu bestimmen.

Die statische Druckerhöhung $\Delta p_{EA}$ am Ventilator wird, wie aus Bild 4.1 ersichtlich, an den dafür vorgesehenen Druckmeßstellen, die aus vier sauber entgrateten und über den Umfang des Meßrohres gleichmäßig verteilten 2 mm-Bohrungen bestehen und über einen Ringkanal miteinander verbunden sind, unmittelbar vor und hinter dem Ventilator über ein Debro-Manoskop und ein Betzmanometer abgenommen. $\Delta p_{EA}$ berechnet sich aus den an beiden Hebermanometern abgelesenen Spiegeldifferenzen $\Delta h_E$ und $\Delta h_A$ wie folgt:

$$\Delta p_{EA} = \rho_{Hg} g \, \Delta h_E - \rho_w g \, \Delta h_A \quad (4.51)$$

worin $\rho_{Hg}$ die Dichte des Quecksilbers im Debro-Manoskop und $\rho_w$ die Dichte des Wassers im Betzmanometer bedeuten. Das Minuszeichen vor dem zweiten Term in Gl.(4.51) kommt dadurch zustande, daß bei der vorliegenden Versuchsanordnung im Druckstutzen des Ventilators Unterdruck herrscht.

### 4.8.3 Nutzleistung, Wellenleistung und effektiver Wirkungsgrad des Ventilators

Mit den Gleichungen (4.44), (4.50), (4.37) und der Drehzahl des Ventilators n in $s^{-1}$ berechnen sich Nutzleistung $P_n$, Wellenleistung $P_e$ und effektiver Wirkungsgrad $\eta_e$ wie folgt:

$$P_n = \dot{m}_k \, Y_t \tag{4.52}$$

$$P_e = 2 \pi n M \tag{4.53}$$

$$\eta_e = \frac{P_n}{P_e} \tag{4.54}$$

### 4.8.4 Schalleistung

Der Schalldruckpegel des vom Ventilator in die Saug- bzw. Druckleitung eingestrahlten Geräusches ergibt sich aus der Korrektur des an den Hubert-Sonden abgenommenen Pegels $L'_p$ mit dem akustischen Übertragungsmaß $\Delta L_ü$ gemäß Bild 4.26

$$L_p = L'_p - \Delta L_ü \quad \text{in dB} \tag{4.55}$$

Den Schalleistungspegel erhält man mit der Beziehung für die ebene Wellenausbreitung in Rohren aus Gl.(4.55) wie folgt:

$$L_w = L_p + 10 \lg S/S_o \tag{4.56}$$

Mit der Meßrohrfläche $S = 0{,}16^2 \pi/4 = 0{,}02 \; m^2$ und der Bezugsfläche $S_o = 1 \; m^2$ geht Gl.(4.56) über in

$$L_w = L_p - 17 \; dB \tag{4.57}$$

Gl.(4.57) gilt, streng genommen, nur für Frequenzen unterhalb der Rohrfrequenz $f_g$. Da jedoch, wie in Abschnitt 4.3.2 aufgeführt, das akustische Übertragungsmaß $\Delta L_ü$ für Frequenzen $f > f_g$ über die energetische Ausmittelung des ausgetasteten Quermodenpegels bestimmt wurde, ist im vorliegenden Falle Gl.(4.57) auch für den oberen Frequenzbereich gültig.

Den im Innern des Ventilators in der näheren Umgebung des Ventilatorlaufrades herrschenden Schalleistungspegel kann man aus dem saug- und druckseitig gemessenen Pegel $L_{ws}$ und $L_{wD}$ nach der Beziehung

$$L_{wi} = 10 \lg (10^{\frac{L_{ws}}{10}} + 10^{\frac{L_{wD}}{10}}) \tag{4.58}$$

bestimmen. Hierbei wird der über die Gehäusewände abgestrahlte Schalleistungsanteil, der jedoch vollkommen bedeutungslos ist, nicht erfaßt.

### 4.8.5 Bestimmung des Schaufeltonpegelverlaufs in Abhängigkeit von der Lieferzahl

Bei den Drehklanguntersuchungen stellte sich heraus, daß das Hohlraumresonanzverhalten des Ventilators nicht nur von der Konfiguration des Laufrades und Spiralgehäuses, sondern auch vom Strömungszustand her stark geprägt wird. Es genügte daher nicht, die Systemfrequenzgänge $G_M$ bei konstant gehaltenem Drosselpunkt aufzunehmen, sondern es war außerdem notwendig, den Volumenstrom bei konstant gehaltener Drehzahl zu verändern. Um die Abhängigkeit des Schaufeltonpegels vom Durchfluß zu erhalten, wurde während der Aufzeichnung der Tonpegelhöhe der Drosselpunkt des Ventilators kontinuierlich verändert und bei vorher festgelegten Blendenwirkdrücken Marken in die Pegelschriebe eingedrückt. Da die übrigen für die Bestimmung des Durchflußbeiwertes $\varphi$ notwendigen Meßwerte nicht gleichzeitig mit aufgenommen werden konnten, diese aber zur Berechnung von $\varphi$ notwendig sind, ist die im folgenden aufgeführte Ableitung durchgeführt worden, die eine hinreichend genaue Ermittlung von $\varphi$ allein aus dem Blendenwirkdruck $\Delta p_{Bl}$ gewährleistet.

Aus der Definitionsgleichung

$$\varphi = \frac{\dot{V}}{D_2^2 \frac{\pi}{4} u_2} = \frac{\dot{m}}{\rho_E D_2^2 \frac{\pi}{4} u_2}$$

ergibt sich mit $\dot{m}$ gemäß Gl.(4.38) die Beziehung:

$$\varphi = \frac{\epsilon \cdot \alpha_{Bl} \cdot A_{Bl} \sqrt{2 \cdot \rho_{Bl} \cdot \Delta p_{Bl}}}{\rho_E \cdot D_2^2 \cdot \frac{\pi}{4} \cdot u_2} \tag{4.59}$$

Erweitert man diesen Ausdruck mit dem Rohrquerschnitt $A_R = \pi d_R^2/4$ und dem Öffnungsverhältnis $m = A_{Bl}/A_R$ der Blende, so erhält man nach entsprechender Umformung

$$\varphi = \epsilon \alpha_{Bl} \cdot m \cdot \frac{\sqrt{2}}{u_2} \cdot \left( \frac{d_R}{D_2} \right)^2 \cdot \frac{\sqrt{\rho_{Bl}}}{\rho_E} \sqrt{\Delta p_{Bl}} \tag{4.60}$$

Mit der Luftdichte

$$\rho_E = \frac{p_E}{R T_E} = \frac{p_b - \Delta p_E}{R\ T_E} \qquad \text{bzw.}$$

$$\rho_{Bl} = \frac{p_1}{R\ T_{Bl}} = \frac{p_b - \Delta p_{vBl}}{R\ T_{Bl}}$$

unmittelbar vor dem Ventilator bzw. vor der Blende und $T_{Bl} = T_E = T$ geht Gl.(4.60) über in

$$\varphi = \epsilon \cdot \alpha_{Bl} \cdot m \cdot \frac{\sqrt{2}}{u_2} \cdot \left( \frac{d_R}{D_2} \right)^2 \cdot \frac{\sqrt{p_b - \Delta p_{vBl}}}{p_b - \Delta p_E} \cdot \sqrt{RT} \cdot \sqrt{\Delta p_{Bl}} \tag{4.61}$$

Normiert man die Drücke $p_b$, $\Delta p_{vBl}$ und $\Delta p_E$ mit dem Blendenwirkdruck $\Delta p_{Bl}$, so erhält man nach passender Umformung die Beziehung

$$\varphi = \sqrt{2} \cdot m \cdot \left(\frac{d_R}{D_2}\right)^2 \alpha_{Bl}\, \epsilon \, \frac{\sqrt{\dfrac{p_b}{\Delta p_{Bl}} - \dfrac{\Delta p_{vBl}}{\Delta p_{Bl}}}}{\dfrac{p_b}{\Delta p_{Bl}} - \dfrac{\Delta p_E}{\Delta p_{Bl}}} \cdot \frac{\sqrt{R\,T}}{u_2} \qquad (4.62)$$

Da Laufraddurchmesser $D_2$ und Drehzahl n und somit die Umfangsgeschwindigkeit $u_2$ bekannt sind, der Atmosphärendruck $p_b$ sowie die Lufttemperatur T mit hinreichender Genauigkeit während der Messung als konstant angenommen werden können, sind in Gl.(4.62) neben $\Delta p_{Bl}$ zunächst noch die folgenden Größen unbekannt:

$$\frac{\Delta p_E}{\Delta p_{Bl}} \quad ; \quad \frac{\Delta p_{vBl}}{\Delta p_{Bl}} \quad ; \quad \alpha_{Bl} \quad \text{und} \quad \epsilon$$

Diese Größen ergeben sich nun wie folgt:

a) Bestimmung von $\Delta p_E / \Delta p_{Bl}$

Es wurde bereits erwähnt, daß beim untersuchten Ventilator die Eintrittsgeschwindigkeit $c_E$ und die Austrittsgeschwindigkeit $c_A$ gleich groß sind. Die thermodynamische Beziehung (4.48) kann daher mit der Druckzahlbeziehung

$$\psi = \frac{y_t}{u_2^2/2} \qquad (4.63)$$

gleichgesetzt werden, woraus folgt:

$$Y_t = Y = \frac{n}{n-1} R\,T_E \left[ \left( \frac{p_A}{p_E} \right)^{\frac{n-1}{n}} - 1 \right] = \psi\, u_2^2/2 \qquad (4.64)$$

Löst man Gl.(4.64) unter Berücksichtigung der bekannten thermischen Beziehungen

$$\frac{n}{n-1} = \eta_i \cdot \frac{k}{k-1} \qquad (4.65)$$

und

$$c_p = \frac{k}{k-1} \cdot R \qquad (4.66)$$

nach dem Druckverhältnis $p_A/p_E = (p_b - \Delta p_A)/(p_b - \Delta p_E)$ auf, so ergibt sich:

$$\frac{p_b - \Delta p_A}{p_b - \Delta p_E} = \left[1 + \frac{\psi u_2^2}{2 c_p T_E \eta_i}\right]^{\frac{k}{k-1} \cdot \eta_i} \qquad (4.67)$$

Bei dem relativ kleinen Druckverhältnis des Ventilators kann Gl.(4.67) mit hinreichender Genauigkeit wie folgt vereinfacht werden:

$$\frac{p_b - \Delta p_A}{p_b - \Delta p_E} = \left[1 + \frac{\psi u_2^2}{2 c_p T_E}\right]^{\frac{k}{k-1}} \qquad (4.68)$$

Da für alle Betriebspunkte $\Delta p_A << \Delta p_E$ und $\Delta p_E << p_b$ ist, so findet man schließlich bei Vernachlässigung von $\Delta p_A$ aus Gl.(4.68) das gesuchte Druckverhältnis

$$\frac{\Delta p_E}{\Delta p_{Bl}} = \frac{p_b}{\Delta p_{Bl}} \left[1 - \frac{1}{\left(1 + \frac{\psi u_2^2}{2 c_p T_E}\right)^{\frac{k}{k-1}}}\right] \qquad (4.69)$$

<u>b) Bestimmung von $\Delta p_{vBl}/\Delta p_{Bl}$</u>

Wie Bild 4.33 zu entnehmen ist, kann für den Unterdruck vor der Blende geschrieben werden

$$\Delta p_{vBl} = \Delta p_E - \Delta p_R \qquad (4.70)$$

worin $\Delta p_R$ den Reibungsverlust von der Blende bis zum Ventilatoreintritt bedeutet.

Dividiert man beide Seiten von Gl.(4.70) durch den Blendenwirkdruck, so ergibt sich:

$$\frac{\Delta p_{vBl}}{\Delta p_{Bl}} = \frac{\Delta p_E}{\Delta p_{Bl}} - \frac{\Delta p_R}{\Delta p_{Bl}} \tag{4.71}$$

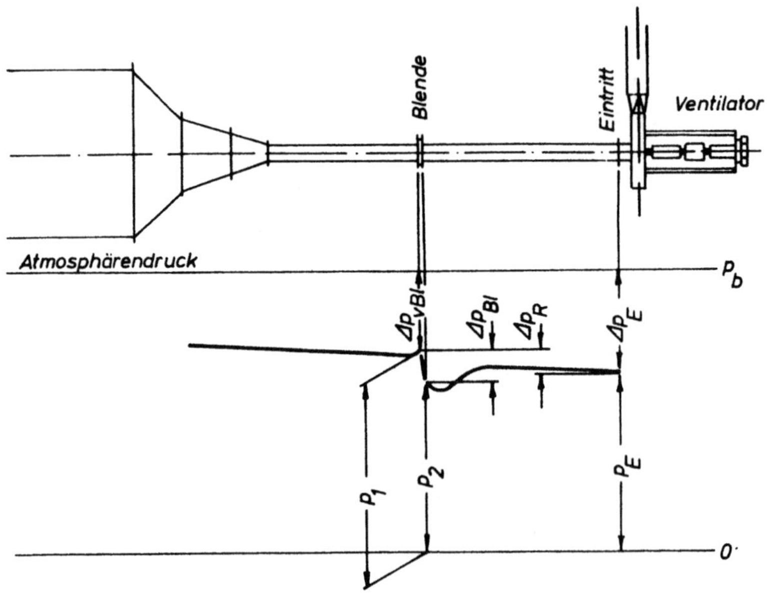


Bild 4.33: Druckverlauf und Reibungsverlust zwischen Blende und Ventilatoreinttitt

$\Delta p_E/\Delta p_{Bl}$ ist bereits mit Gl.(4.69) bekannt. Der Reibungsverlust $\Delta p_R$ läßt sich mit dem dimensionslosen Widerstandsbeiwert $\zeta$ des auf Bild 4.33 betrachteten Rohrabschnittes und der mittleren Rohrgeschwindigkeit $c = \dot{V}/A_R = \dot{m}/(\rho A_R)$ wie folgt ausdrücken:

$$\Delta p_R = \zeta \frac{\rho}{2} c^2 = \zeta \frac{\rho}{2} \frac{\dot{V}^2}{A_R^2} = \zeta \frac{\dot{m}^2}{2 \rho A_R^2} \tag{4.72}$$

Es genügt, für $\rho$ die Luftdichte an der Blende einzusetzen. Mit $\dot{m}$ aus Gl.(4.38) folgt nun aus Gl.(4.72):

$$\frac{\Delta p_R}{\Delta p_{Bl}} = \zeta \cdot \epsilon^2 \cdot \alpha_{Bl}^2 \cdot m^2 \tag{4.73}$$

worin $m = A_{Bl}/A_R$ das Öffnungsverhältnis der Blende bedeutet.

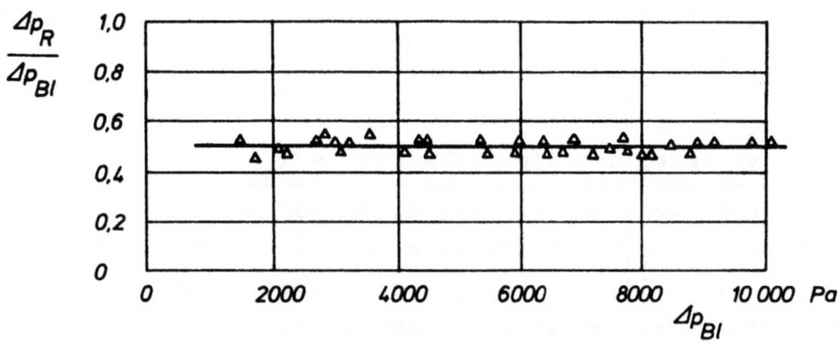


Bild 4.34: Abhängigkeit des normierten Druckverlustes $\Delta p_R/\Delta p_{Bl}$ vom Blendenwirkdruck $\Delta p_{Bl}$

Da für den Widerstandsbeiwert $\zeta$ keine Erfahrungswerte vorlagen, mußte $\Delta p_R$ experimentell ermittelt werden. In Bild 4.34 ist das Ergebnis aufgetragen. Wie daraus zu ersehen, streuen die erhaltenen Meßpunkte nur geringfügig um die eingezeichnete Horizontale, die damit einen mittleren Wert $\Delta p_R/\Delta p_{Bl} = 0,5$ repräsentiert.

Für Gl.(4.71) kann somit geschrieben werden:

$$\frac{\Delta p_{vBl}}{\Delta p_{Bl}} = \frac{\Delta p_E}{\Delta p_{Bl}} - 0,5 \tag{4.74}$$

c) Bestimmung der Expansionszahl $\epsilon$

Aus Gl.(4.40) erhält man durch Einsetzen von $p_2 - p_1 = \Delta p_{Bl}$ und $p_1 = p_b - \Delta p_{vBl}$ die Beziehung

$$\epsilon = 1 - 0{,}5 \left[ 1 - \left( 1 - \frac{\Delta p_{Bl}}{p_b - \Delta p_{vBl}} \right)^{\frac{1}{k}} \right]^{0{,}935} \tag{4.75}$$

Durch Umstellen und Einfügen von Gl.(4.74) folgt aus Gl.(4.75):

$$\epsilon = 1 - 0{,}5 \left[ 1 - \left( 1 - \frac{1}{\frac{p_b}{\Delta p_{Bl}} - \frac{\Delta p_E}{\Delta p_{Bl}} + 0{,}5} \right)^{\frac{1}{k}} \right]^{0{,}935} \tag{4.76}$$

d) Bestimmung des Blendenbeiwertes $\alpha_{Bl}$

Zur Bestimmung von $\alpha_{Bl}$ aus Bild 4.32 muß die Reynoldszahl $Re = c\, d_R/\nu$ bekannt sein. Mit $\dot{m}$ als Massenstrom gemäß Gl.(4.38), $A_R = \pi d_R^2/4$ als Rohrquerschnitt und $\nu$ als kinematischer Zähigkeit berechnet sich

$$Re = \frac{\dot{m}}{\alpha_{Bl}\, A_R} \cdot \frac{d_R}{\nu} = \epsilon \cdot \alpha_{Bl} \cdot \frac{A_{Bl}}{A_R} \cdot \sqrt{\frac{2}{\rho_{Bl}}\, \Delta p_{Bl}} \cdot \frac{d_R}{\nu} \tag{4.77}$$

Setzt man noch $\rho_{Bl} = (p_b - \Delta p_{vBl})/(R\, T_{Bl})$, so erhält man aus Gl.(4.77) nach passender Rechnung und Umformung

$$Re = \sqrt{2} \cdot \epsilon \cdot \alpha_{Bl} \cdot m \cdot \frac{d_R}{\nu} \sqrt{R\, T_{Bl}} \cdot \frac{1}{\sqrt{\frac{p_b}{\Delta p_{Bl}} - \frac{\Delta p_E}{\Delta p_{Bl}} + 0{,}5}} \tag{4.78}$$

Aus den abgeleiteten Formeln ist zu ersehen, daß außer der Druckzahl $\psi$ alle für die Ermittlung von $\varphi$ notwendigen Daten bekannt sind und nunmehr $\varphi$ mit

Hilfe der dimensionslosen $\psi,\varphi$-Kennlinie des Laufrades iterativ bestimmt werden kann.

Z a h l e n b e i s p i e l :

Für die am Originalventilator (Bild 2.1) erhaltenen Meßwerte $\Delta p_{Bl}$ = 285 mm WS, t = 21,6 °C, b = 757,6 Torr und n = 5000 $min^{-1}$ ergibt sich bei Abschätzung der Druckzahl $\psi$ = 1 mit den Gln.(4.62; 4.69; 4.74; 4.76; 4.78) eine Lieferzahl $\varphi$ = 0,0258. Für diesen Wert ist jedoch gemäß Bild 5.2 $\psi$ = 1,29. Die Nachrechnung mit $\psi$ = 1,29 ergibt nun den endgültigen Wert $\varphi$ = 0,0261.

Mit dem vollständigen Satz von Meßwerten desselben Betriebspunktes: $\Delta p_{Bl}$ = 285 mm WS, $\Delta p_{vBl}$ = 1156 mm WS, $\Delta p_E$ = 1308 mm WS, $\Delta p_A$ = 42,6 mm WS, b = 757,7 Torr, t = 21,6 °C und n = 5000 $min^{-1}$, erhält man die Durchflußzahl $\varphi$ = 0,0262. Die relative Fehlerabweichung beträgt bei dem angewandten Näherungsverfahren demnach nur (0,0262 - 0,0261)/0,0262 · 100 gleich 0,38 %.

## 4.9 Meßfehlerabschätzung

Die Genauigkeit einer Messung wird grundsätzlich durch die Versuchsanordnung selbst, die Ausführung der angebrachten Meßstellen und Meßsonden sowie die Art und Güte der benutzten Geräte und mögliche Fehlablesungen bestimmt. Durch die Verwendung von Präzisionsinstrumenten konnte unter Beachtung der Meßvorschriften +) eine relativ hohe Genauigkeit erzielt werden. Dennoch verdient eine Untersuchung der möglicherweise auftretenden Fehler und ihre Auswirkung auf das Untersuchungsergebnis Beachtung, da ein fehlerfreies Messen grundsätzlich nicht möglich ist. Um sich ein Urteil über die erzielte Meßgenauigkeit zu verschaffen, genügt es, den größtmöglichen relativen Fehler $\Delta F/F$ zu bestimmen, wobei F beispielsweise eine Funktion von $x_i$ ist, bei

---

+) DIN-1952; VDI-2044

der sämtliche Größen mit der Genauigkeit $\Delta x_i$ gemessen werden können und

$$F = \pm \sum_{i=1}^{n} \frac{\delta F}{\delta x_i} \Delta x_i \qquad (4.79)$$

das vollständige Differential der Funktion bedeutet.

### 4.9.1 Fehler bei der Messung der aerodynamischen und mechanischen Größen

Zur Bestimmung von Massenstrom m, spezifischer Strömungsarbeit $Y_t$ und Antriebsleistung $p_e$ sind die im folgenden aufgeführten Meßgeräte mit den angegebenen Ablese- bzw. Anzeigegenauigkeiten benutzt worden:

| Gerät: | Ablese- und Anzeigegenauigkeit: |
|---|---|
| 1 Barometer | ± 0,2 mm QS |
| 2 Betz-Mikromanometer | ± 0,2 mm WS |
| 1 Debro-Manoskop | ± 0,2 mm QS |
| 1 U-Rohr | ± 1 mm WS |
| 1 Thermometer | ± 0,2 K |
| 1 Drehzahlmesser | ± 2 $min^{-1}$ |
| 1 Millivoltmeter | ± 1 mV |

Der größtmögliche Fehler, der bei einer durch Messung erhaltenen Größe auftreten kann, läßt sich durch Summation der Einzelfehler mit Gl.(4.79) berechnen.

Für die Dichte der Luft im Eintritt folgt gemäß Gl.(4.45) mit $p_b$ = 760 mm QS, $\Delta p_E$ = 92 mm QS und $T_E$ = 299 K als durchschnittliche Ablesewerte:

$$\frac{\Delta \rho}{\rho} = \pm\left(\frac{\delta \rho}{\delta p_b} \Delta p_b + \frac{\delta \rho}{\delta \Delta p_E} \Delta(\Delta p_E) + \frac{\delta \rho}{\delta T_E} \Delta T_E\right)$$

$$= \pm\left(\frac{\Delta p_b}{p_b - \Delta p_E} + \frac{\Delta(\Delta p_E)}{p_b - \Delta p_E} + \frac{\Delta T_E}{T_E}\right) = \pm\left(\frac{0,2}{668} + \frac{0,2}{668} + \frac{0,2}{299}\right) 100 \text{ in } \%$$

$$= \pm (0,03 + 0,03 + 0,067)\% = \pm 0,127\ \%$$

Analog ergibt sich ein größtmöglicher Fehler für die im folgenden aufgeführten Größen:

- Massenstrom $\dot{m}$ gemäß Gl.(4.38):

$$\frac{\Delta\dot{m}}{\dot{m}} = \pm \left( \frac{1}{2} \frac{\Delta(\Delta p_{Bl})}{\Delta p_{Bl}} + \frac{1}{2} \frac{\Delta\rho}{\rho} \right) = \pm\ (0{,}036 + 0{,}127)\% = \pm\ 0{,}163\%$$

- Spezifische Strömungsarbeit $Y_t$ gemäß Gl.(4.47):

$$\frac{\Delta Y_t}{Y_t} = \pm \left( \frac{\Delta(\Delta p_{EA})}{p_{EA}} + \frac{\Delta\rho}{\rho} \right) = \pm\ (0{,}22 + 0{,}127)\% = \pm\ 0{,}347\%$$

- Antriebsleistung $p_e$ gemäß Gl.(4.53):

$$\frac{\Delta P_e}{P_e} = \pm \left( \frac{\Delta M}{M} + \frac{\Delta n}{n} \right) = \pm\ (0{,}8 + 0{,}04)\% = \pm\ 0{,}84\%$$

- Lieferzahl $\varphi$

$$\frac{\Delta\varphi}{\varphi} = \pm \left( \frac{\Delta\dot{m}}{\dot{m}} + \frac{\Delta n}{n} \right) = \pm\ (0{,}163 + 0{,}04)\% = \pm\ 0{,}203$$

- Druckzahl $\psi$

$$\frac{\Delta\psi}{\psi} = \pm \left( \frac{\Delta Y_t}{Y_t} + \frac{2\Delta n}{n} \right) = \pm\ (0{,}347 + 2 \cdot 0{,}04)\% = \pm\ 0{,}427\%$$

- Leistungszahl $\lambda$

$$\frac{\Delta\lambda}{\lambda} = \pm \left( \frac{\Delta P_e}{P_e} + \frac{\Delta\rho}{\rho} + \frac{3\Delta n}{n} \right) = \pm(0{,}84 + 0{,}127 + 3 \cdot 0{,}04)\% = \pm\ 1{,}087\%$$

- Wirkungsgrad $\eta_e$ gemäß Gl.(4.54):

$$\frac{\Delta\eta_e}{\eta_e} = \pm \left( \frac{\Delta Y_t}{Y_t} + \frac{\Delta\dot{m}}{\dot{m}} + \frac{\Delta P_e}{P_e} \right) = \pm\ (0{,}347 + 0{,}163 + 0{,}84)\% = \pm\ 1{,}35\%$$

Die quantitative Bestimmung der aufgeführten maximalen Relativfehler erfolgte für eine Betriebsdrehzahl $n = 5000\ min^{-1}$ des im Bestpunkt arbeitenden Originalventilators gemäß Bild 2.1 und 2.2. Da hier die größtmöglichen Ungenauigkeiten zugrundegelegt und bei jeder Versuchsreihe dicht beieinanderliegende Punkte ausgemessen wurden, die sich bei der graphischen Auftragung bezüglich der Fehlerabweichung mitteln, ist anzunehmen, daß die tatsächlichen Fehler kleiner sind.

### 4.9.2 Fehler bei der Messung der akustischen Größen

Bei den Geräuschaufzeichnungen sind sowohl Gerätefehler als auch durch den Prüfstand bedingte Fehler zu erwarten. Zufällige Fehler infolge schwankender Meßgrößen können als klein angenommen werden, da die Meßergebnisse über eine Zeit von 3 Sekunden gemittelt wurden. Die Gerätefehler sind nach Angabe des Herstellers Brüel & Kjaer ebenfalls klein. Die Mikrophone weisen, falls sie wie im vorliegenden Falle mit einem Pistonphon kalibriert werden, einen Fehler von ± 0,2 dB auf. Beim Frequenzanalysator kann ein maximaler Fehler von insgesamt ± 1,1 dB zugrundegelegt werden, der sich zusammensetzt aus ± 0,5 dB des Meßgleichrichters, ± 0,1 dB des Abschwächers und 0,5 dB der Ausgangsspannung.

Wie aus Bild 4.1 ersichtlich, wird das Ventilatorgeräusch mit einer vor dem Eintritt und hinter dem Austritt des Ventilators anmontierten Hubert-Sonde gemessen. Das akustische Übertragungsmaß dieser Sonden ist Bild 4.26 zu entnehmen. Im Resonanzgebiet und darüber ist die Meßfehlerstreuung naturgemäß etwas größer als im hauptsächlich interessierenden Frequenzbereich zwischen 100 und 1200 Hz, wo sowohl die Rauschpegel als auch die Tonpegel dominierend sind. Die mit der Frequenz wachsende Streuung dürfte nicht zuletzt durch Quermoden verursacht werden. Bis 1200 Hz kann der maximale Fehler ± 1 dB und darüber bis 4000 Hz ± 2 dB betragen.

Der Einfluß von stehenden Wellen längs der Rohrachse, der zu weiteren Fehlmessungen Anlaß geben könnte, ist ebenfalls gering. Gemäß Gl.(4.2) ergibt sich mit einem Reflexionsfaktor $r < 0{,}15$, wie er nach Bild 4.8 für alle Frequenzen oberhalb 150 bis 200 Hz angenommen werden kann, eine maximale Stehwellenschwankung von

$$\Delta L = L_{pmax} - L_{pmin} < 20 \lg \frac{1+r}{1-r} < 20 \lg \frac{1+0{,}15}{1-0{,}15} < 2{,}6 \quad dB$$

Dies bedeutet, daß bei punktförmiger Schallpegelaufnahme im Rohr längs der Rohrachse je nach Mikrophonstellung mit einem Meßfehler von $< \pm$ 1,3 dB gerechnet werden kann, der außerdem durch den relativ langen Sondenschlitz von 400 mm Länge, Bild 4.15, zusätzlich gemindert wird.

Da der Stehwellenfehler mit wachsender Frequenz abnimmt, umgekehrt aber der Quermodenfehler zunimmt, kompensieren sich beide Fehler in einem gewissen Grade, so daß insgesamt mit einem maximalen Meßfehler von $\pm$ 2 dB gerechnet werden kann.

Fehler durch eventuelle Nahfeldeinflüsse konnten nicht festgestellt werden. Testversuche zeigten, daß es gleichgültig ist, ob die Rohrsonden direkt oder in größerem Abstand vor oder nach dem Ventilator eingebaut werden.

### 4.10 Gesamtturbulenzgrad im Saugrohr der Ventilatorzulaufströmung

Der Effektivwert der Schwankungsgeschwindigkeit $\tilde{u}$ im Bereiche 20 Hz bis 40 kHz wurde für den Geschwindigkeitsbereich u = 0 bis 65 m/s in verschiedenen Querschnittspunkten des Saugrohres mittels Hitzdraht-Sonde gemessen und dabei festgestellt, daß der Gesamtturbulenzgrad $Tu = \tilde{u}/u$ in den einzelnen Meßpunkten nahezu konstant bleibt, jedoch von etwa 4 % in Rohrmitte bis auf etwa 7 % in Wandnähe ansteigt.

## 5. Versuchsergebnisse zum Drehklanggeräusch

Zur Bestimmung der dimensionslosen Kennfelder wurden die mechanischen und aerodynamischen Meßreihen jeweils nach den in Abschnitt 4.8 aufgeführten Beziehungen ausgewertet. Das mit der Nachlaufsteuervorrichtung (Abschn. 4.7) durchgeführte Meßprogramm konzentrierte sich hauptsächlich auf die Ermittlung der nichtnormierten Systemfrequenzgänge in Abhängigkeit von der Zungenform, dem Abstand zwischen Zunge und Schaufelaustrittsdurchmesser sowie der Schaufelzahl, wobei vor allem der 1. Harmonischen ihres dominierenden Einflusses wegen der Vorzug gegeben wurde.

Die Versuche über die $\varphi$-Abhängigkeit des Schaufelgrundtonpegels, die nach dem in Abschnitt 4.8.5 entwickelten Verfahren erfolgten, sind aus Zweckmäßigkeitsgründen auf den eigentlichen Einsatzbereich des Ventilators begrenzt und daher auch erst in Abschnitt 6.1 im Zusammenhang mit der praktischen Anwendung der gewonnenen Erkenntnisse behandelt worden.

Dem Ventilatorenkonstrukteur ist seit langem bekannt, daß der Zungenform und dem Zungenabstand eine besondere Bedeutung zukommt. Von LEIDEL /8/ wurde dies auch experimentell belegt, der jedoch im Gegensatz zu dem hier untersuchten Ventilator Zungenversuche mit einem Spiralgehäuse anstellte, das einen Umschlingungswinkel der Gehäusezarge von 360° aufwies. Die von LEIDEL erhaltenen Ergebnisse sind daher mit den vorliegenden nicht direkt vergleichbar. Die Zunge der hier untersuchten Gehäusekonstruktion setzt erst bei einem Umschlingungswinkel von etwa 45° an und wird von dort zum Druckstutzen geführt, Bild 2.2. Diese Konstruktion wird wegen ihrer kompakten Bauweise und günstigen Druckumsetzung im allgemeinen anderen Konstruktionen vorgezogen /43/. Der Zungenabstand wurde nicht durch Veränderungen am Gehäuse, sondern durch Verkleinerung des Schaufelaustrittsdurchmessers bei sonst gleichbleibenden Laufradparametern variiert. Dies war verhältnismäßig einfach durch Eindrehen der Schaufelenden auf den gewünschten Durchmesser bzw. Zungenabstand zu bewerkstelligen. Dabei wurden Deckscheibe und Radboden mit dem ursprünglichen Durchmesser belassen, vgl. Bild 5.1. Der hierdurch erhaltene schaufellose Leitring hat die Aufgabe, das an den Schaufelenden zu-

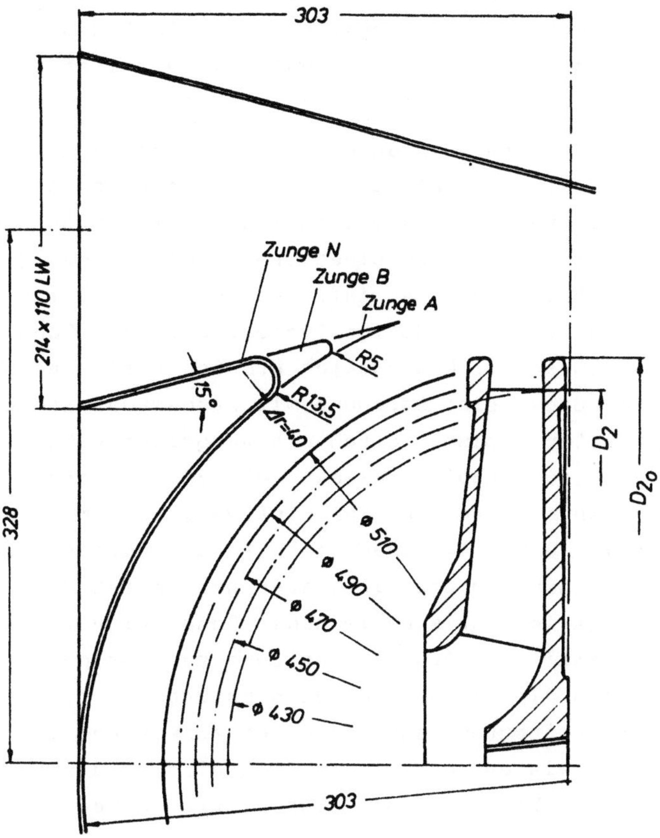


Bild 5.1: Schematische Darstellung der untersuchten Gehäusezungen, Zungenabstände und Raddurchmesser; Laufrad und Gehäuse gemäß Bild 2.1 und Bild 2.2

nächst noch sehr ungleichmäßige relative Strömungsprofil bis zum Rotoraustritt zu glätten und die damit korrelierenden starken Druckschwankungen abzubauen. Außerdem hat die Verkleinerung des Schaufeldurchmessers zur Folge, daß die Drehzahl des Rades bei Einhaltung der geforderten Strömungsleistung zu erhöhen ist, wodurch sich neben einer mit dem Zungenabstand vermindernden Drehklangstärke noch eine solche durch die Verschiebung des "akustischen Betriebspunktes" ergibt, wenn beispielsweise dieser dabei von einem "Gipfel" in das nächstfolgende "Tal" des Systemfrequenzganges wandert. Nähere Einzelheiten zu diesem interessanten Thema sind in Abschnitt 6 aufgeführt.

Wichtig erschien auch die Untersuchung der Schaufelzahl. Ihre Einwirkung auf die Charakteristik eines Radialventilators mit rückwärtsgekrümmten Schaufeln zeigt bekanntlich einen Druckzuwachs, der je Schaufel anfangs am größten ist, jedoch oberhalb $z = 14$ Schaufeln eine rückläufige Tendenz besitzt. Dann wird offenbar der Druckgewinn pro Schaufel, der auch bei reibungsfreier Strömung mit wachsender Schaufelzahl monoton abnimmt, durch die vergrößerte Reibungsfläche der Laufschaufeln wieder aufgezehrt. Untersuchungen haben ergeben, daß ihr Einfluß in einem Bereiche von etwa 10 bis 14 Schaufeln auf den Energieaustausch zwischen Rad und Fluid sehr gering ist /44/. Demzufolge ist der sich zwischen Schaufelbrust und -rücken einstellende Drucksprung umgekehrt proportional der Schaufelzahl. Das muß sich naturgemäß auch auf den Systemfrequenzgang des Rades auswirken. Tatsächlich hat, wie später noch gezeigt wird, die Schaufelzahl einen überraschend großen Einfluß darauf.

Geometrie und Anordnung der untersuchten Gehäusezungen sowie die Schaufelaußendurchmesser der eingedrehten Laufräder sind aus Bild 5.1 zu ersehen. Ausgehend von der ursprünglichen Zunge N wurde die Zunge B unter Beibehaltung eines konstanten Abstandes zum Normallaufrad durch entsprechende Verlängerung der Gehäusezarge und Verkleinerung des Rundungsradius erhalten. Zunge A wurde ähnlich, jedoch länger und vollkommen spitz zulaufend ausgeführt.

## 5.1 Einfluß der Zungenform

### 5.1.1 Zungenform und Ventilatorcharakteristik

Der Einfluß der untersuchten Zungen auf das Betriebsverhalten des Ventilators ist aus dem auf Bild 5.2 dargestellten dimensionslosen Kennfeld zu ersehen. Es ist auffallend, daß bei allen drei Zungen (N, A und B) die Druck- und Wirkungsgradkennlinien im Teillastgebiet bis über das Optimum hinaus gut übereinstimmen und erst oberhalb einer Durchflußzahl $\varphi = 0{,}032$ zusätzliche Verluste auftreten, die mit länger und spitzer werdender Zunge zunächst langsam, dann umso rascher ansteigen. Die Ursache für dies recht merkwürdige Verhalten könnte darin liegen, daß der Staupunkt der Gehäuseströmung im Optimum und links davon im Bereiche der vorderen Zungennase und darüber liegt, so daß ein Anliegen der Austrittsströmung an der Zungenkontur gewährleistet ist, während rechts vom Optimum im Überlastbereich infolge der bei wachsendem Durchsatz steiler aus dem Laufrad austretenden Luftmassen der Staupunkt zwangsläufig nach unten wandert und, ähnlich wie beim Tragflügel, den mit zusätzlichen Verlusten behafteten Abriß der Strömung umso eher begünstigt, je spitzer und länger die Zungennase geformt ist. Interessant ist in diesem Zusammenhang, daß sich die durch die spitzere Zungenform verursachte verlustreichere Gehäuseströmung kaum auf die Leistungsfunktion $\lambda(\varphi)$ auswirkt und somit keine nennenswerte Rückwirkung vom Zungenstrom auf die Laufradströmung ausgeübt wird.

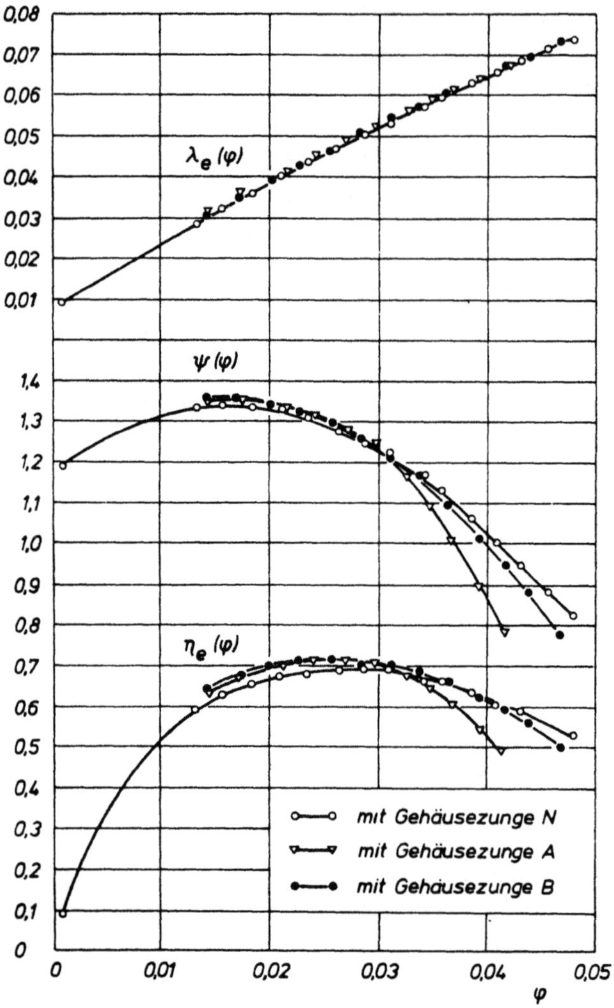


Bild 5.2: Einfluß der Zungenform auf das dimensionslose Kennfeld des Radialventilators gemäß Bild 2.1 und Bild 2.2

Für die Auswertung und Beurteilung der Geräuschmeßwerte wäre noch festzustellen, daß die Herabsetzung der Drehklangstärke durch konstruktive Abänderungen an der Zunge dadurch sehr erleichtert wird, daß sich innerhalb des optimalen Kennkurvenbereichs (dem hauptsächlichen Auslegungs- und Bemessungsgebiet des Ventilators) die mechanischen und strömungstechnischen Parameter nur wenig mit der Zungenform verändert haben.

### 5.1.2 Zungenform und Drehklangverhalten

In den folgenden Diagrammen, Bilder 5.3 bis 5.6, sind die Frequenzgänge der 1. und 2. Harmonischen in der Reihenfolge der untersuchten Zungen N, A und B dargestellt. Durch eine einfache Koordinatenumrechnung bzw. -transformation wurden mit diesen Diagrammen gleich-

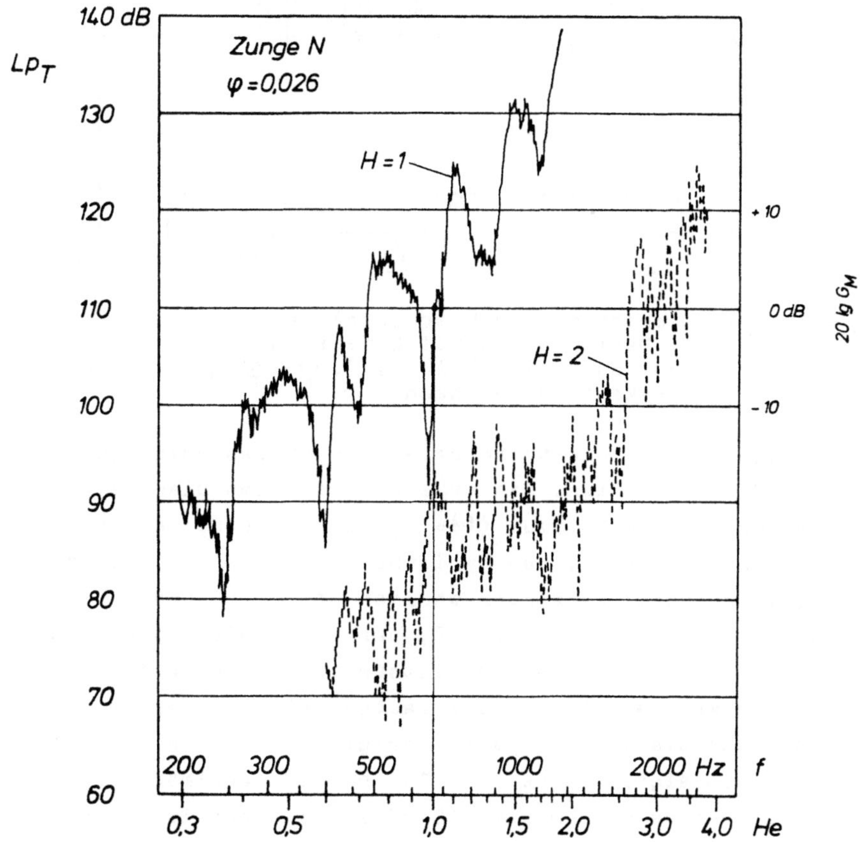


Bild 5.3: Nichtnormierte Frequenzgänge der 1. und 2. Harmonischen bei Gehäusezunge N, Laufrad Ø 510 mm (Bild 2.1), $\varphi = \varphi_{opt}$ = 0,026 druckseitig gemessen

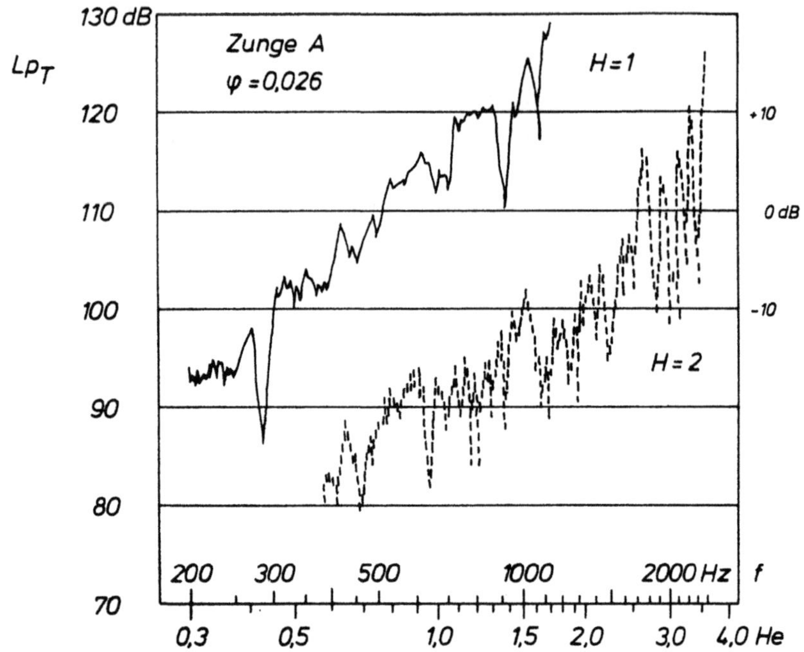


Bild 5.4: Nichtnormierte Frequenzgänge der 1. und 2. Harmonischen bei Gehäusezunge A, Laufrad Ø 510 (Bild 2.1), $\varphi = \varphi_{opt} = 0{,}026$, druckseitig gemessen

zeitig auch die nichtnormierten Systemfrequenzgänge $G_M = f(He)$ erhalten. Man erkennt aus allen Diagrammen, die zunächst im Optimum ($\varphi = 0{,}026$) des Ventilators aufgenommen wurden, den typischen, um einen mittleren Pegelgradienten mehr oder weniger stark an- und abschwellenden Tonpegelverlauf, der das hohlraumbedingte Resonanzverhalten des Ventilators, wie es prinzipiell auch an anderer Stelle /32/ festgestellt wurde, sehr gut widerspiegelt. Vor allem zeigt der Frequenzgang des Schaufelgrundtones (H = 1) in fast regelmäßiger Wiederkehr Resonanzmaxima (Gipfel) mit jeweils folgenden mehr oder weniger starken Resonanzminima (Täler), deren Verhaltensmuster außerordentlich stark von der

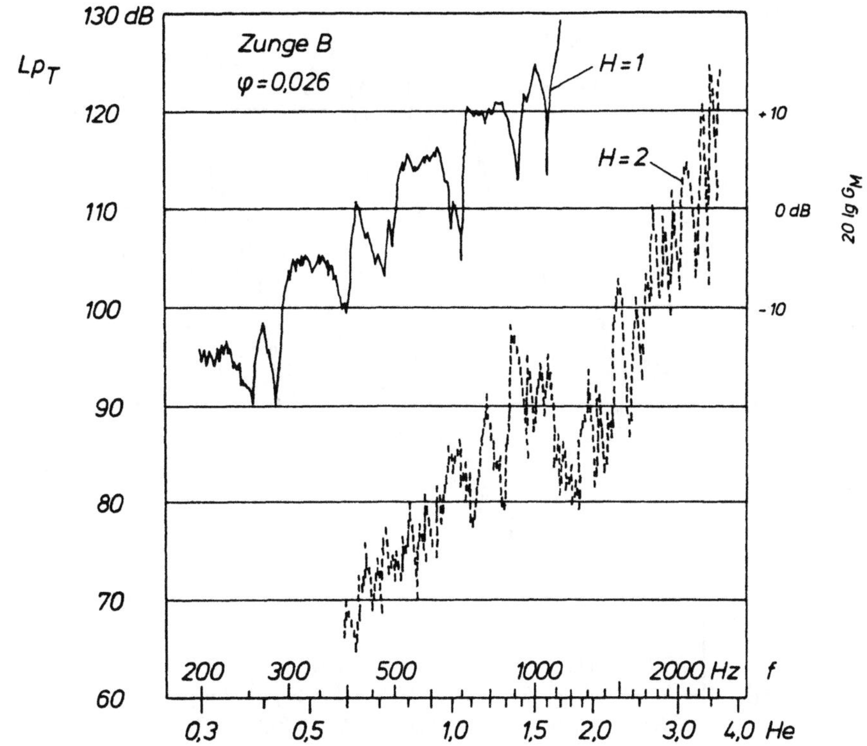


Bild 5.5: Nichtnormierte Frequenzgänge der 1. und 2. Harmonischen bei Gehäusezunge B, Laufrad Ø 510 (Bild 2.1), $\varphi = \varphi_{opt} = 0{,}026$, druckseitig gemessen

Zungenform geprägt wird. Auffallend und überraschend ist ferner, daß die spitze Zunge A im Gegensatz zu den Zungen N und B einen stark dämpfenden Einfluß auf den Systemfrequenzgang ausübt, so daß den Gipfeln, deren Pegelhöhe sich kaum ändert, weit weniger tiefe Täler folgen, Bild 5.4.

Darüber hinaus ist aus den Diagrammen Bilder 5.3 bis 5.6 zu erkennen, daß zwischen den Frequenzgängen der 1. und 2. Harmonischen nicht die geringste Identität besteht, während eine solche z.B. bei Ventilatoren größerer

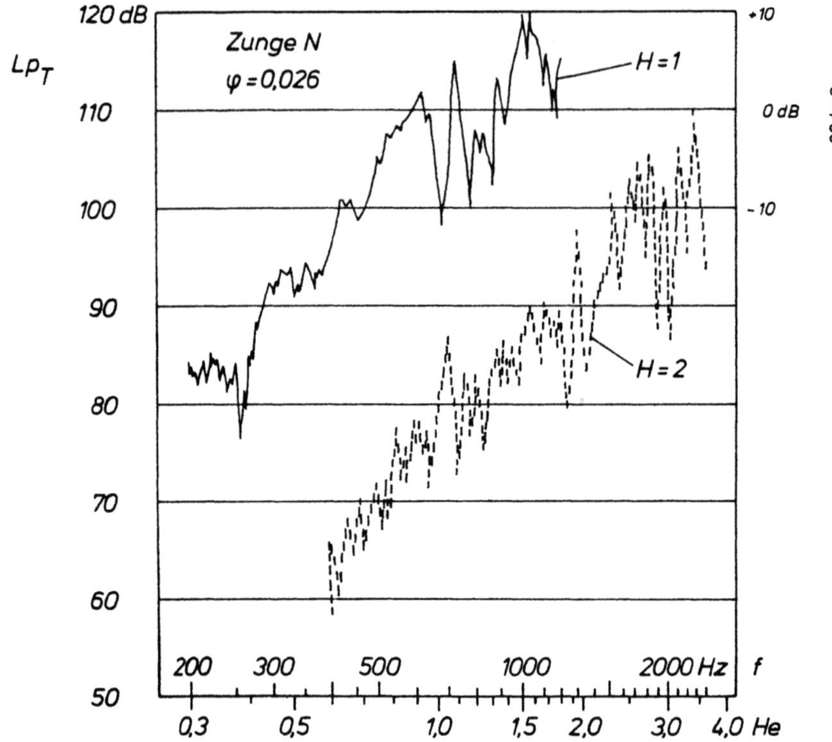


Bild 5.6: Nichtnormierte Frequenzgänge der 1. und 2. Harmonischen bei Gehäusezunge N, Laufrad Ø 510 (Bild 2.1), $\varphi = \varphi_{opt} = 0{,}026$, saugseitig gemessen

Schnelläufigkeit ($\sigma$>0,3) bisher stets festzustellen war /32/ (vgl. auch Bild 3.3). Eine Erklärung für diese Abnormität, die zunächst den abgeleiteten akustischen Modellgesetzen zu widersprechen scheint und zur Erweiterung des Produktgesetzes, Gl.(3.10), geführt hat, konnte bisher nicht gefunden werden, jedoch liegt es nahe, die Ursache dafür in den sehr langen und schmalen Schaufelkanälen zu suchen, die im Zusammenhang mit Zunge und Spiralgehäuse wie "rotierende Orgelpfeifen" wirken und die Resonanzeigenschaften des Ventilators vielschichtig beeinflussen.

Die durchschnittlich große Pegeldifferenz zwischen den Frequenzgängen der 1. und 2. Harmonischen (höhere Harmonische wurden z.T. sogar durch das Strömungsrauschen verdeckt und waren nicht immer meßbar), die bei allen Untersuchungen sowohl im druck- als auch saugseitigen Meßkanal immer wieder festzustellen war, deutet auf einen starken Abfall des Erregerspektrums mit wachsender Frequenz bzw. Strouhalzahl hin, wie später noch ausführlich gezeigt wird. Daher konnte auf die Untersuchung der höheren Harmonischen vorerst verzichtet werden. In den folgenden Tonpegeldiagrammen sind deshalb nur noch die Frequenzgänge der 1. Harmonischen aufgeführt.

Zunächst zeigt Bild 5.7 eine Gegenüberstellung der Frequenzgänge auf der Saug- und Druckseite des Ventilators in der Reihenfolge der untersuchten Zungen. Im gesamten Frequenzbereich haben die Tonpegel der Druckseite, von einigen Ausnahmen abgesehen, ein deutliches Übergewicht über diejenigen der Saugseite. Die Pegeldifferenz zwischen den einzelnen Frequenzgängen ist entsprechend ihrem an- und abschwellenden Charakter verschieden groß und wird in einigen Resonanzminima der Druckseite sogar Null oder negativ. Letzteres ist bei Zunge N der Fall.

Zu einem ähnlichen Ergebnis mit noch ausgeprägteren Pegelunterschieden kam WOLLHERR /24/ bei der Untersuchung eines kleinen Modellventilators mit nur vier Schaufeln, der an der Zunge künstlich über zwei kleine Sonden mittels Druckkammerlautsprecher gegenphasig angeregt wurde.

Untersucht wurde auch, wie sich eine Änderung des Drosselpunktes auf den Systemfrequenzgang des Ventilators auswirkt. Zu diesem Zweck wurden aus Bild 5.2 mit $\varphi = 0{,}02$ und $\varphi = 0{,}034$ zwei weitere Drosselpunkte ausgesucht, die den optimalen Kennlinienbereich vom Teillast- bis zum Überlastgebiet abgrenzen. Das Ergebnis ist den Bildern 5.8 und 5.9 zu entnehmen. Bemerkenswert ist vor allem die sehr unterschiedliche Abhängigkeit der Frequenzgänge vom durch $\varphi$ gekennzeichneten Drosselpunkt bei den einzelnen Zungen. Besonders fällt auf, daß bei der spitzen Zunge A eine deutliche Tonpegelanhebung mit wachsendem Durchsatz $\varphi$ zu verzeichnen ist, die bis zum Optimum zunächst wenig, darüber hinaus jedoch sehr schnell ansteigt. Das gilt trotz unterschiedlicher Frequenzgangmuster sowohl für die druckseitige als auch für die saugseitige Schallabstrahlung. Dieses eigenartige Verhalten, das bei den mehr oder weniger gerundeten Zungen N und B nicht bzw. kaum zu beobachten ist, muß im Zusammenhang mit den aus Bild 5.2 zu erkennenden verschieden großen Strömungsverlusten im Überlastbereich gesehen werden.

Schließlich ist auf den Bildern 5.10 und 5.11 noch ein Vergleich der untersuchten Zungen bei gleichem Drosselpunkt durchgeführt worden. Auch diese Gegenüberstellung ist sehr aufschlußreich. Während sich die auf der Druckseite aufgenommenen Frequenzgänge, Bild 5.10, mit Veränderung der Zungenform umso mehr unterscheiden, je größer der Durchfluß $\varphi$ ist, verhält es sich bei den auf der Saugseite aufgenommenen, Bild 5.11, geradezu umgekehrt. Hier ist die Übereinstimmung bei $\varphi = 0{,}02$ am geringsten, dagegen bei $\varphi = 0{,}034$ am größten. Außerdem ist aus den Diagrammen zu erkennen, daß der mittlere Pegelanstieg nicht nur durch die Zungenform eine Änderung erfährt, sondern mit wachsendem Durchfluß je nach Zungenform mehr oder weniger stark abfällt. Dies weist darauf hin, daß der Anteil von Flußquellen (Monopol) und Impulsquellen (Dipol) an der Schallerzeugung nicht nur von der Zungenform, sondern auch vom Durchsatz und damit von der Strömungsgeschwindigkeit abhängig ist und sich mit wachsendem Durchfluß von letzterem zu ersterem hin verlagert.

Da die Frequenzganggipfel die bemerkenswerte Eigenschaft besitzen, in dem gewählten doppeltlogarithmischen Koordinatensystem entlang einer "Geraden" zu verlaufen, erhält man mit dem mittleren Anstieg dieser Geraden auch ein Maß für die Potenz $\beta$ von Strouhalzahl und Helmholtzzahl in Gl.(3.10), womit auch der Anteil von Flußquellen und Impulsquellen hinreichend bekannt ist. In diesem Zusammenhang sei daran erinnert, daß beim Monopol $2\beta = 4$ und beim Dipol $2\beta = 6$ ist. In den Abschnitten 6.2 und 6.3 sind die Drehklangpotenzen $\beta$ für alle gemäß Aufgabenstellung untersuchten Konstruktionsmerkmale auf diese Weise bestimmt worden.

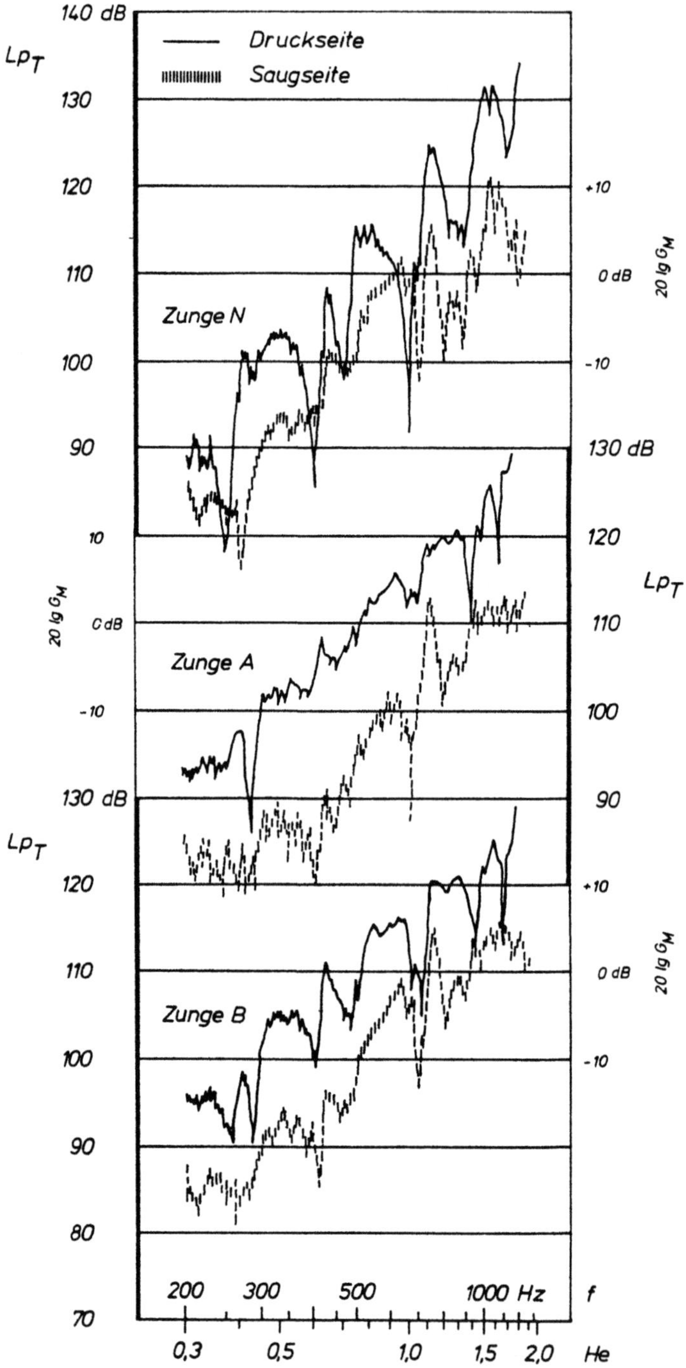


Bild 5.7: Nichtnormierte Systemfrequenzgänge der 1. Harmonischen Alu-Laufrad Ø 510, Bild 2.1, $\varphi = \varphi_{opt} = 0{,}026$

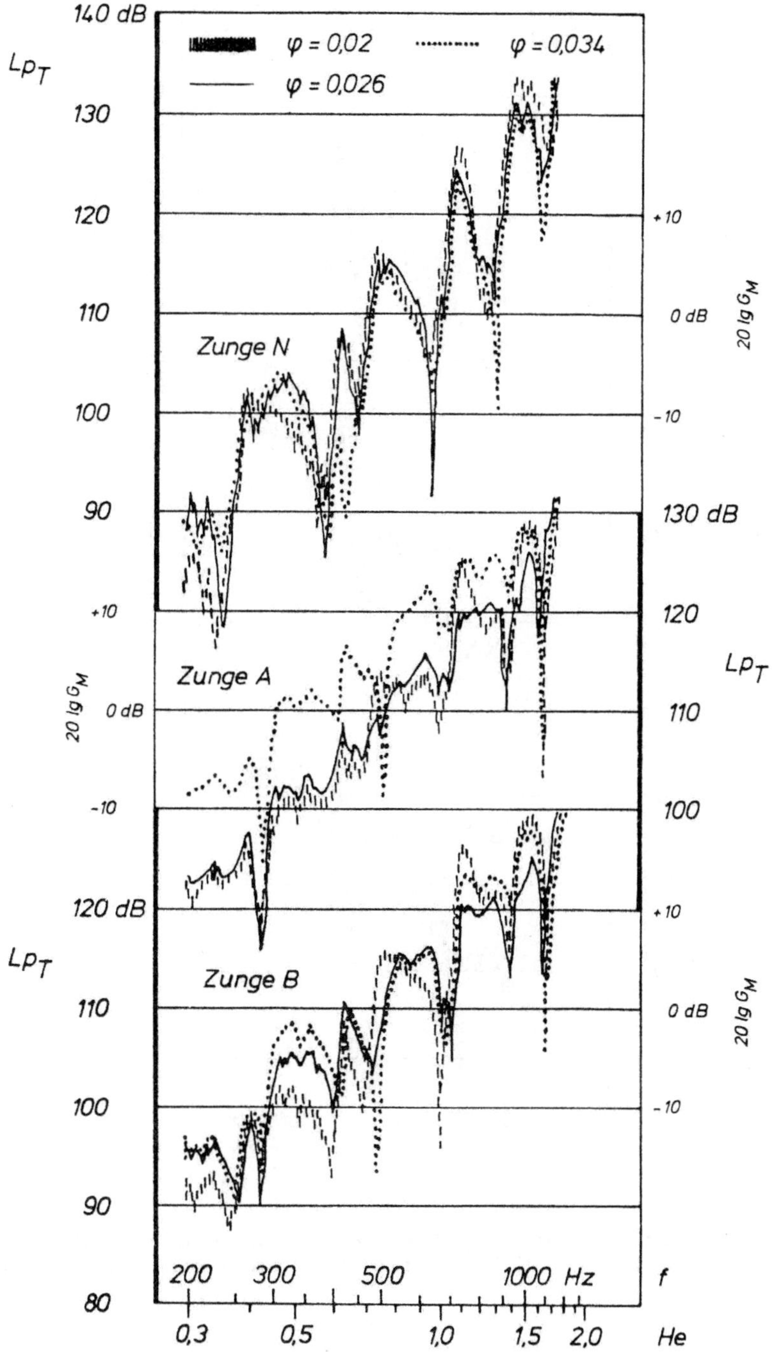


<u>Bild 5.8:</u> Nichtnormierte Systemfrequenzgänge der 1. Harmonischen Alu-Laufrad Ø 510, Bild 2.1, druckseitig gemessen

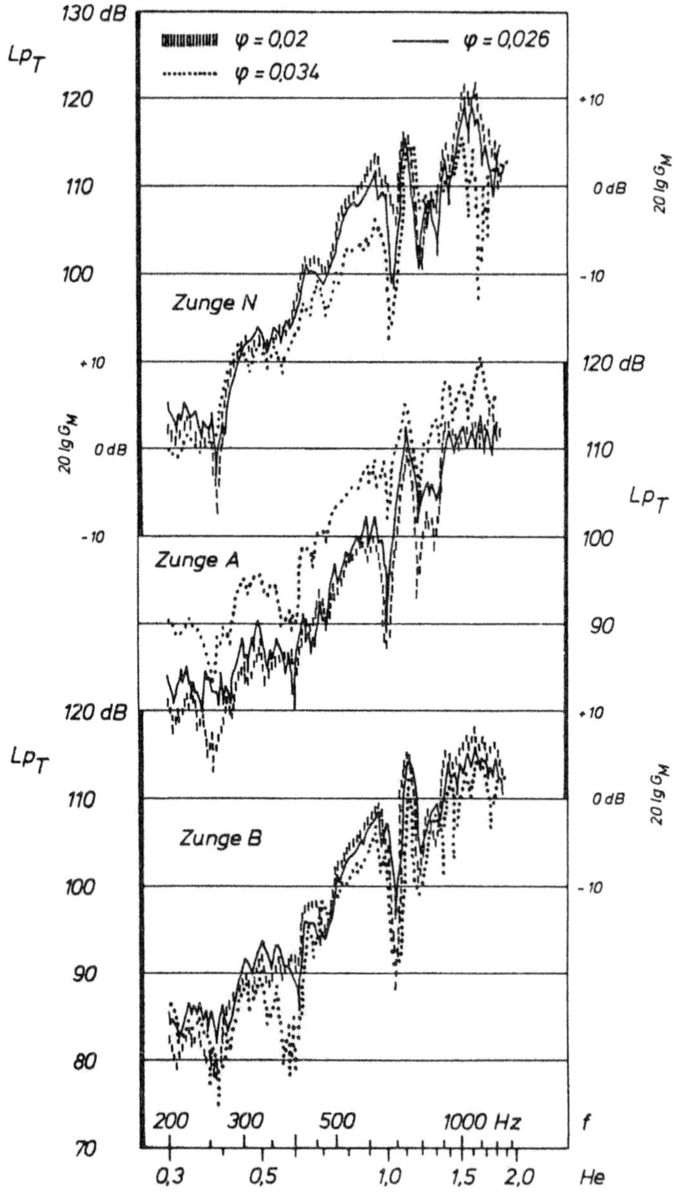


Bild 5.9: Nichtnormierte Systemfrequenzgänge der 1. Harmonischen Alu-Laufrad Ø 510, Bild 2.1, saugseitig gemessen

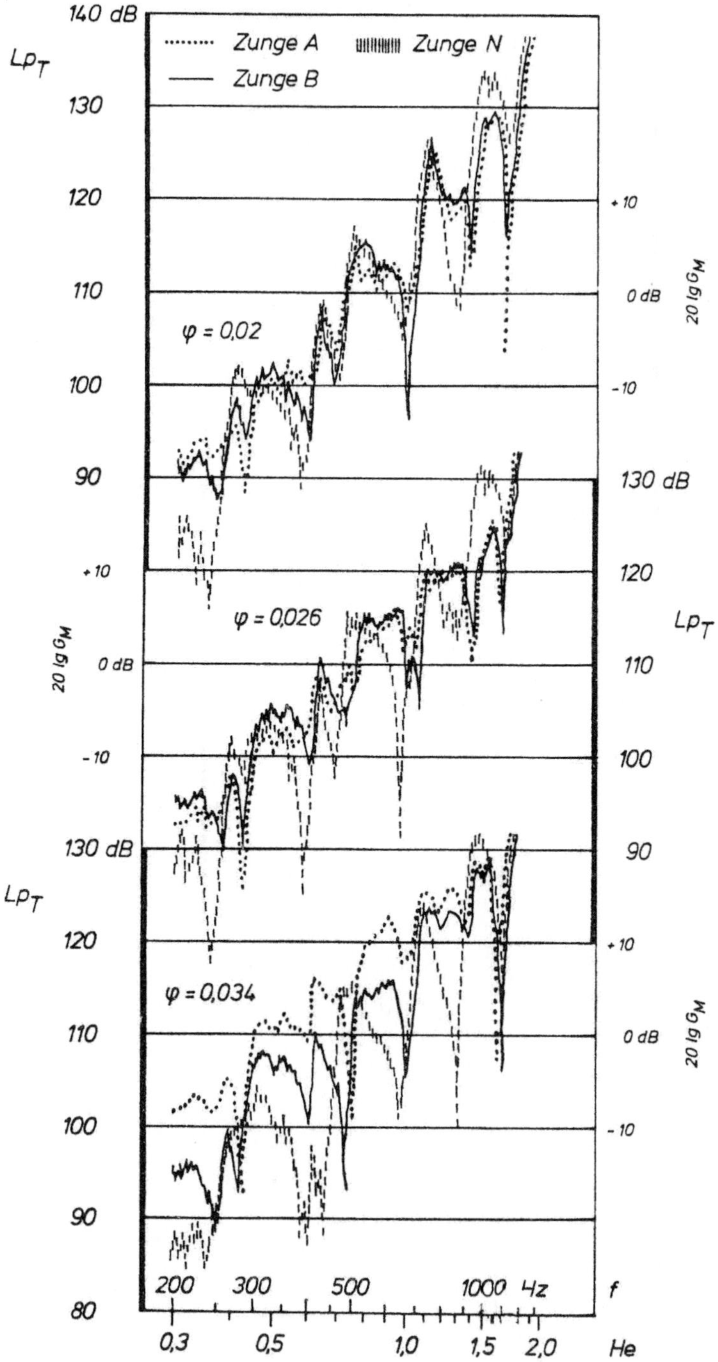


Bild 5.10: Nichtnormierte Systemfrequenzgänge der 1. Harmonischen Alu-Laufrad Ø 510, Bild 2.1, druckseitig gemessen

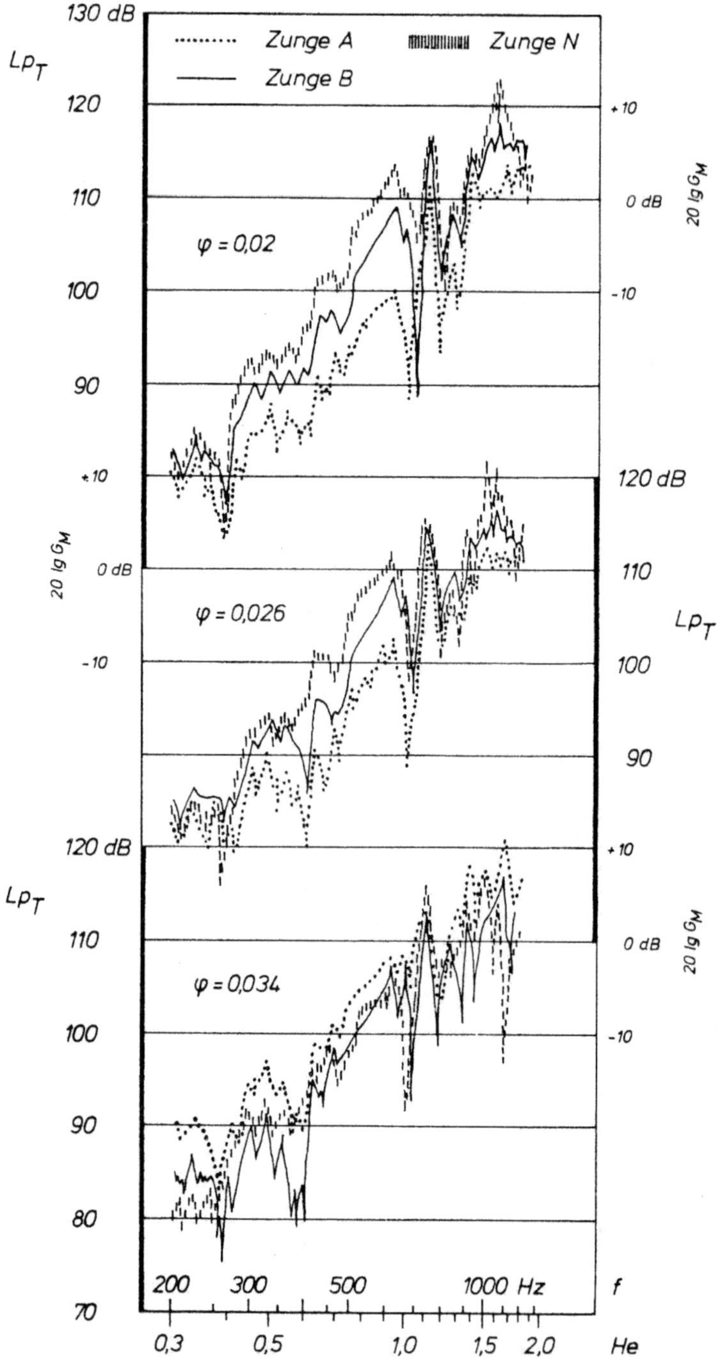


Bild 5.11: Nichtnormierte Systemfrequenzgänge der 1. Harmonischen Alu-Laufrad Ø 510, Bild 2.1, saugseitig gemessen

## 5.2 Einfluß des Schaufelaustrittsdurchmessers und Zungenabstandes

Bei diesen Untersuchungen wurde, wie bereits ausgeführt, der Zungenabstand unter Beibehaltung der jeweiligen Zungensilhouette lediglich durch Abänderung des Schaufelaustrittsdurchmessers variiert. Insgesamt erfuhren fünf sonst gleiche Räder eine Abstufung zwischen 510 und 430 mm um je 20 mm. Nähere Einzelheiten sind aus Bild 5.1 ersichtlich.

### 5.2.1 Laufraddurchmesser, Zungenabstand und Ventilatorcharakteristik

In den Bildern 5.12 und 5.13 sind die Ergebnisse dieser Untersuchung in dimensionslosen Koordinaten dargestellt. Bild 5.12 zeigt das mit Zunge N experimentell ermittelte Kennfeld, wobei die Normierung der gemessenen Druck-, Volumen- und Leistungsdaten in der üblichen Weise mit dem tatsächlichen Schaufelaustrittsdurchmesser erfolgte. Man erkennt sehr schön, daß in Übereinstimmung mit den Modellgesetzen bei kleiner werdendem Austrittsdurchmesser $D_2$, d.h. bei wachsendem Durchmesserverhältnis $D_1/D_2$, die Lieferzahl $\varphi$ ansteigt, was auch die gewünschte Steigerung der Schnelläufigkeit zur Folge hat. Bemerkenswert ist in diesem Zusammenhang, daß sich dabei nicht nur der Wirkungsgrad, sondern auch die Druckzahl $\psi$ gemeinsam mit dem optimalen Betriebsbereich erhöhen, was zweifellos auf die dissipationsvermindernde und drucksteigernde Wirkung des "rotierenden Diffusors" am Schaufelaustritt zurückzuführen ist.

Normiert man dagegen die erhaltenen Meßdaten mit dem ursprünglichen Durchmesser $D_2$ = 510 mm, so ergibt sich das auf Bild 5.13 widergegebene dimensionslose Kennfeld, welches sich demjenigen in Bild 5.12 gegenüber darin unterscheidet, daß es die Arbeitsweise des Ventilators verhältnistreu angibt, wenn dieser bei den angetragenen Durchmessern mit konstanter Drehzahl betrieben wird. Bild 5.13 ist daher für die vorliegende Untersuchung insofern interessant, als die eingezeichneten Affini-

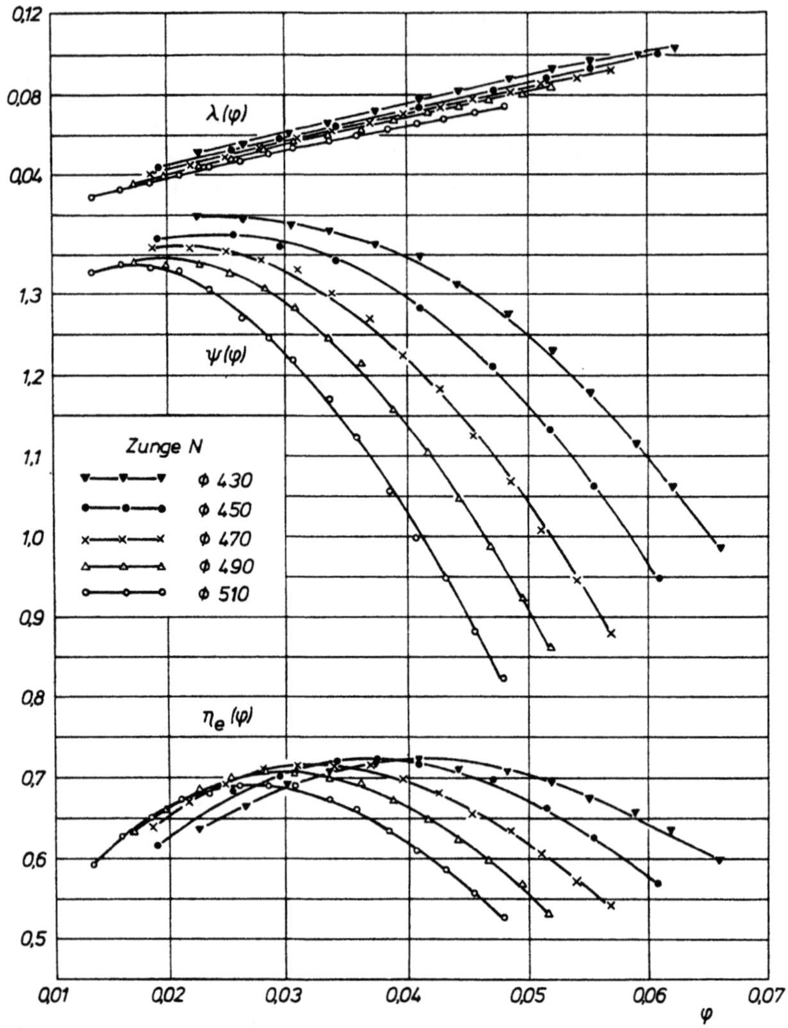


Bild 5.12: Dimensionsloses Kennfeld des Radialventilators gemäß Bilder 2.1 und 2.2 bei verschiedenen Laufraddurchmessern nach Bild 5.1. Die Normierung der Kennzahlen erfolgte mit dem jeweiligen Durchmesser $D_2$

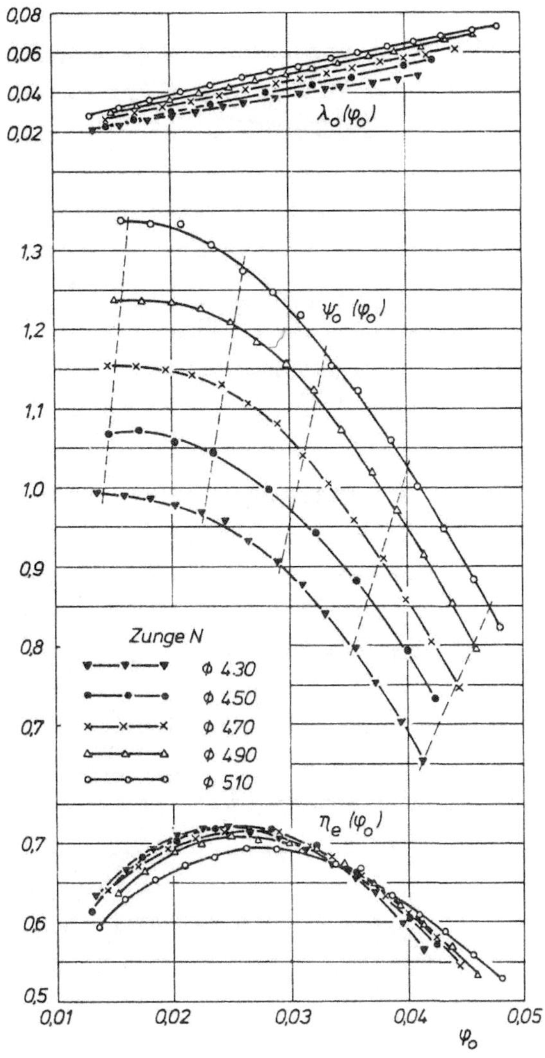


Bild 5.13: Dimensionsloses Kennfeld des Radialventilators gemäß Bilder 2.1 und 2.2 bei verschiedenen Laufraddurchmessern nach Bild 5.1 Die Normierung der Kennzahlen erfolgte mit dem ursprünglichen Durchmesser $D_{2o}$ = 510 mm

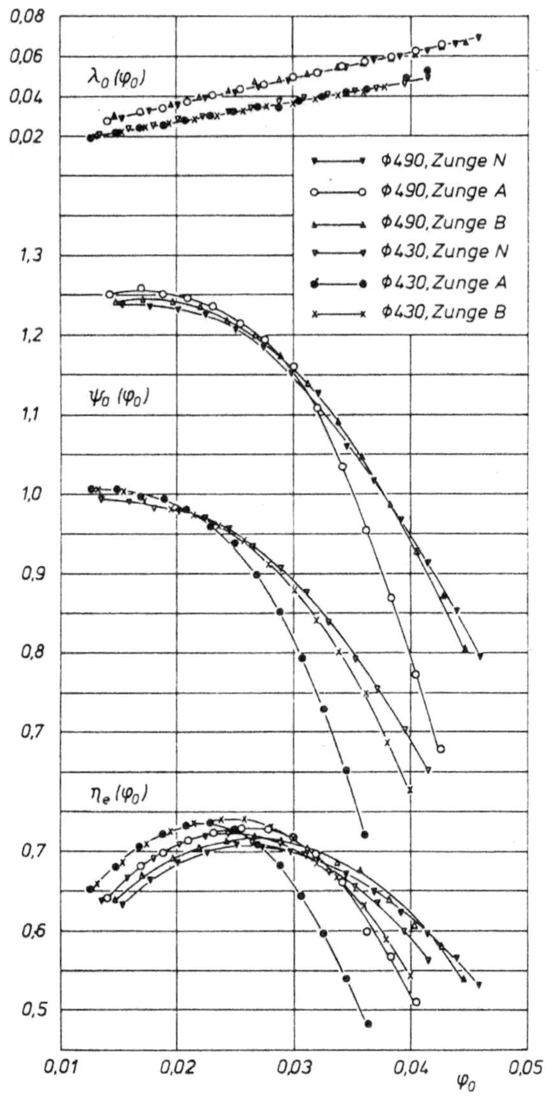


**Bild 5.14:** Einfluß der Zungenform auf das dimensionslose Kennfeld des Radialventilators gemäß Bild 5.1 mit den Schaufelraddurchmessern $D_2$ = 430 und 490 mm

tätsparabeln unmittelbar anzeigen, in welchem Maße die Drehzahl bei kleiner werdendem Durchmesser und konstant zu haltender Strömungsleistung zu steigern ist.

Schließlich sind in Bild 5.14 die Kennlinien der beiden Schaufelräder $D_2$ = 450 mm und 490 mm, die mit den Zungen N, A und B gemessen wurden, aufgetragen. Der Vergleich zeigt, daß auch bei diesen Rädern innerhalb des optimalen Arbeitsbereiches und im Teillastgebiet die einzelnen Kennlinien recht gut übereinstimmen.

Eine ähnlich gute Übereinstimmung der Charakteristiken herrschte auch bei den übrigen Laufrädern mit den Durchmessern $D_2$ = 450 mm und 470 mm. Die Zungenauswahl kann daher, wie später noch gezeigt wird, ausschließlich nach akustiscnen Gesichtspunkten getroffen werden.

### 5.2.2 Laufraddurchmesser, Zungenabstand und Drehklangverhalten

Die Bilder 5.15 bis 5.26 enthalten die nichtnormierten Frequenzgänge der vier nach dem Durchmesser abgestuften Räder mit denselben Zungen in der gleichen Gegenüberstellung und Reihenfolge, wie dies auf den Bildern 5.7 bis 5.10 für das Originalrad geschehen ist, allerdings unter Verzicht auf die Darstellung der saugseitig aufgenommenen Frequenzgänge, weil sich bei allen untersuchten Rädern ähnliche Verhältnisse wie in Bild 5.7 herausstellten, die eine Beschränkung auf die Darstellung der druckseitigen Frequenzgänge rechtfertigten.

Aus diesem umfangreichen Versuchsmaterial, das sehr eindrucksvoll den enormen Einfluß von Zungenform und Zungenabstand auf den Systemfrequenzgang des Ventilators belegt und die These von dem sich zwischen Rotoraustritt und Gehäusezunge befindenden Hauptquellgebiet der Schaufeltöne untermauert, wurden die wichtigsten Ergebnisse herausgezogen und in den Bildern 5.27, 5.28 und 5.29 zusammengestellt. Man erkennt daraus, wie sich der Frequenzgang der 1. Harmonischen mit kleiner werdendem Durchmesser, d.h. größer werdendem Zungenabstand, bei den Zungen N, A und B im Optimum des jeweiligen Rades ändert. Diese Veränderung äußert sich vor allem in einer mit dem Zungenabstand nichtproportional erfolgenden Verschiebung des Frequenzganges zu kleineren Pegelwerten hin, wobei sich die Pegel der Gipfel meist stärker senken als die der Täler. Deutlich geht aus Bild 5.28 auch die bereits früher festgestellte Dämpfung hervor, welche die Frequenzgänge bei allen untersuchten Zungenabständen durch die spitze Zunge A gegenüber den runderen Zungen N und B in Bild 5.27 und Bild 5.29 erfahren. Dagegen wird der mittlere Pegelanstieg der Frequenzgänge durch den Zungenabstand kaum berührt. Dies deutet darauf hin, daß der Quellcharakter des Drehklanggeräusches praktisch unabhängig vom Zungenabstand zu sein scheint.

Die gewonnen Erkenntnisse führen immer dann zu einer nicht unerheblichen Tonpegelminderung, wenn das größere Rad mit seinem kleineren Zungenabstand auf einem Frequenzganggipfel oder in dessen Umgebung arbeitet und durch eine entsprechende Verkleinerung des Rades sowie der damit notwendigen Drehzahlerhöhung der "akustische Betriebspunkt" vom Gipfel in das nächstfolgende Tal wandert.

Befindet sich dagegen der Betriebspunkt des größeren Rades bereits in einem Frequenzgangtal, so würde jede Vergrößerung des Zungenabstandes infolge Verkleinerung des Rades, so paradox dies zunächst erscheinen mag, eine Verstärkung des Schaufelgrundtonpegels zur Folge haben. Dies liegt daran, daß in den Frequenzgangtälern, die sich bei allen Raddurchmessern etwa in den gleichen Frequenzen einstellen, bereits eine "Auslöschung" der Schaufeltöne so weit erfolgt ist, daß vom Ohr im allgemeinen nur noch das Strömungsrauschen des Ventilators wahrgenommen werden kann. Da jedoch die Drehzahl der kleineren Räder zur Erzielung der gleichen Strömungsleistung notwendigerweise zu erhöhen ist, treten dann die Schaufeltöne umso mehr hervor, je kleiner das Rad bzw. je größer der Zungenabstand ist. Die praktische Lösung dieses Problemes wird in Abschnitt 6 behandelt (vgl. hierzu auch Bild 6.1 mit Bild 6.6).

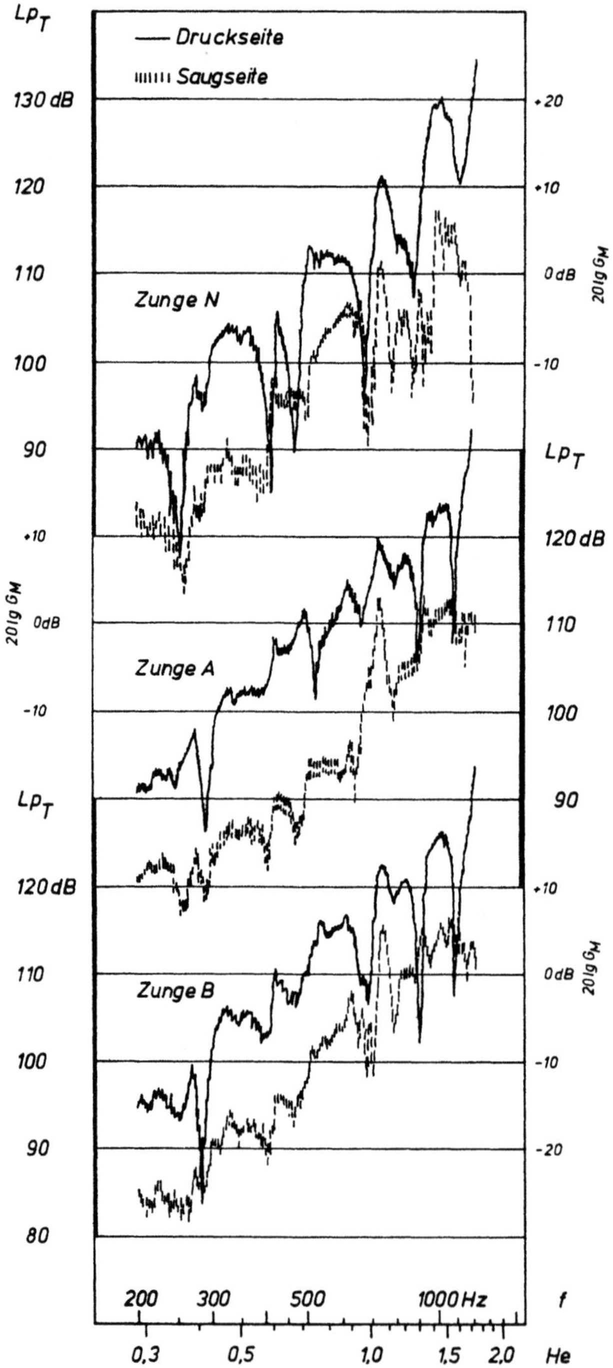


Bild 5.15: Nichtnormierte Systemfrequenzgänge der 1. Harmonischen Alu-Laufrad Ø 490 (Bild 5.1) $\varphi = \varphi_{opt} = 0{,}028$

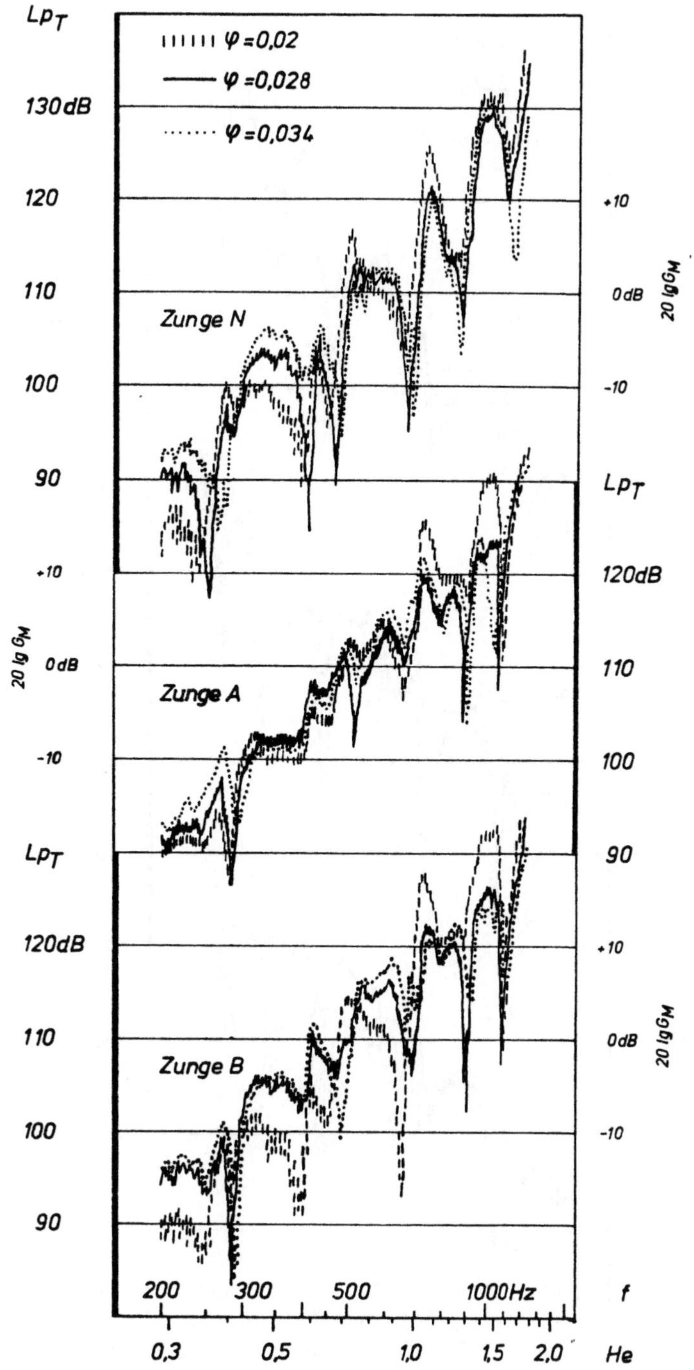


Bild 5.16: Nichtnormierte Systemfrequenzgänge der 1. Harmonischen Alu-Laufrad Ø 490, Bild 5.1, druckseitig gemessen

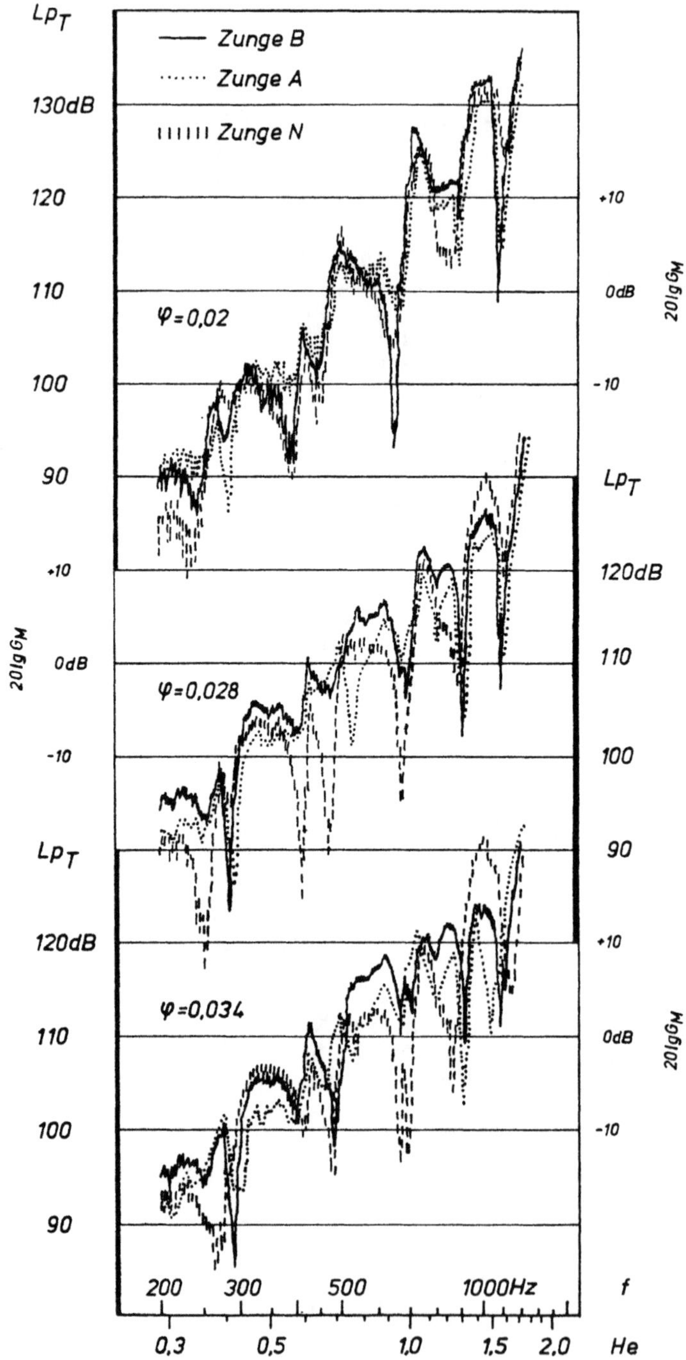


Bild 5.17: Nichtnormierte Systemfrequenzgänge der 1. Harmonischen Alu-Laufrad Ø 490, Bild 5.1, druckseitig gemessen

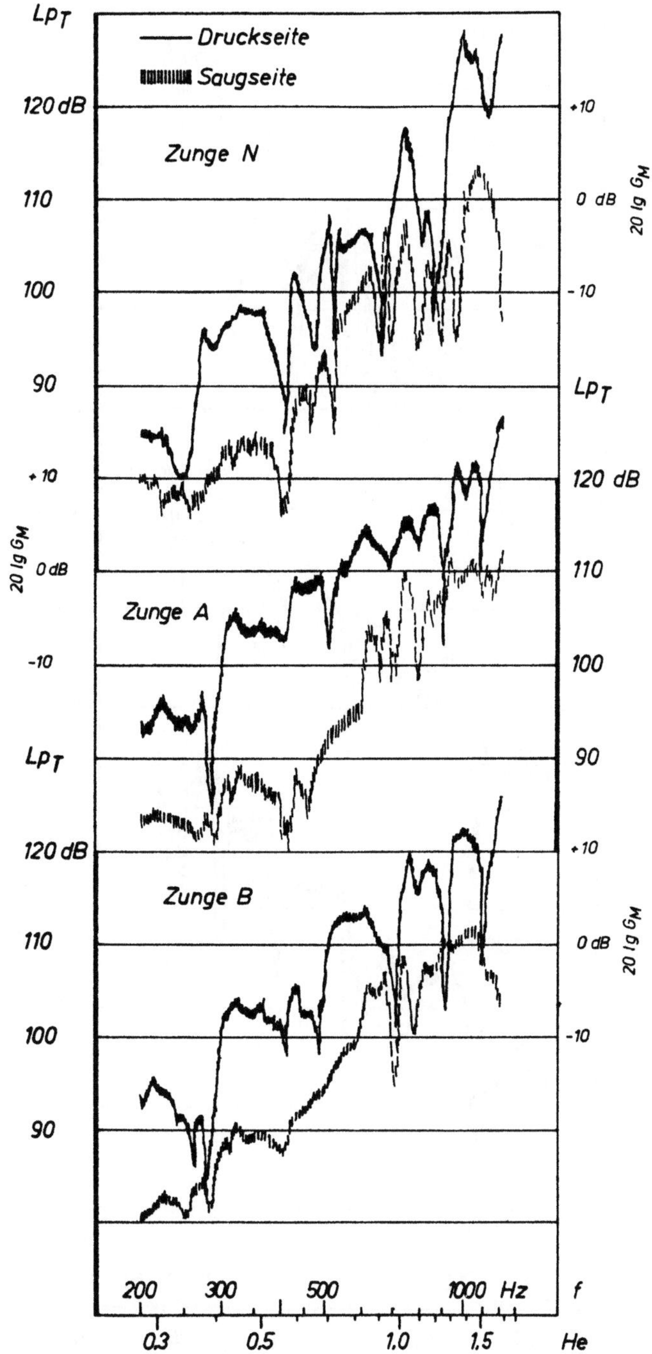


Bild 5.18: Nichtnormierte Systemfrequenzgänge der 1. Harmonischen Alu-Laufrad Ø 470, Bild 5.1, $\varphi = \varphi_{opt} = 0{,}032$

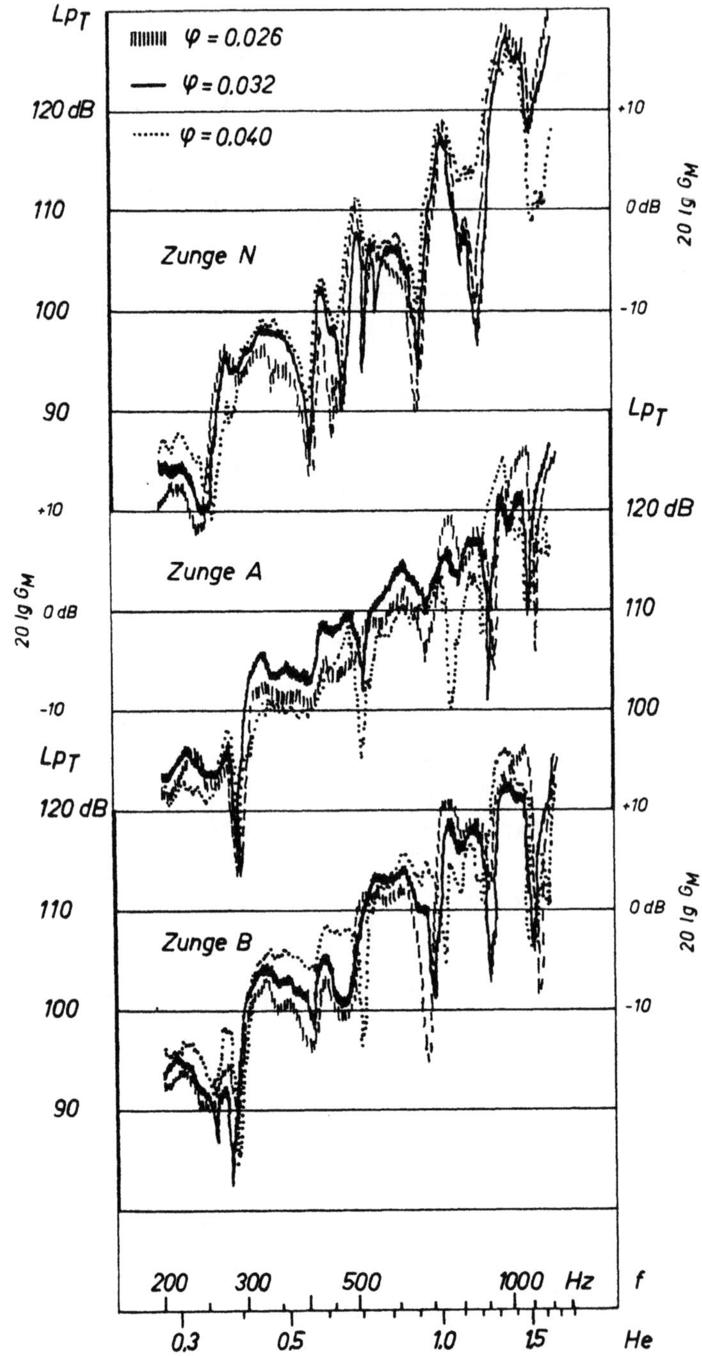


Bild 5.19: Nichtnormierte Systemfrequenzgänge der 1. Harmonischen Alu-Laufrad Ø 470, Bild 5.1, druckseitig gemessen

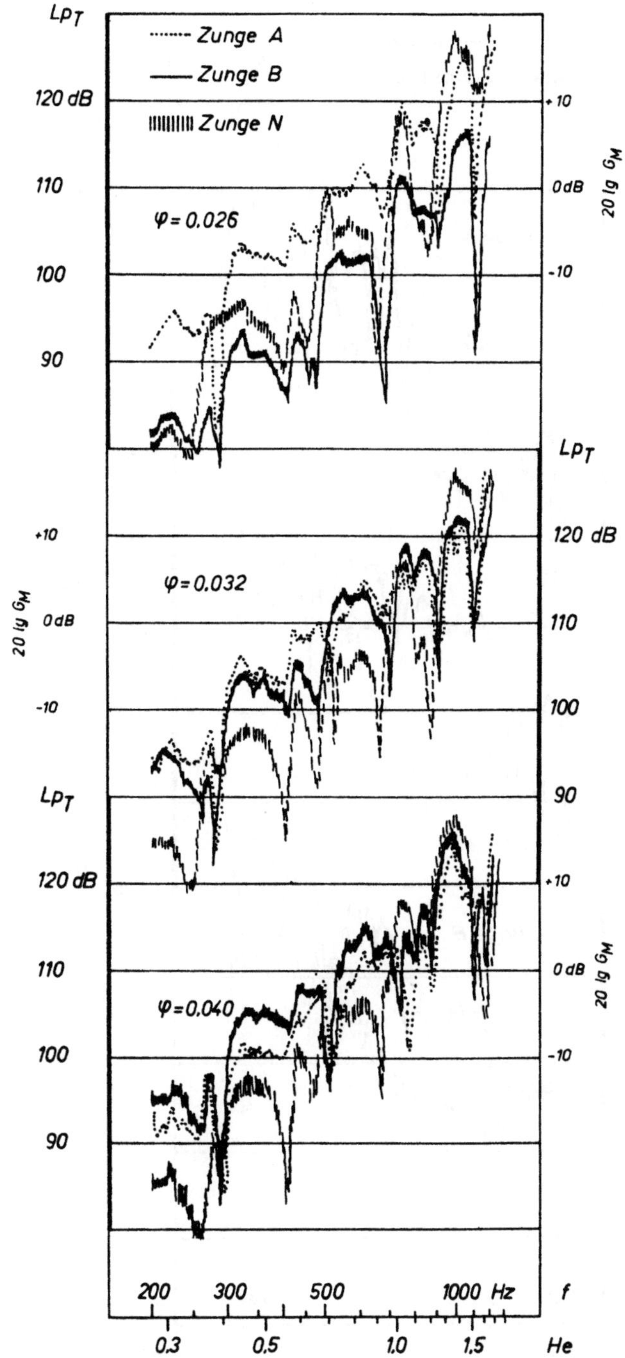


Bild 5.20: Nichtnormierte Systemfrequenzgänge der 1. Harmonischen Alu-Laufrad Ø 470, Bild 5.1, druckseitig gemessen

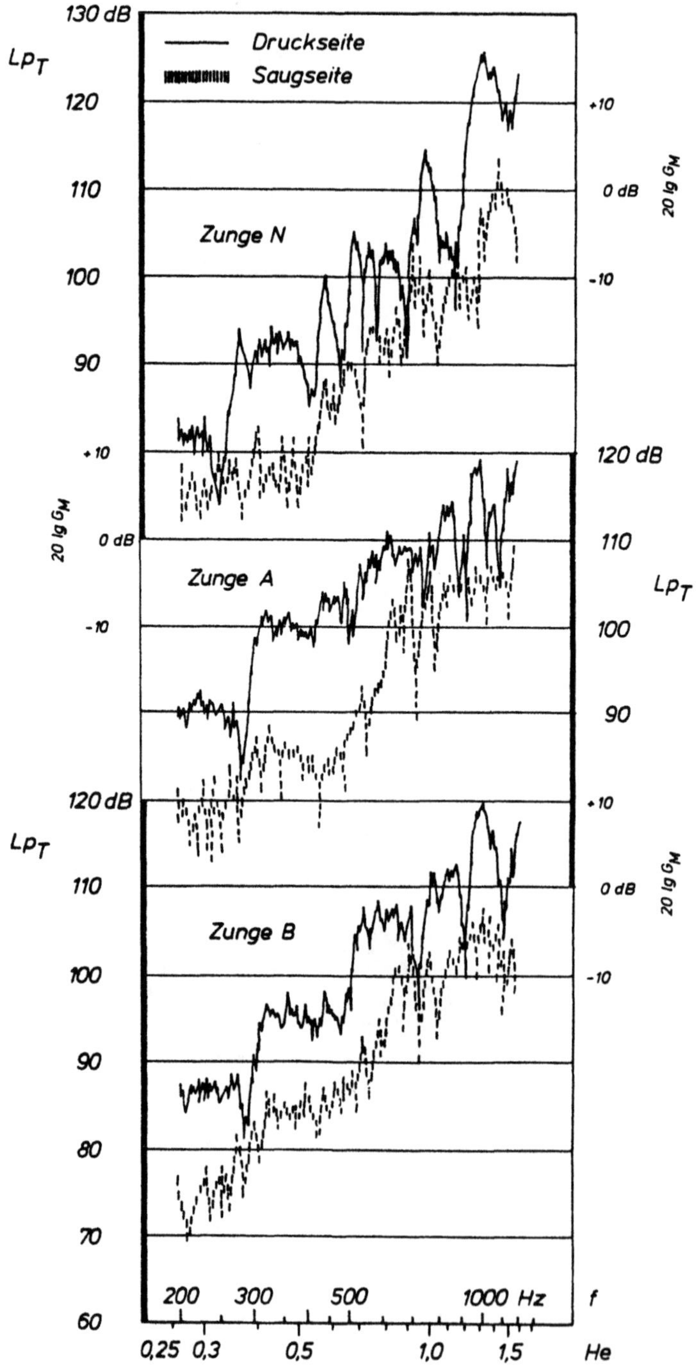


Bild 5.21: Nichtnormierte Systemfrequenzgänge der 1. Harmonischen
Alu-Laufrad Ø 450, Bild 5.1, $\varphi = \varphi_{opt} = 0{,}034$

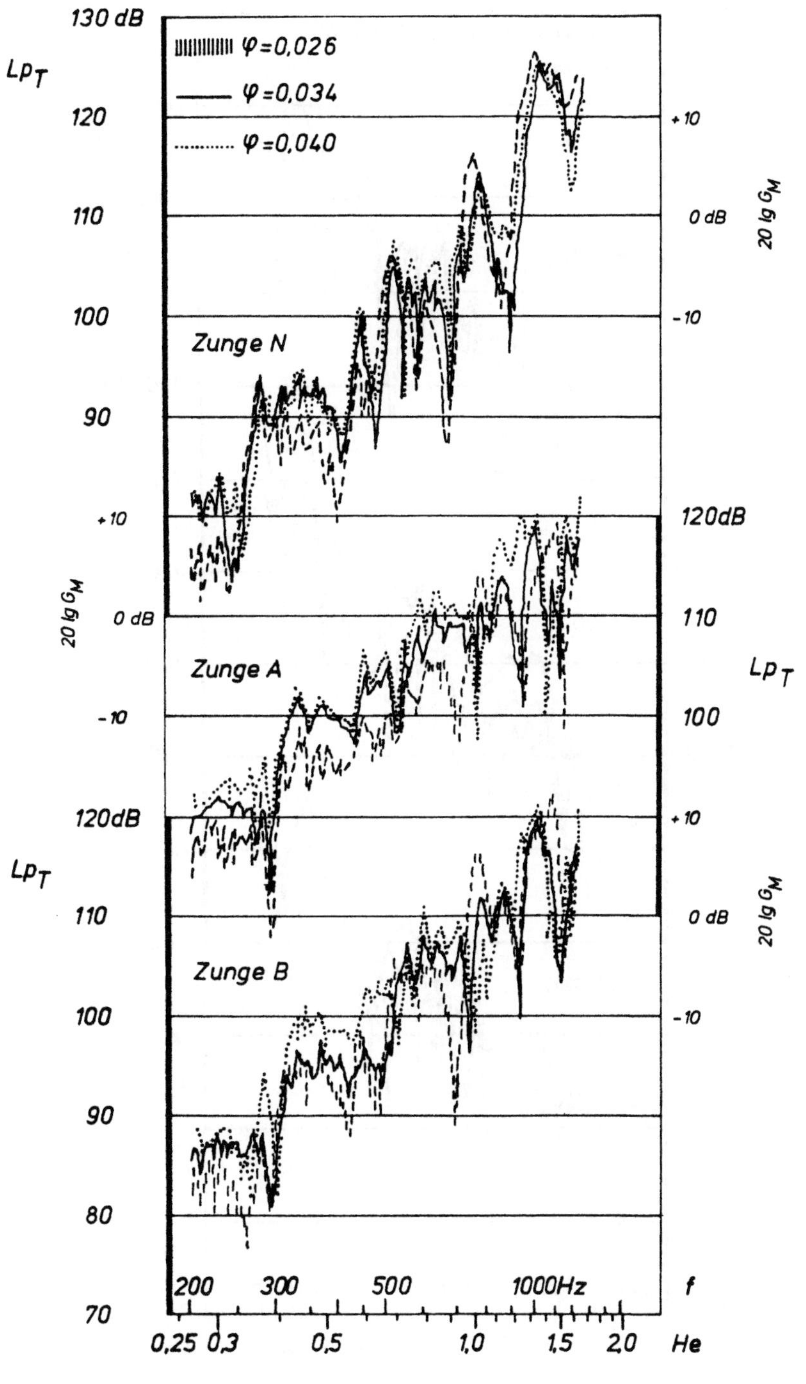


Bild 5.22: Nichtnormierte Systemfrequenzgänge der 1. Harmonischen Alu-Laufrad Ø 450, Bild 5.1, druckseitig gemessen

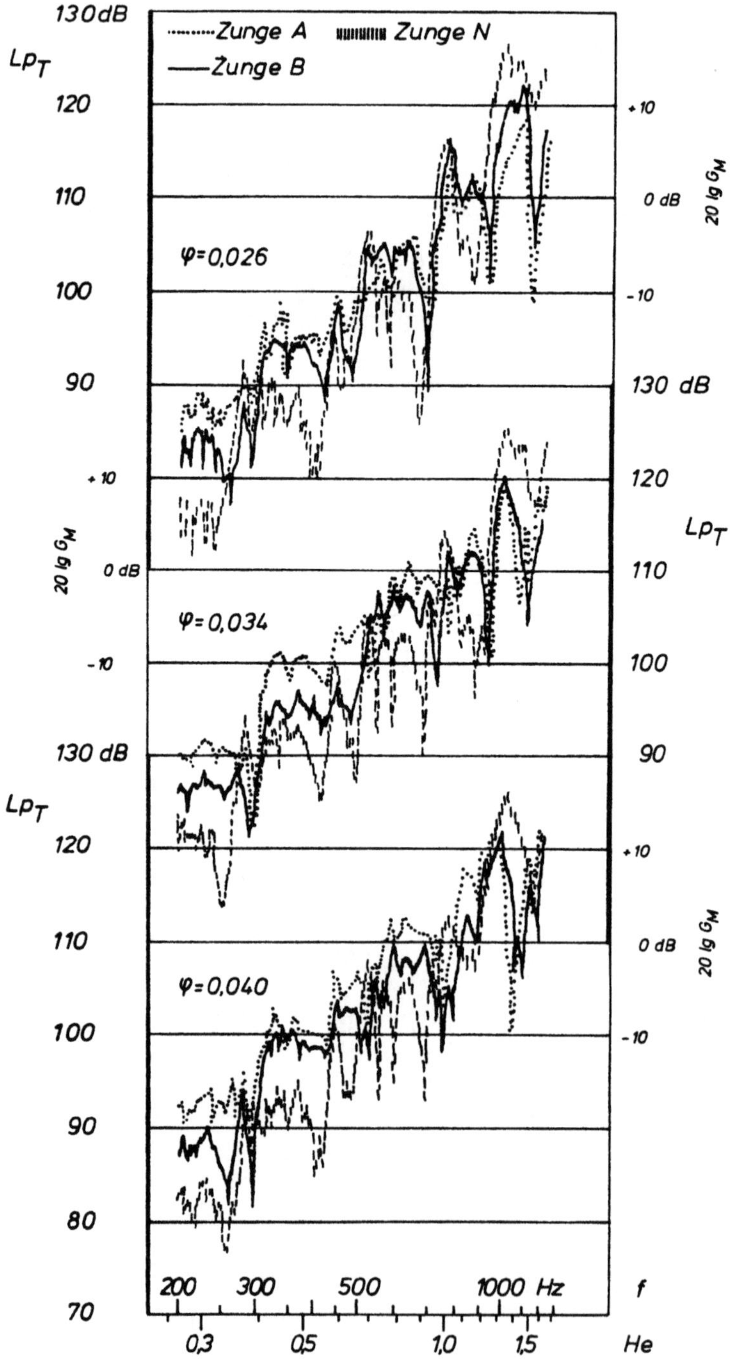


Bild 5.23: Nichtnormierte Systemfrequenzgänge der 1. Harmonischen Alu-Laufrad Ø 450, Bild 5.1, druckseitig gemessen

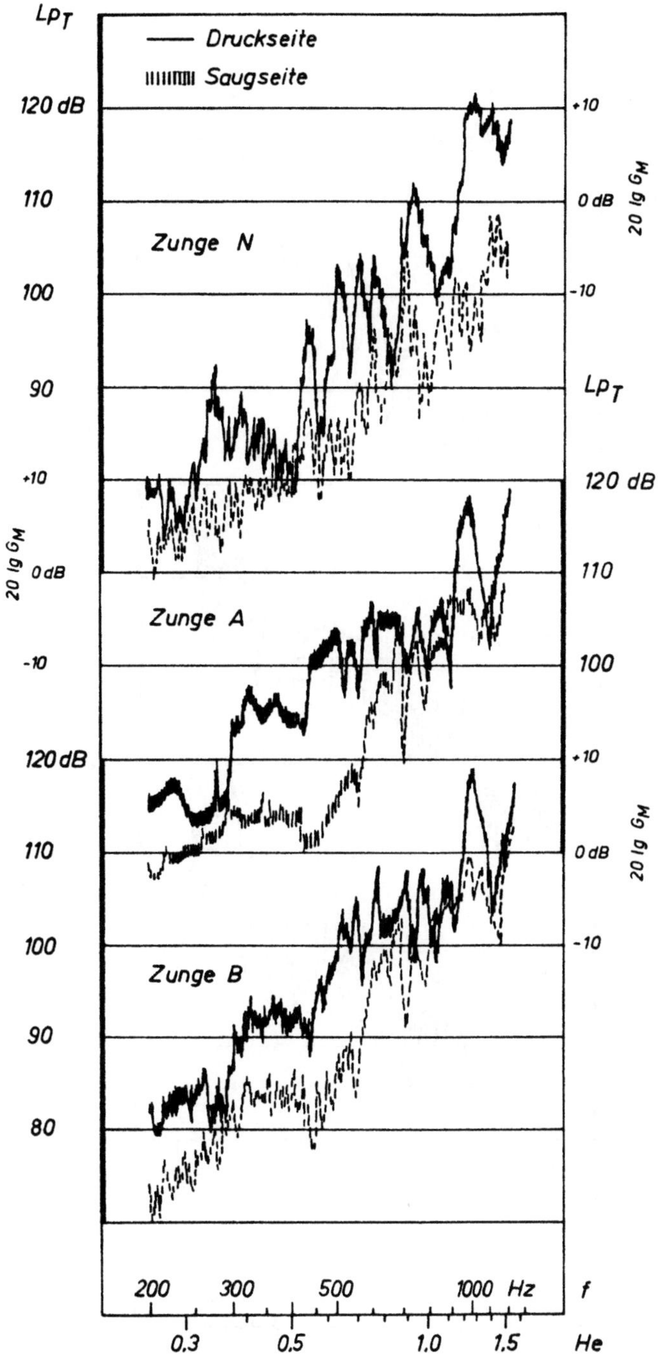


Bild 5.24: Nichtnormierte Systemfrequenzgänge der 1. Harmonischen Alu-Laufrad Ø 430, Bild 5.1, $\varphi = \varphi_{opt} = 0{,}038$

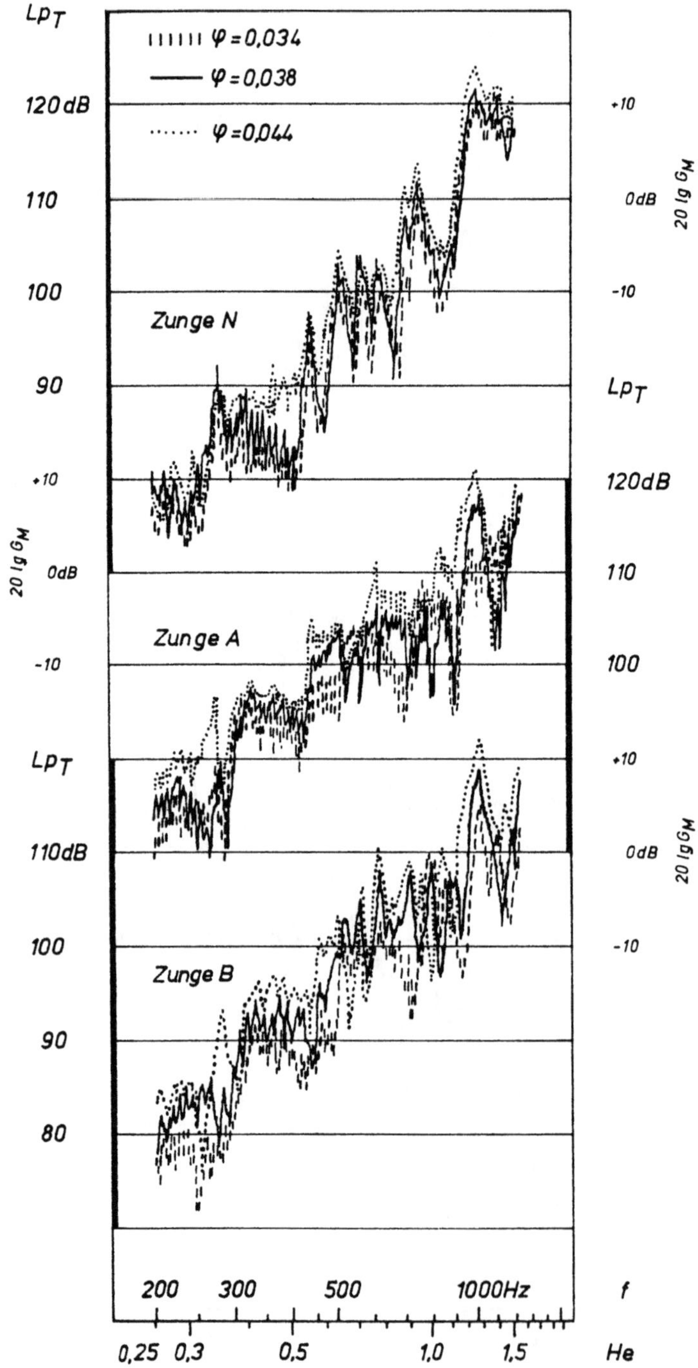


Bild 5.25: Nichtnormierte Systemfrequenzgänge der 1. Harmonischen Alu-Laufrad Ø 430, Bild 5.1, druckseitig gemessen

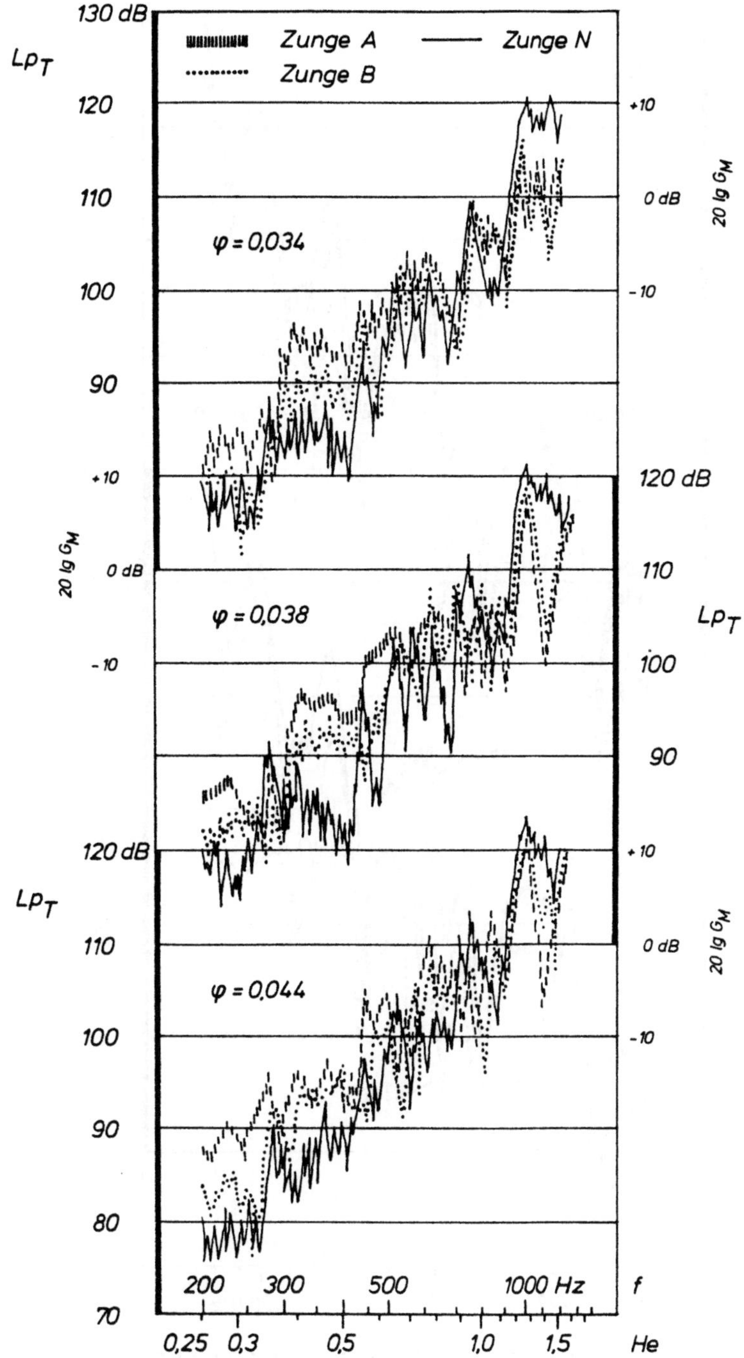


Bild 5.26: Nichtnormierte Systemfrequenzgänge der 1. Harmonischen Alu-Laufrad Ø 430, Bild 5.1, druckseitig gemessen

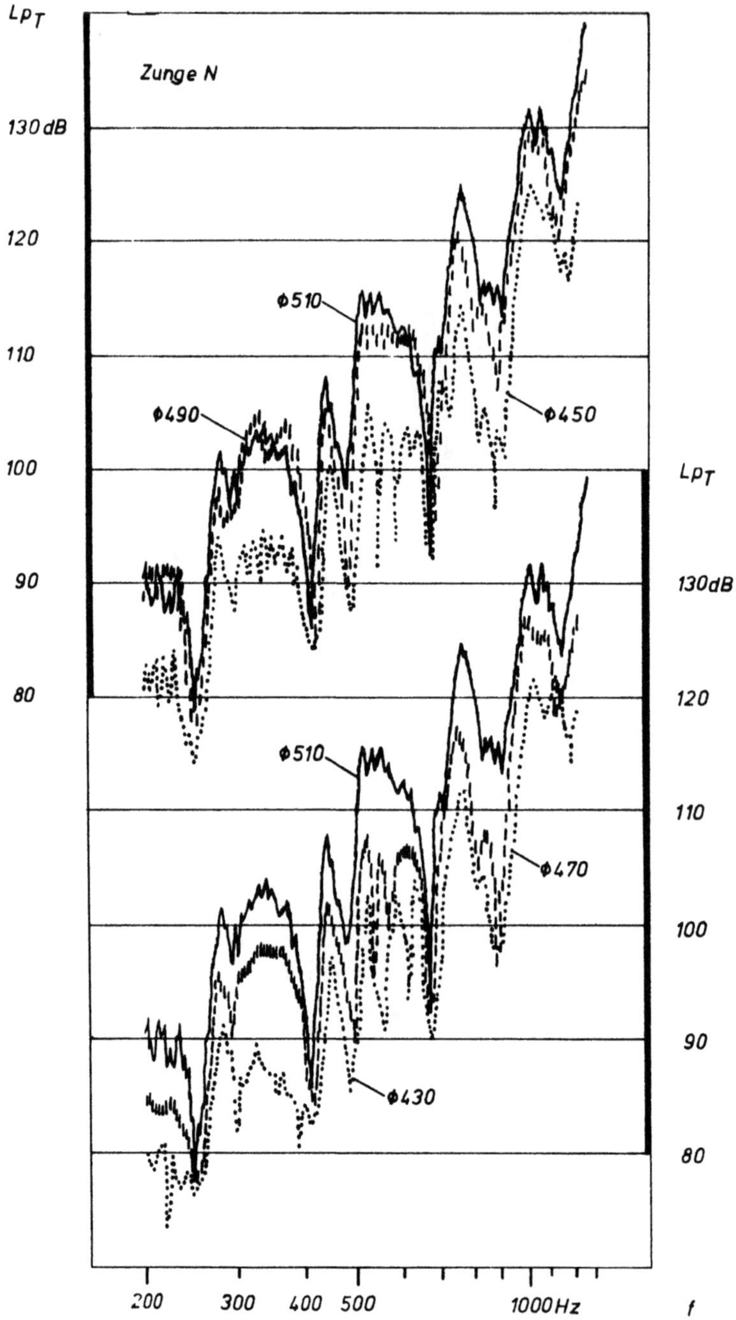


Bild 5.27: Nichtnormierte Systemfrequenzgänge der 1. Harmonischen Alu-Laufräder, abgestuft nach Bild 5.1, druckseitig im jeweiligen Optimum mit Zunge N gemessen

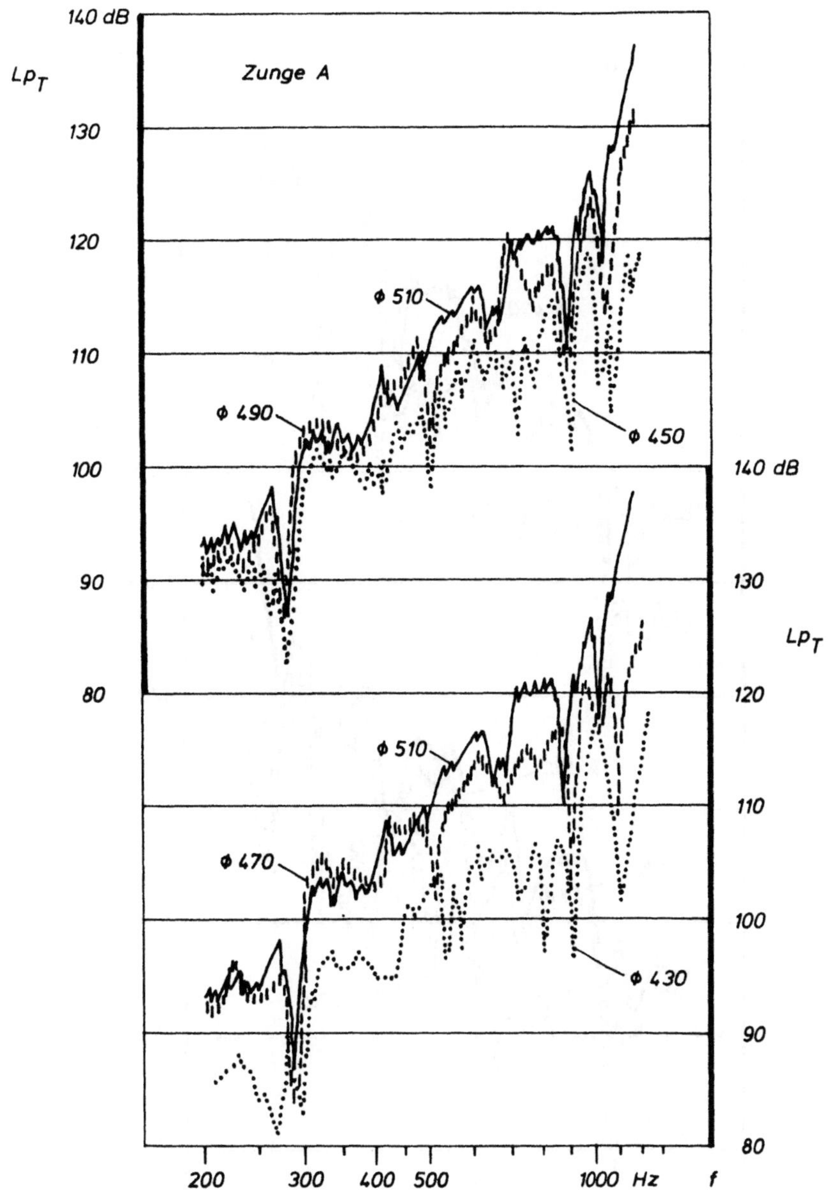


Bild 5.28: Nichtnormierte Systemfrequenzgänge der 1. Harmonischen Alu-Laufräder, abgestuft nach Bild 5.1, druckseitig im jeweiligen Optimum mit Zunge A gemessen

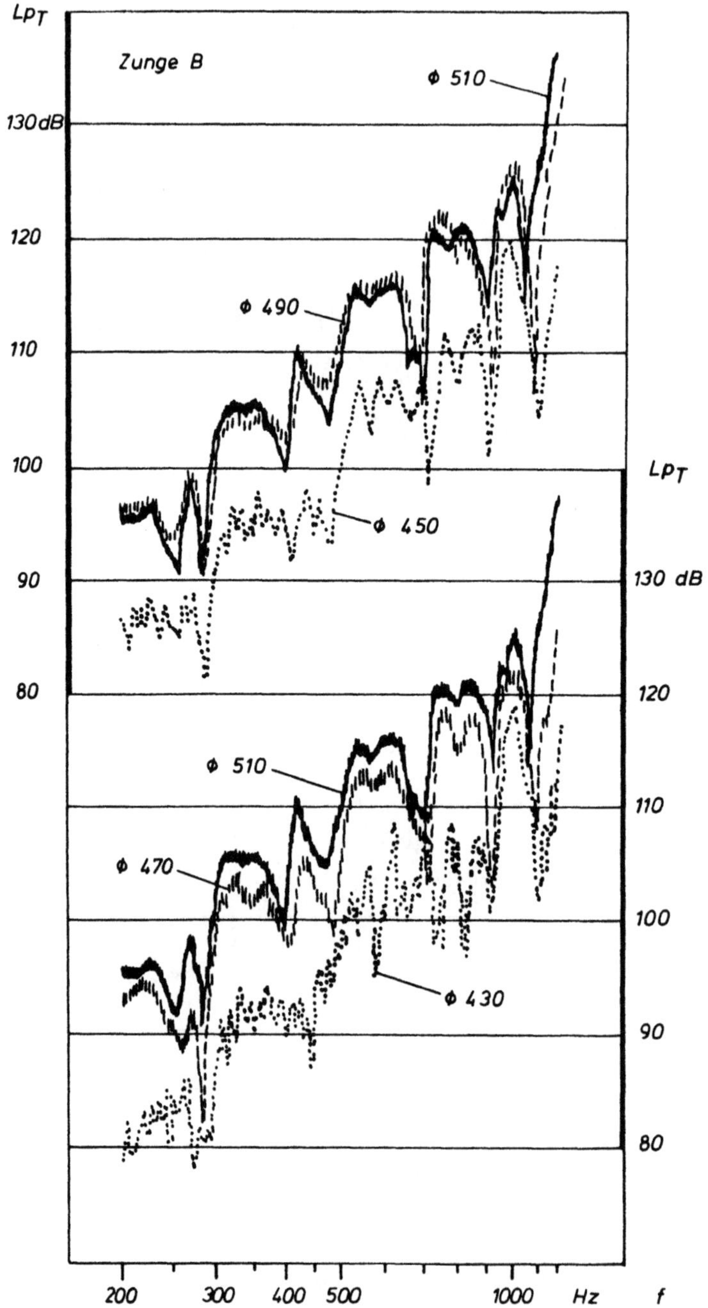


<u>Bild 5.29:</u> Nichtnormierte Systemfrequenzgänge der 1. Harmonischen Alu-Laufräder, abgestuft nach Bild 5.1, druckseitig im jeweiligen Optimum mit Zunge B gemessen

## 5.3 Einfluß der Schaufelzahl

Bei den bisherigen Untersuchungen standen ausschließlich Gußräder aus Alu mit einer Schaufelzahl z = 12 gemäß Bild 2.1 zur Verfügung, die der Hersteller der in Bild 2.3 schematisch dargestellten Kreuzspulmaschine verwendet. Wegen der einfacheren und schnelleren Fertigung von Einzelstücken war es für die Schaufelzahluntersuchung erforderlich, auf geschweißte Stahlblechräder (Bild 5.30) überzugehen.

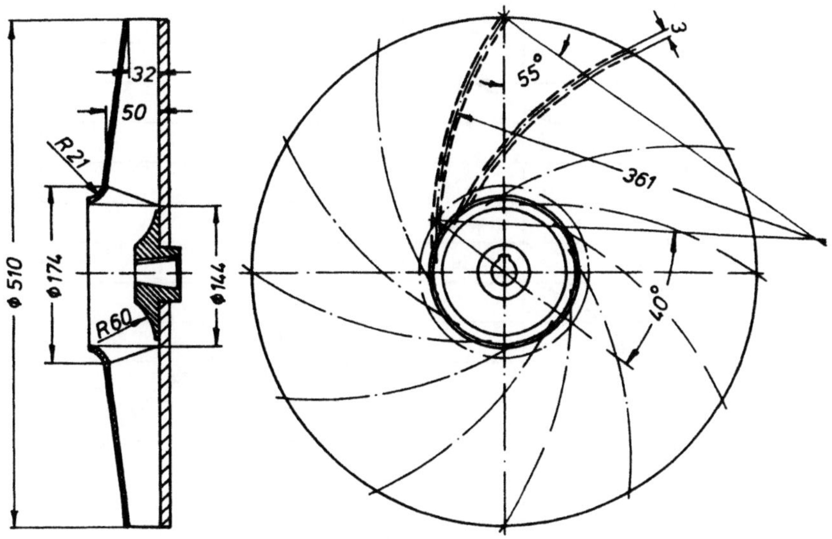


Bild 5.30: Abmessungen des gemäß Bild 2.1 aus Stahlblech gefertigten Laufrades

Dabei ergab sich eine fertigungsbedingte Verringerung der einzelnen Wandstärken sowie der Schaufeldicke von 5 mm auf 3 mm. Es war daher zu prüfen, ob die kleineren Wandstärken das Kennfeld und den Systemfrequenzgang des sonst geometrisch ähnlichen Rades verändern oder nicht. Das Ergebnis ist in den Bildern 5.31 und 5.32 festgehalten.

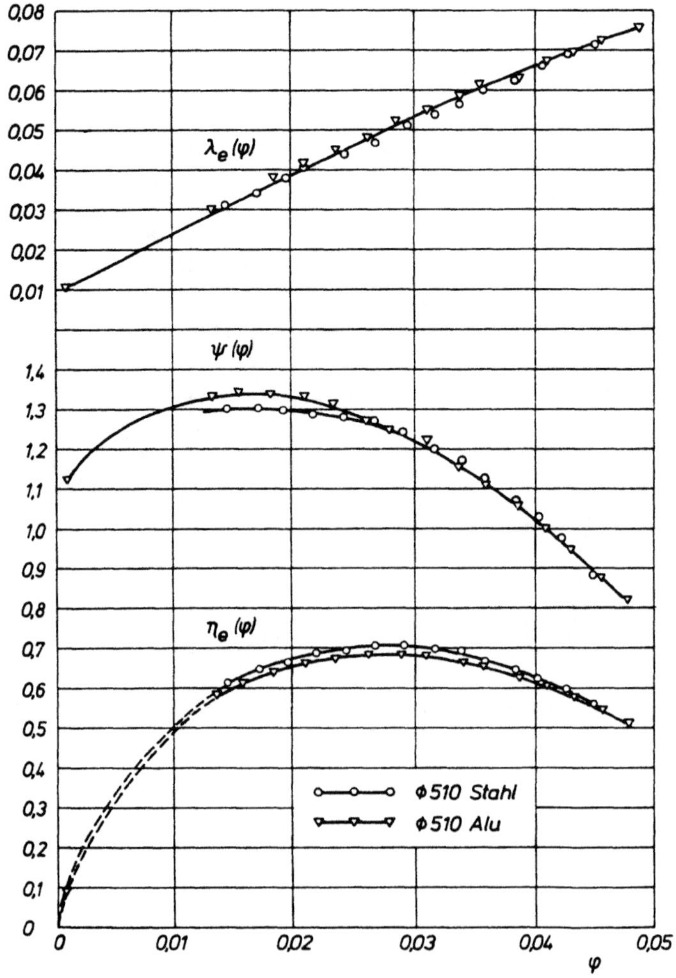


Bild 5.31: Dimensionslose Kennlinien des Alu-Rades, Bild 2.1, und des Stahl-Rades, Bild 5.30, mit Zunge N

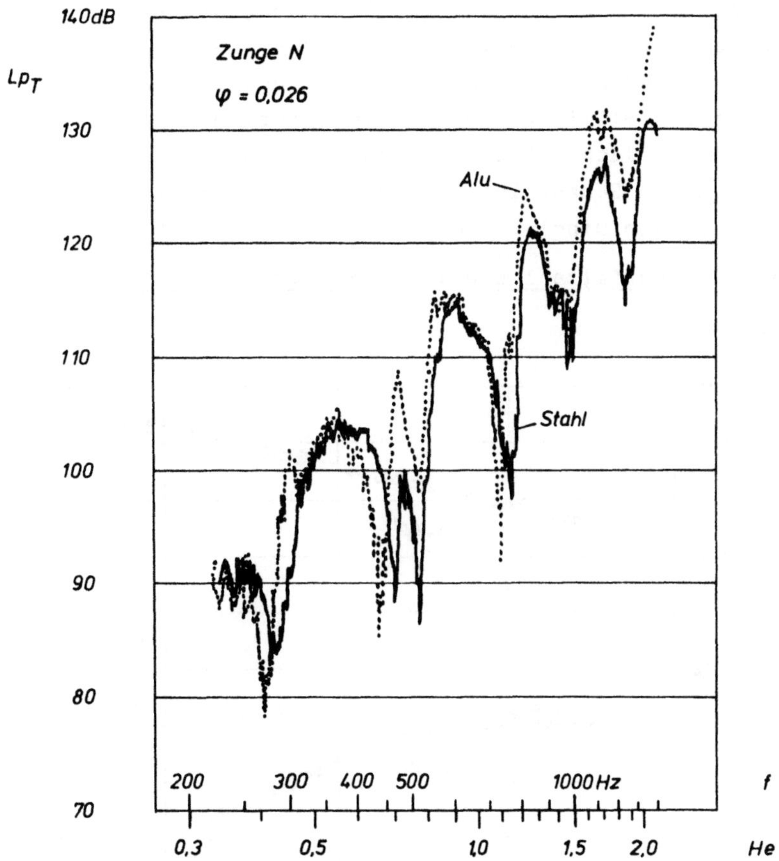


Bild 5.32: Nichtnormierte Systemfrequenzgänge der 1. Harmonischen des Alu-Rades, Bild 2.1, und des Stahl-Rades, Bild 5.30, mit Zunge N

Man erkennt, daß das Kennfeld durch die geringeren Wandstärken des Stahlrades kaum verändert wird. Die beim Stahl-Rad festzustellende leichte Wirkungsgradverbesserung dürfte auf der kleineren Schaufeldicke beruhen, die den Verengungsfaktor des Laufrades verbessert. Dagegen wird der nichtnormierte Systemfrequenzgang durch die dünnere Schaufel wesentlich mehr verändert. Besonders fällt auf, daß sich bei den Resonanzgipfeln, die, grob betrachtet, ihre Position im Frequenzgang beibehalten, mit steigender Frequenz das ursprüngliche Niveau und damit der mittlere Pegelanstieg verringern. Das ist offensichtlich auf eine durch die dünneren Wirbelschichten an den Schaufelhinterkanten bewirkte Verlagerung des Anteils von Dipol- zu Monopolquellen hin zurückzuführen.

## 5.3.1 Schaufelzahl und Ventilatorcharakteristik

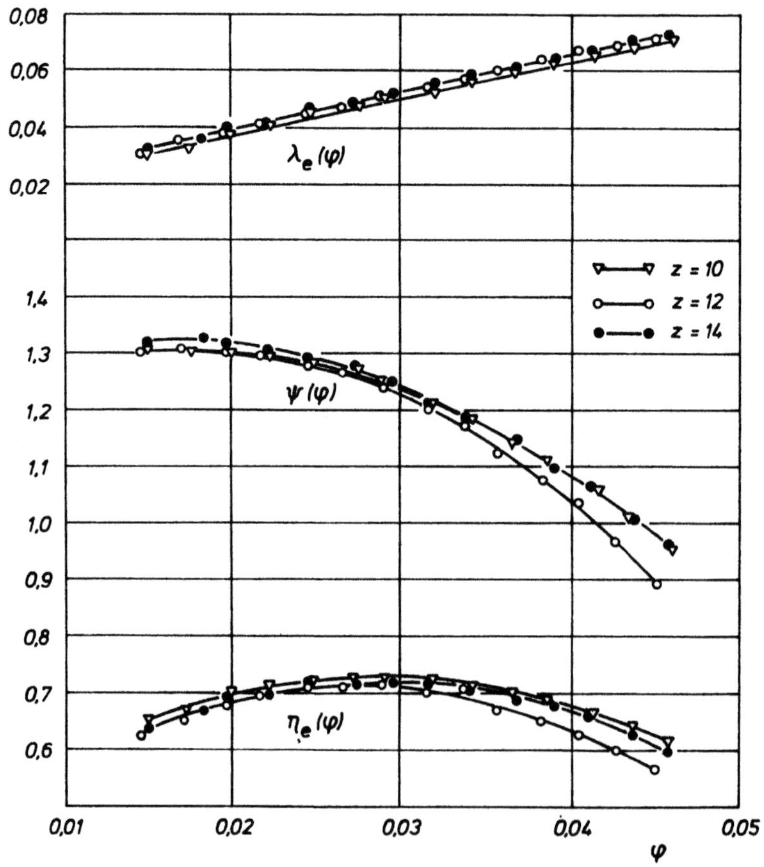


Bild 5.33: Einfluß der Schaufelzahl auf das dimensionslose Kennfeld des Radialventilators gemäß Bild 2.1 und Bild 2.2, jedoch mit Laufrädern aus Stahlblech, gemäß Bild 5.30, und Zunge N

Es wurde bereits darauf hingewiesen, daß im Bereiche von 10 bis 14 Schaufeln der Einfluß der Schaufelzahl auf den Energieaustausch zwischen Rad und Fördermedium und damit auf die Förderdaten: Druck, Volumen und Leistung, sehr gering ist. Daher konnte die Untersuchung zunächst auf z = 10, 12 und 14 Schaufeln begrenzt werden.

Die Richtigkeit dieser Entscheidung wird durch die auf Bild 5.33 dargestellten Meßergebnisse bestätigt. Abgesehen von geringfügigen Differenzen, die ihre Ursache hauptsächlich in Fertigungsungenauigkeiten haben, kann im folgenden davon ausgegangen werden, daß alle drei Stahlräder trotz unterschiedlicher Schaufelzahl praktisch die gleiche Charakteristik besitzen.

### 5.3.2 Schaufelzahl und Drehklangverhalten

Die Ergebnisse dieser Meßreihe sind in den Bildern 5.34 bis 5.39 aufgeführt. Sie stellen eine repräsentative Auswahl aus diesem Meßprogramm dar, wodurch ein recht guter Einblick in die Probleme der Schaufelzahlvariierung gewährleistet ist. Die Bilder 5.34 bis 5.36 zeigen die nichtnormierten Systemfrequenzgänge der 1. Harmonischen, die auf der Druck- und Saugseite des im Optimum arbeitenden Ventilators mit den Zungen N, A und B bei den Schaufelzahlen z = 10, 12 und 14 aufgenommen wurden. Auch hier ist ein deutliches Übergewicht der Tonpegel der Druckseite über diejenigen der Saugseite erkennbar, wenn man von einigen wenigen Ausnahmen absieht. Dieses für den extremen Langsamläufer radialer Bauart typische Erscheinungsbild wird auch durch die Schaufelzahl prinzipiell nicht verändert. Auffallend ist ferner, daß sich bei den Zungen A und B, also mit schlanker werdender Zunge, die "Unruhe" der Systemfrequenzgänge mit wachsender Schaufelzahl beträchtlich steigert, während dies bei der runderen Zunge N sich eher umgekehrt verhält.

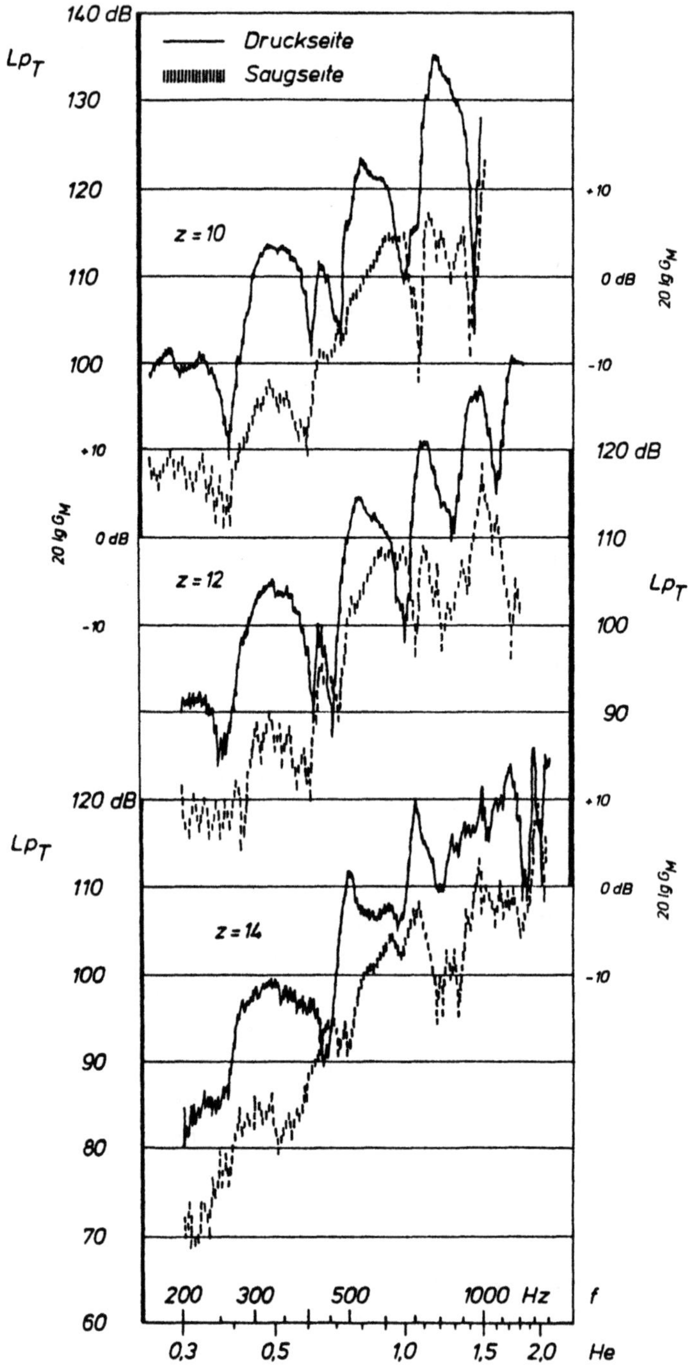


Bild 5.34: Nichtnormierte Systemfrequenzgänge der 1. Harmonischen, Stahl-Laufrad Ø 510, $\varphi = \varphi_{opt} = 0{,}026$, Zunge N

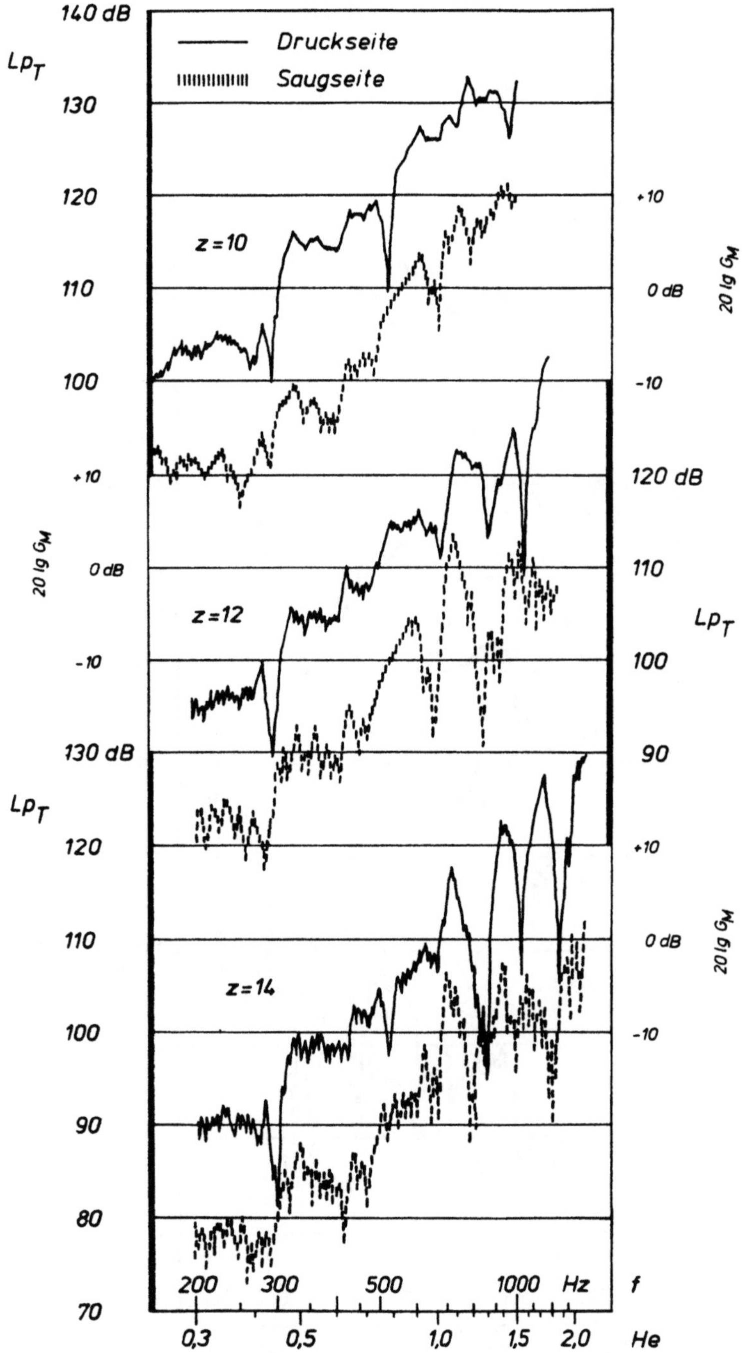


Bild 5.35: Nichtnormierte Systemfrequenzgänge der 1. Harmonischen Stahl-Laufrad Ø 510, $\varphi = \varphi_{opt} = 0{,}026$, Zunge A

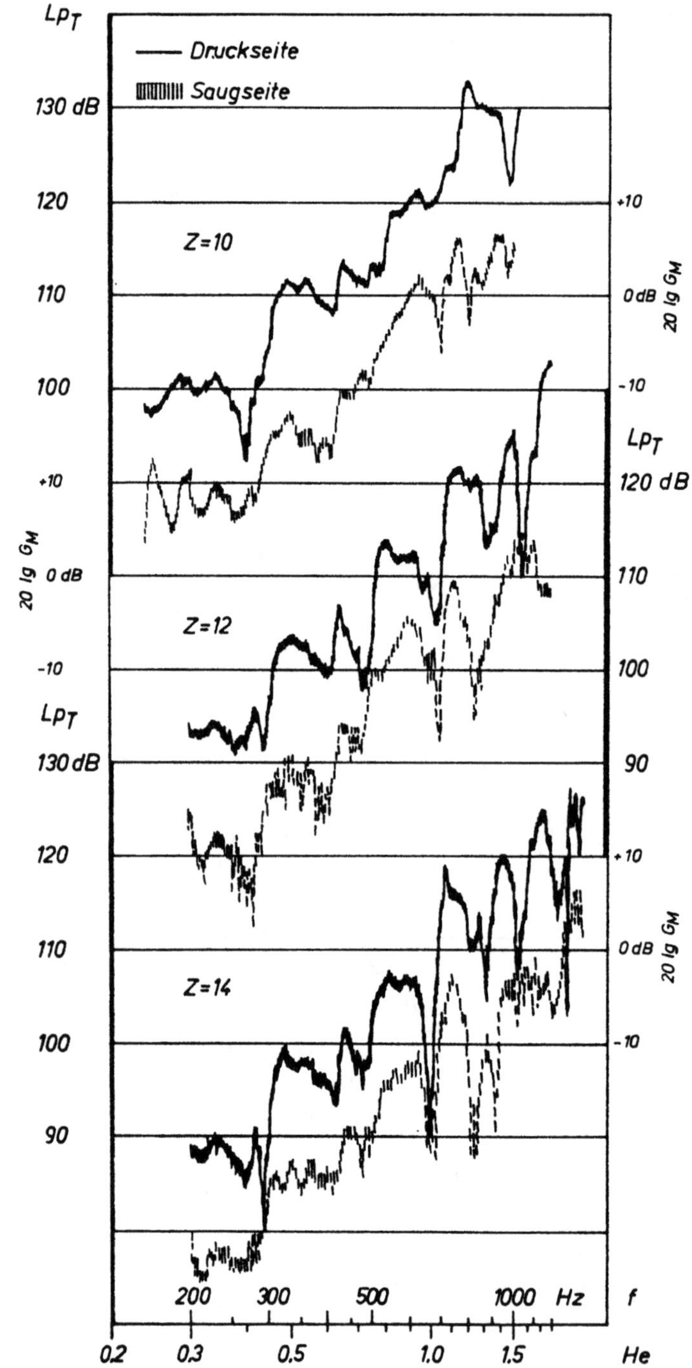


Bild 5.36: Nichtnormierte Systemfrequenzgänge der 1. Harmonischen, Stahl-Laufrad Ø 510, Bild 5.30, $\varphi = \varphi_{opt} = 0{,}026$, Zunge B

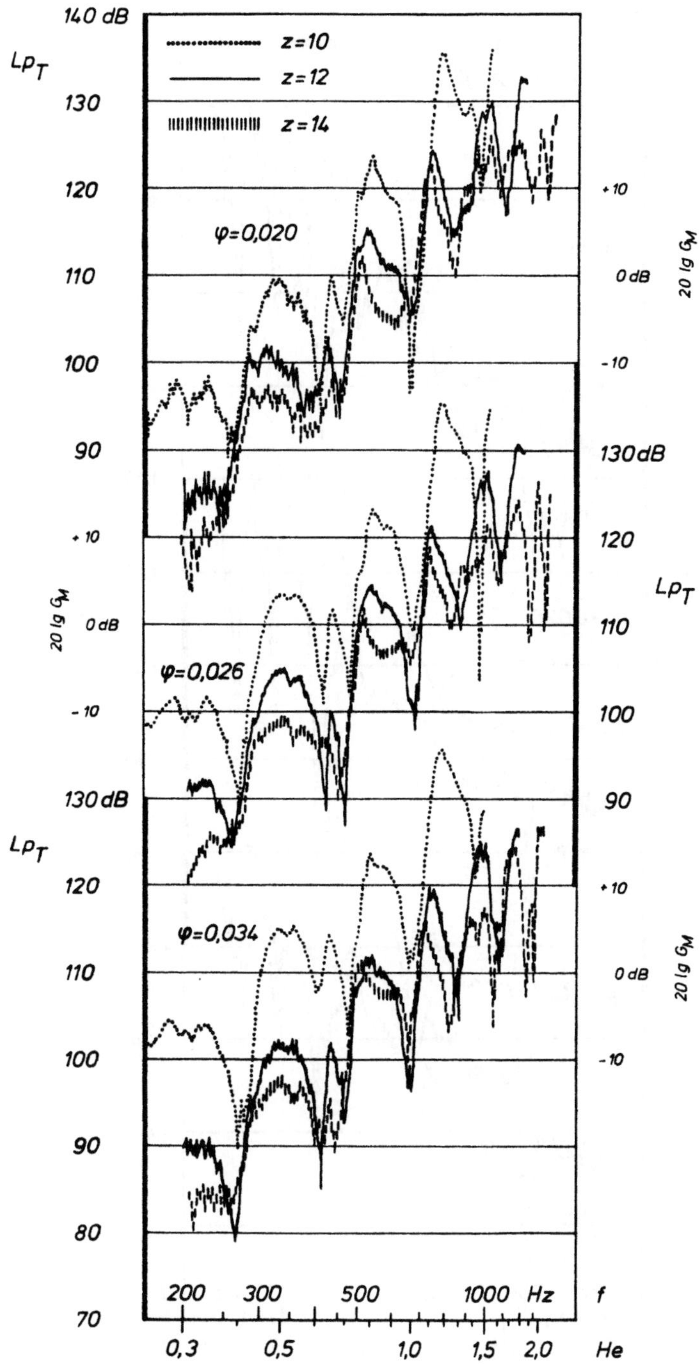


Bild 5.37: Nichtnormierte Systemfrequenzgänge der 1. Harmonischen, Stahl-Laufrad Ø 510, Bild 5.30, Zunge N, druckseitig gemessen

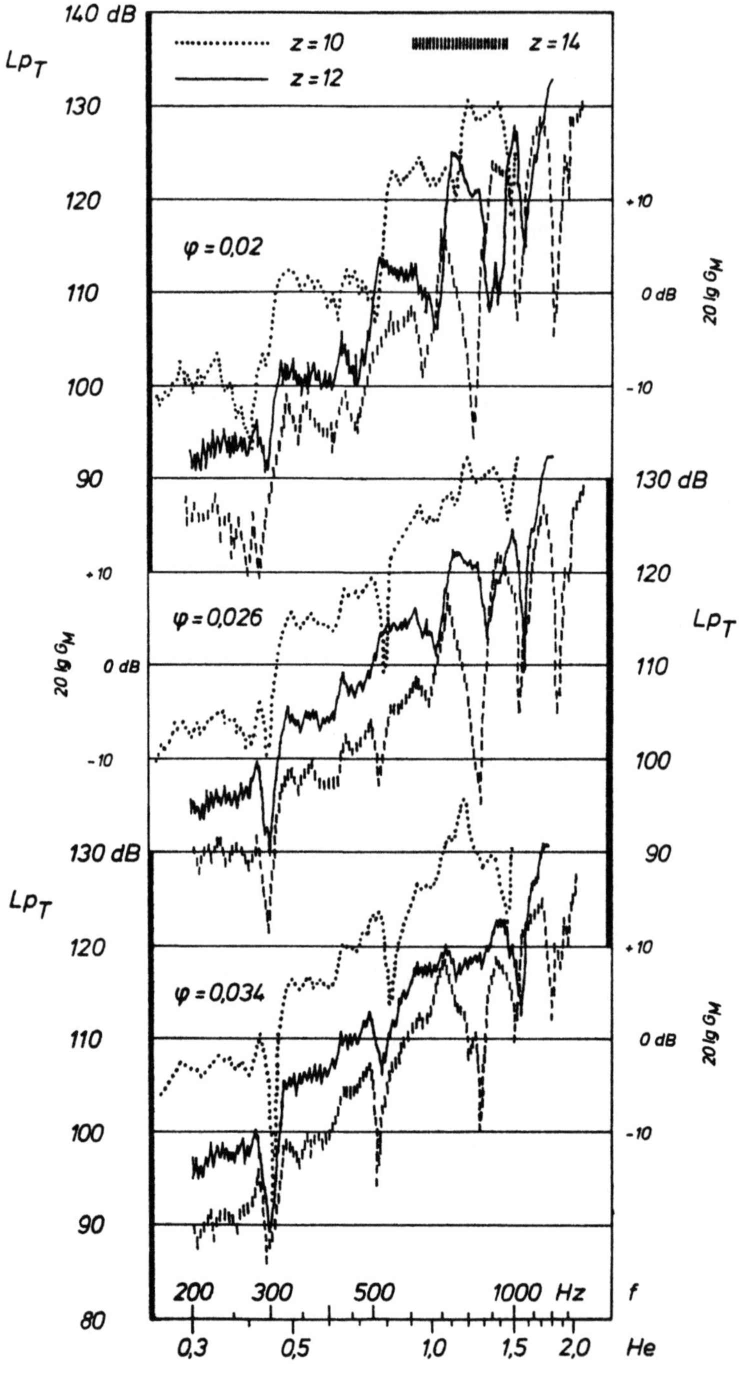


Bild 5.38: Nichtnormierte Systemfrequenzgänge der 1. Harmonischen, Stahl-Laufrad Ø 510, Bild 5.30, Zunge A, druckseitig gemessen

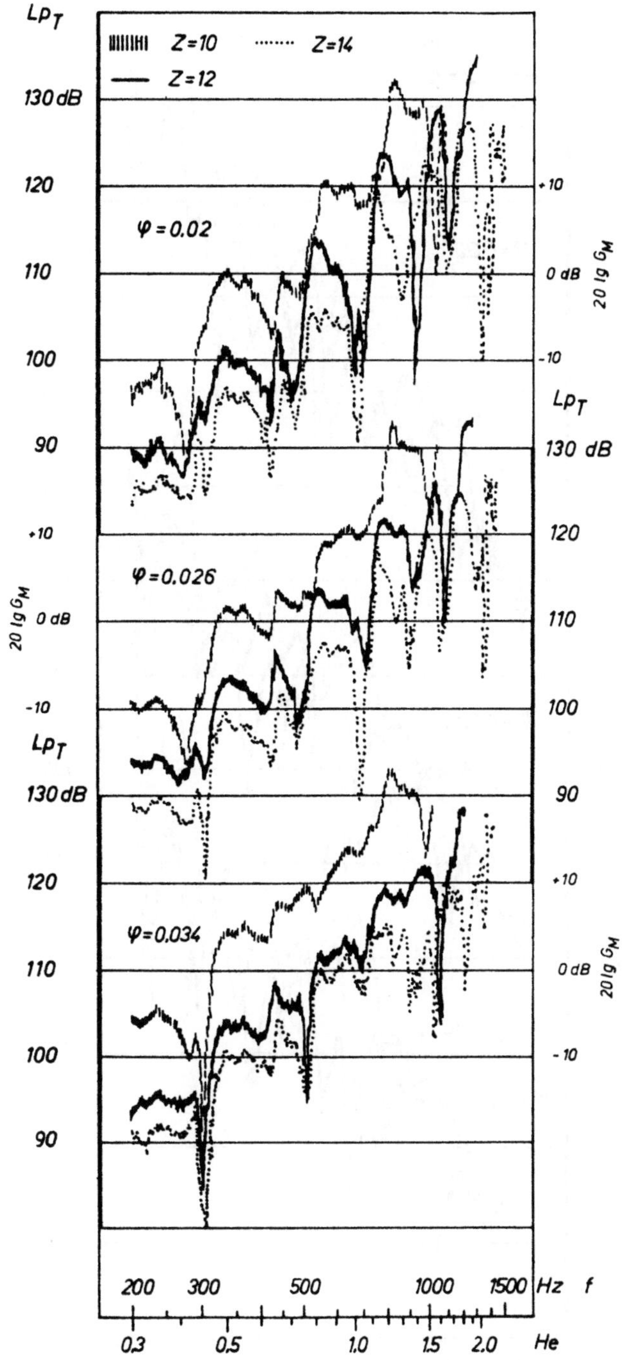


Bild 5.39: Nichtnormierte Systemfrequenzgänge der 1. Harmonischen Stahl-Laufrad Ø 510, Bild 5.30, druckseitig mit Zunge B gemessen

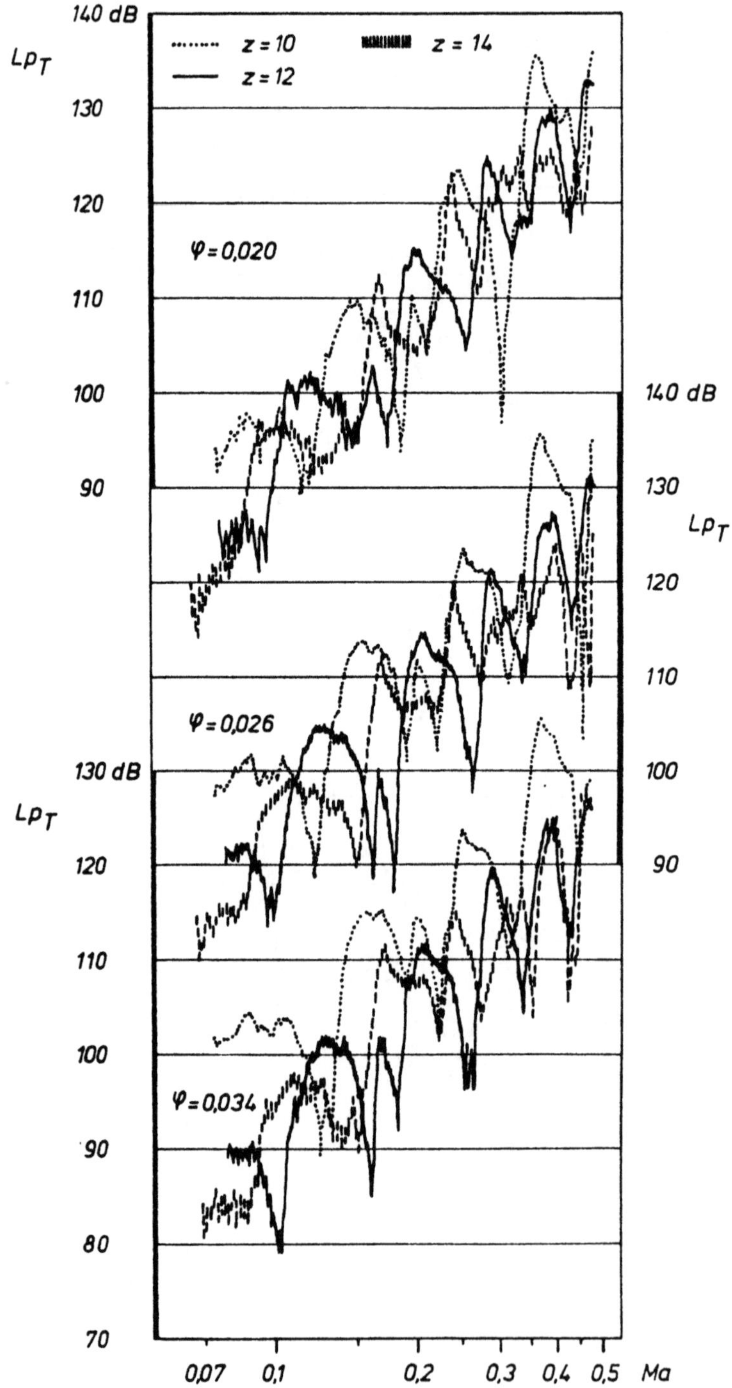


<u>Bild 5.40:</u> Schaufeltonpegel in Abhängigkeit von der Machzahl (1. Harmonische) Stahl-Laufrad Ø 510, Bild 5.30, Zunge N, druckseitig gemessen

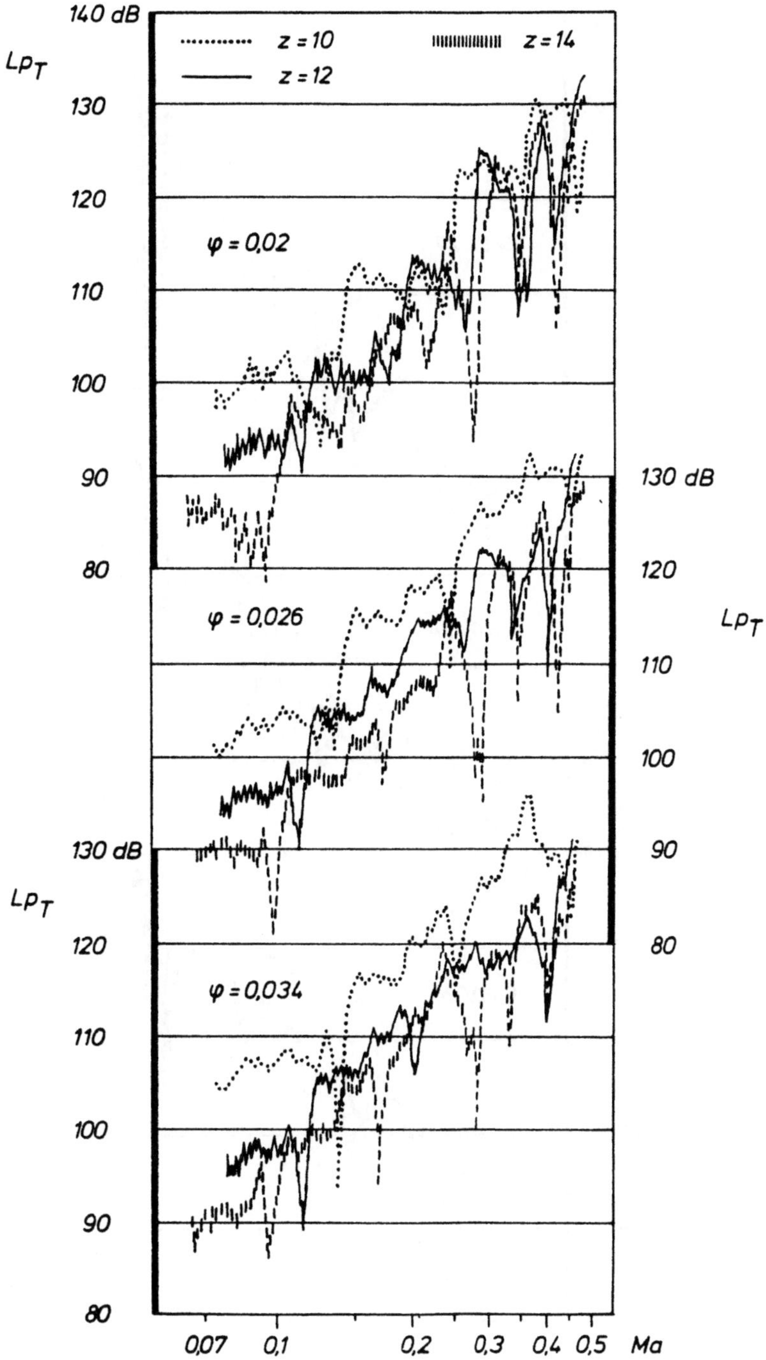


Bild 5.41: Schaufeltonpegel in Abhängigkeit von der Machzahl (1. Harmonische) Stahl-Laufrad Ø 510, Bild 5.30, Zunge A, druckseitig gemessen

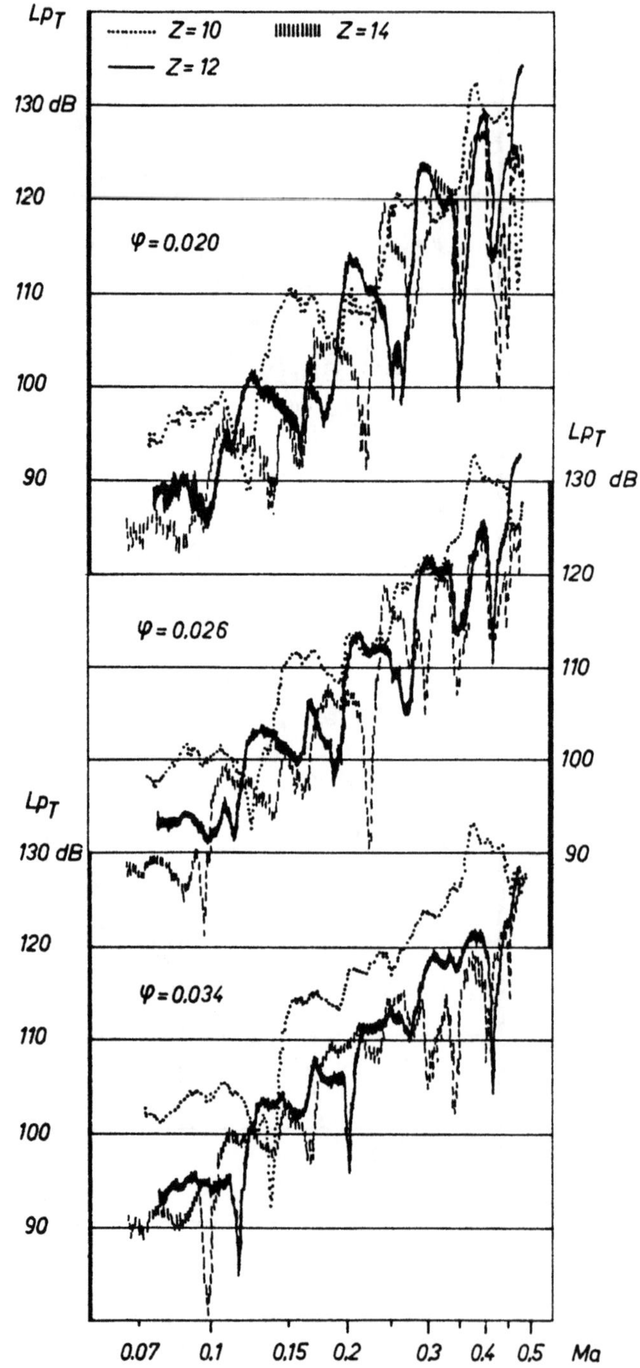


Bild 5.42: Schaufeltonpegel in Abhängigkeit von der Machzahl (1. Harmonische) Stahl-Laufrad Ø 510, Bild 5.30, druckseitig mit Zunge B gemessen

In den Bildern 5.37 bis 5.39 sind die Diagramme der Druckseite bei Teillast ($\varphi$ = 0,02), Normallast ($\varphi$ = 0,026) und Überlast ($\varphi$ = 0,034) enthalten. Bei ihrer Betrachtung fällt besonders ins Gewicht, daß die durchschnittliche Tonpegelhöhe unabhängig von der Verstimmung der Frequenzmuster durch die Zungenform bzw. Drosselung mit zunehmender Schaufelzahl abnimmt. Diese Pegelminderung, die in einzelnen Frequenzbereichen beträchtliche Werte annimmt, ist beim Übergang von 10 auf 12 Schaufeln durchschnittlich größer als bei einem Übergang von 12 auf 14 Schaufeln. Hier besteht völliger Einklang mit der in Bild 5.33 festgestellten Unabhängigkeit des im Rad stattfindenden Energieaustausches von der Schaufelzahl im Bereiche z = 10 bis 14, wobei sich der Schalldruck durch die Verkleinerung des hydrostatischen Druckes von der Schaufelsaugseite zur Schaufeldruckseite ebenfalls verkleinert. Die wenigen Ausnahmen von dieser Regel, die aus einzelnen Diagrammen zu ersehen sind, dürften auf hohlraumspezifische Resonanzeffekte im Ventilator zurückzuführen sein, die offenbar beim untersuchten Langsamläufer als besonders kompliziert in Erscheinung treten. Interessant ist in diesem Zusammenhang, daß sich der mittlere Pegelgradient der einzelnen Systemfrequenzgänge nur wenig innerhalb des untersuchten Schaufelzahlbereiches ändert, was aber keineswegs auf eine Unabhängigkeit des Quellen-Charakters von z hindeutet, wie später noch gezeigt wird.

Bisher wurden nur solche Tonpegeldiagramme aufgezeigt, die in Anlehnung an das Produktgesetz Gl.(3.10) ausschließlich über der Schaufelfrequenz bzw. Helmholtzzahl aufgetragen wurden. Da jedoch die Ergebnisse gezeigt haben, daß durchaus nicht von vornherein festliegt, ob für einen bestimmten Bedarfsfall die größere Schaufelzahl auch die lärmärmere ist, war es zweckmäßig, die Schaufeltonpegel über der Machzahl aufzutragen, um im Hinblick auf die Aufgabenstellung eine bequemere drehklangmindernde Schaufelzahlauswahl vornehmen zu können.

Die Verknüpfung von Machzahl und Helmholtzzahl nach der Beziehung

$$Ma = \frac{\pi}{z} H^{-1} He \qquad (5.1)$$

gab das Maß an, um das die nichtnormierten Frequenzgänge in den Bildern 5.37 bis 5.39 horizontal gegeneinander zu verschieben waren. Die Bilder 5.40 bis 5.42 geben das Ergebnis dieser Koordinatentransformation wider. Man erhält nach Ausrechnung der Machzahl mit der bekannten Bemessungsbeziehung

$$Ma = \frac{1}{a} \cdot \sqrt{\frac{2y_t}{\psi}} \qquad (5.2)$$

sofort einen Überblick darüber, welche von den drei untersuchten Schaufelzahlen im Zusammenhang mit der jeweiligen Gehäusezunge den geringsten Drehklanglärm erzeugt.

Zur Erläuterung sei aus Bild 5.42 der auf Bild 5.43 vergrößert dargestellte Auszug herausgegriffen, wonach sich beispielsweise für Ma = 0,33 bzw. 0,405 mit Zunge B die folgenden günstigsten Schaufelzahlen ergeben:

Ma = 0,33: Das bei dieser Machzahl mit 112 m/s umlaufende Rad erhält zweckmäßig z = 14 Schaufeln.

| Pegeldifferenz gegenüber | 10 | 12 Schaufeln |
|---|---|---|
| Teillast ($\varphi$ = 0,02) | 0 | 0 dB |
| Normallast ($\varphi$ = 0,026) | - 4 | -1,5 dB |
| Überlast ($\varphi$ = 0,034) | -16 | - 8 dB |

Ma = 0,405: Für das gleiche, diesmal jedoch mit 137,7 m/s umlaufende Rad ist z = 12 zu wählen.

| Pegeldifferenz gegenüber | 10 | 14 Schaufeln |
|---|---|---|
| Teillast ($\varphi$ = 0,02) | - 8 | + 1 dB |
| Normallast ($\varphi$ = 0,026) | -10 | + 1 dB |
| Überlast ($\varphi$ = 0,034) | -23 | -12 dB |

Die günstigste Schaufelzahl ist demnach nicht nur von der Machzahl, d.h. der Umfangsgeschwindigkeit des Laufrades, sondern auch vom Drosselpunkt und, wie aus den Bildern 5.41 und 5.43 zu ersehen, von der Gehäusezunge abhängig. Dieses Beispiel genügt zunächst, um aufzuzeigen, welche Bedeutung der Schaufelzahl bei der Bekämpfung des Drehklanglärms zukommt. Weitere Ergebnisse werden ausführlich im Abschnitt 6.3 behandelt.

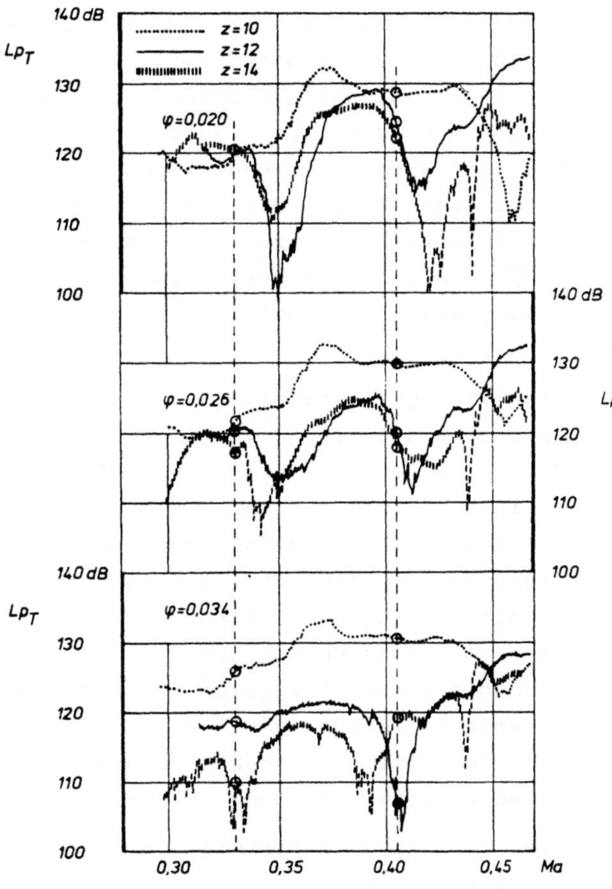


Bild 5.43: Schaufelgrundtonpegel in Abhängigkeit von der Machzahl (Auszug aus Bild 5.42)

## 6.0 Die praktische Anwendung der gewonnenen Erkenntnisse

Die im Abschnitt 5 aufgeführten umfangreichen Versuchsergebnisse geben über das Drehklangverhalten des nach Zungenform, Zungenabstand bzw. Laufschaufeldurchmesser und Schaufelzahl geänderten Ventilators viele Aufschlüsse. Erstaunlich ist vor allem, daß mit an sich geringfügigen konstruktiven Änderungen, die lediglich am Laufradaustritt und an der Gehäusezunge vorgenommen wurden, der Drehklanglärm entscheidend beeinflußt werden konnte.

Es soll nun aufgezeigt werden, wie die Bemessung des unter Betriebsbedingungen arbeitenden Ventilators im Hinblick auf eine möglichst geringe Drehklangentwicklung vorzunehmen ist. Um dabei zielsicher vorgehen zu können, war es notwendig, vergrößerte Ausschnitte aus dem hauptsächlich interessierenden Frequenzbereich zwischen 800 und 1200 Hz der Systemfrequenzgänge herauszustellen und außerdem die $\varphi$ -Abhängigkeit der Tonpegelstärke in diesem Bereich bei jeweils konstanter Drehzahl genauer zu untersuchen.

Neben einer Reihe wichtiger Umrechnungs- und Vergleichsdiagramme wurden auch die in den Bildern 6.12 und 6.13 dargestellten "Tonpegel-Gebirge" bzw. deren "Topographien" erarbeitet, die einen besonders interessanten Einblick in das Resonanzverhalten des Schaufelgrundtones vor und nach der Umänderung des Ventilators, im folgenden als "Originalventilator" und "Bestventilator" bezeichnet, gewähren. Auf eine Untersuchung der Schaufelzahl des Bestventilators konnte zunächst verzichtet werden, weil die Steigerung seiner Schnelläufigkeit mit z = 12 Schaufeln in Verbindung mit der Zungenänderung genügte, das gesteckte Forschungsziel voll und ganz zu erreichen.

Schließlich wurden die Versuchsergebnisse noch nach ähnlichkeitstheoretischen Gesichtpunkten ausgewertet und sogenannte "Drehklang-Kennkarten" erstellt, Bilder 6.16 bis 6.24, die eine allgemeinere Beurteilung des

Drehklangverhaltens gestatten. Dabei stellte sich heraus, daß die Untersuchung der Schaufelzahl des Bestventilators doch noch notwendig war, um im Zusammenspiel mit der Zungenform eine Aussage über den Einfluß dieser Konstruktionsmerkmale auf den Flußquellen- bzw. Impulsquellenanteil, der sich im Hauptquellgebiet zwischen Laufradaustritt und Gehäusezunge besonders stark bemerkbar macht, zu erhalten.

## 6.1 Lärmminderung an dem unter Betriebsbedingungen arbeitenden Ventilator

Der mit den Daten der Kreuzspulmaschine betriebene Originalventilator (Bilder 2.1 und 2.2) hat mit $n = 5000\ min^{-1}$ und $z = 12$ Schaufeln eine Schaufelgrundtonfrequenz von $f = 1000$ Hz. Demzufolge liegt,

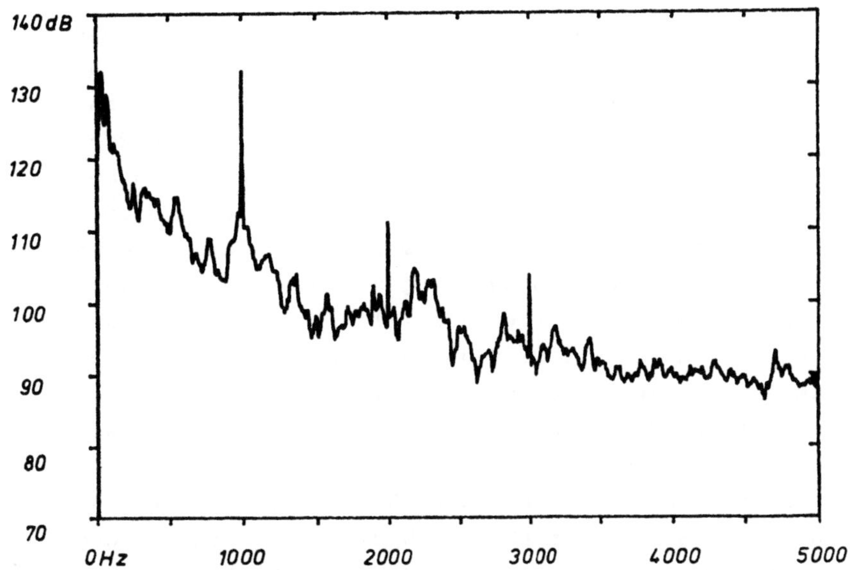


Bild 6.1: Schmalbandspektrum des unter Betriebsbedingungen arbeitenden Originalventilators, Bild 2.1 u. 2.2, $\Delta f = 5$ Hz, $z = 12$, $n = 5000\ min^{-1}$, $\varphi = \varphi_{opt} = 0{,}026$, druckseitig gemessen

wie aus Bild 5.3 ersichtlich, der "akustische Betriebspunkt" auf einem Resonanzgipfel des Systemfrequenzganges, dessen Tonpegelmaxiumum 132 dB beträgt. Ein für diesen Betriebspunkt aufgenommenes Schmalbandspektrum zeigt Bild 6.1. Man erkennt daraus die sehr deutlich aus dem Rauschen hervortretenden Drehklangkomponenten. Außer der 1. Harmonischen, die den Gesamtschalldruck im wesentlichen bestimmt, sind noch die 2. und 3. Harmonische erkennbar, die aber gegenüber der 1. Harmonischen von wesentlich geringerer Intensität und damit von sekundärer Bedeutung sind.

Mit den gewonnenen Erfahrungen sollen nun die wichtigsten Bemessungsparameter des Ventilators: Raddurchmesser, Drehzahl und Zungenform, neu bestimmt werden. In Bild 6.2 ist ein vergrößerter Ausschnitt aus den in Frage kommenden nichtnormierten Systemfrequenzgängen dargestellt. Wie daraus zu entnehmen ist, zeigen die Systemfrequenzgänge aller nach dem Durchmesser abgestuften Laufräder, die mit den Zungen N, A und B erhalten wurden, im Betriebspunkt f = 1000 Hz ein Resonanzmaximum, dessen Gipfelhöhe bei der Zunge N am größten ist. Des weiteren lassen die Aufzeichnungen erkennen, daß sich mit den Zungen A und B rechts vom Gipfel ein weitaus tieferes Tal als mit der Normalzunge N ausbildet. Wird nun der Ventilator, wie üblich, im Optimum ausgelegt oder arbeitet er im Teillastgebiet, so ist nur das rechts vom Gipfel liegende Tal, das ausschließlich über eine Drehzahlsteigerung erreicht werden kann, von praktischer Bedeutung. Mit Erhöhung der Drehzahl steigt aber auch die Strömungsleistung und somit die Antriebsleistung. Die ursprünglich vorhandene Leistung kann jedoch nach der vorgenommenen Drehzahlsteigerung nur durch eine Verkleinerung des Raddurchmessers wiedererhalten und damit eine Überlastung des Antriebsmotors vermieden werden. Mit Bild 6.3 ist

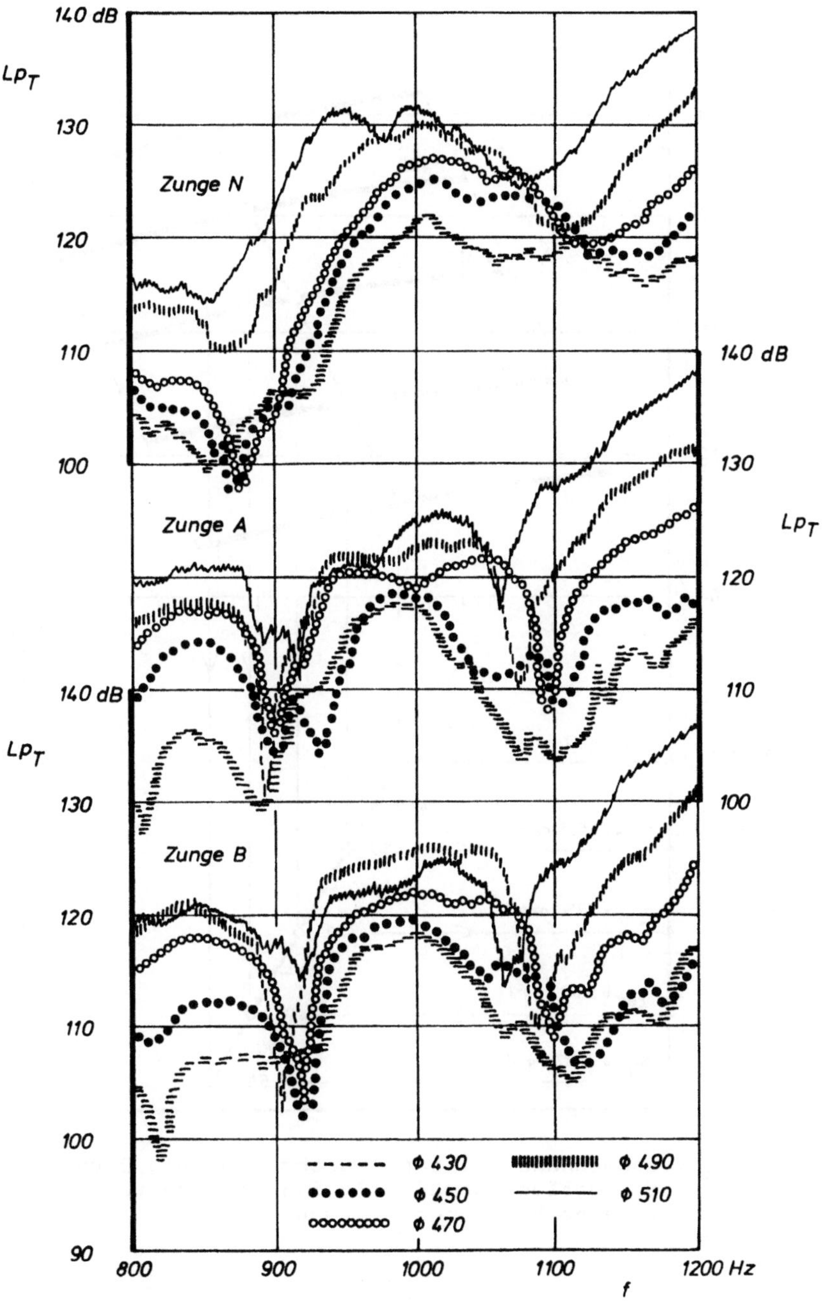


Bild 6.2: Ausschnitt aus den Bildern 5.27, 5.28 bzw. 5.29, Einfluß von Raddurchmesser, Zungenabstand und Zungenform auf den nichtnormierten Systemfrequenzgang der Laufräder gemäß Bild 5.1 ( $\sigma = \sigma_{opt}$ )

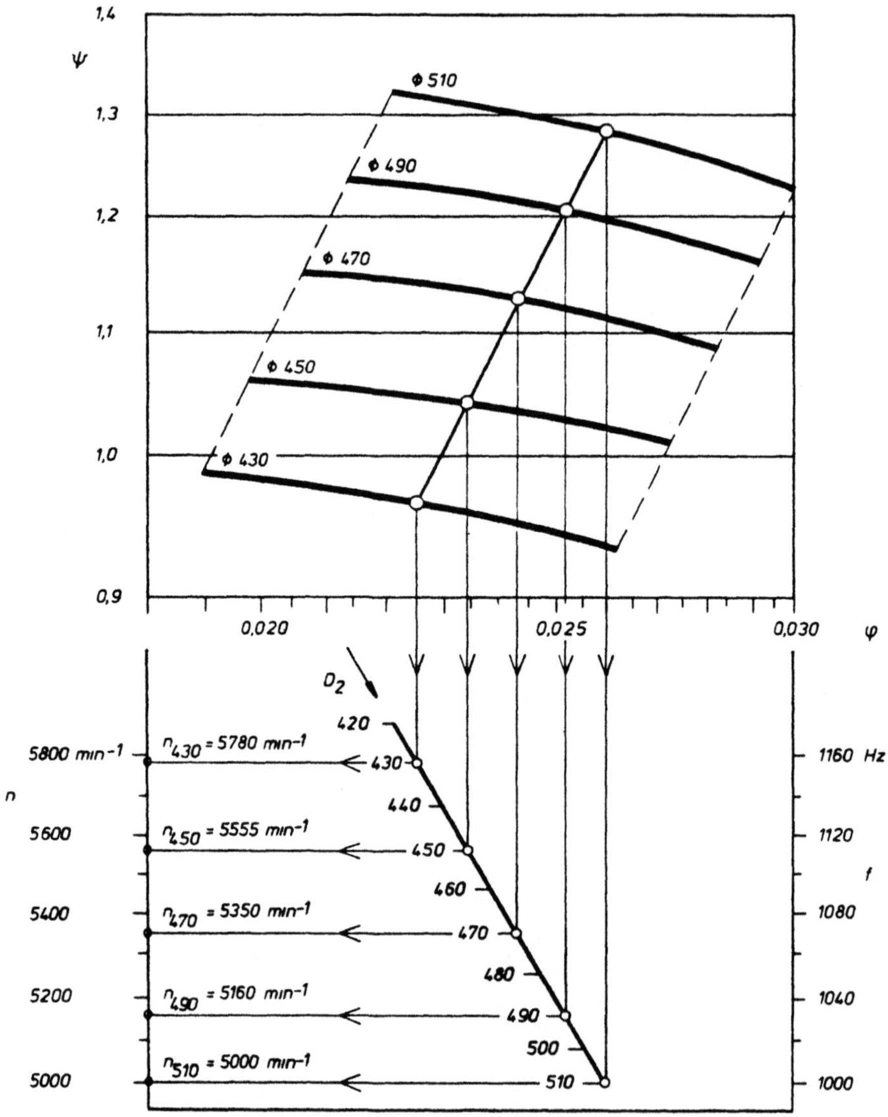


Bild 6.3: Zusammenhang zwischen Durchmesser und Drehzahl der Laufräder gemäß Bild 5.1 bei konstanter optimaler Strömungsleistung

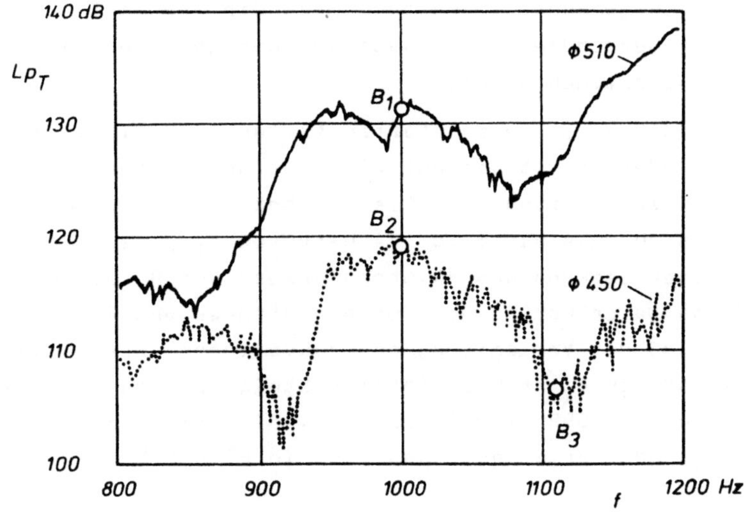


Bild 6.4: Akustische Betriebspunkte vor und nach Änderung des Ventilators, Auszug aus Bild 6.2

$B_1$, Originalventilator n = 5000 $min^{-1}$
$B_3$, Bestventilator n = 5555 $min^{-1}$

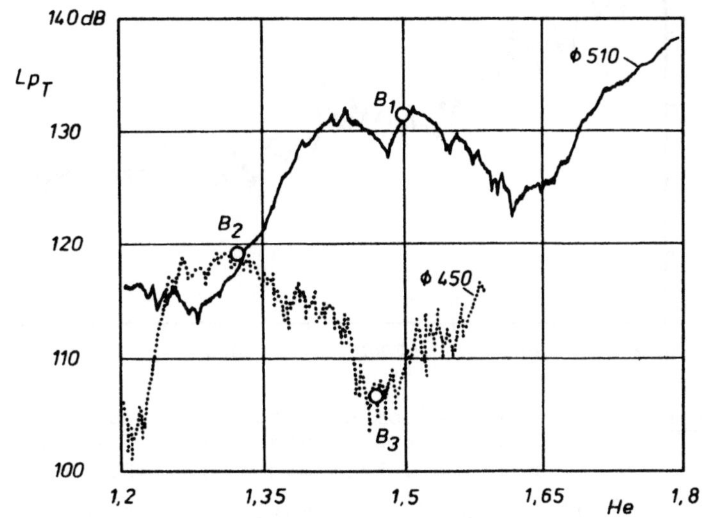


ild 6.5: Nichtnormierte Systemfrequenzgänge gemäß Bild 6.4 über He aufgetragen

kenntlich gemacht, in welchem Maße die Drehzahl mit kleiner werdendem Durchmesser bei der geforderten Leistung zuzunehmen hat.

Aus Bild 6.2 ist leicht festzustellen, daß die größte Pegelminderung mit dem auf 450 mm eingedrehten Rad und Zunge B zu erwarten ist. Sie beträgt etwa 22 dB und setzt sich, wie aus Bild 6.4 hervorgeht, je zur Hälfte aus einer Senkung des "Gipfelniveaus" von $B_1$ auf $B_2$ infolge Vergrößerung des Zungenabstandes von 40 auf 70 mm und der Verlagerung des "akustischen Betriebspunktes" von $B_2$ nach $B_3$ infolge Steigerung der Drehzahl von 5000 auf 5555 $min^{-1}$ zusammen. Die erzielte Verbesserung, über He aufgetragen, ist in Bild 6.5 dargestellt.

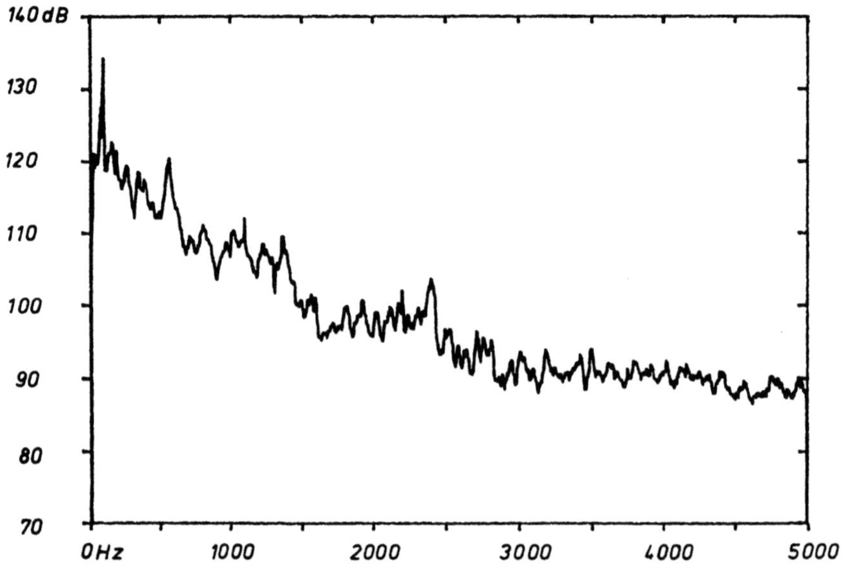


Bild 6.6: Schmalbandspektrum des unter Betriebsbedingungen arbeitenden Bestventilators, Bild 5.1, $\Delta f = 5$ Hz, $D_2 = 450$ mm, $n = 5555\ min^{-1}$, $z = 12$, Zunge B, $\varphi = \varphi_{opt} = 0{,}034$, druckseitig gemessen

Man sieht, wie Gipfel und Tal bei konstantem He regelrecht miteinander "vertauscht" wurden. Dieses Ergebnis wird auch durch das Schmalbandspektrum in Bild 6.6 bestätigt, aus dem hervorgeht, daß die diskreten Drehklangkomponenten jetzt kaum noch zu erkennen sind. Selbst das Rauschspektrum hat sich, wie ein Vergleich mit Bild 6.1 deutlich macht, trotz Drehzahlsteigerung nicht nennenswert verändert.

Die Tonpegelminderungen haben zunächst nur für den im Bestpunkt arbeitenden Ventilator Gültigkeit. Da dieser jedoch in seiner Anlage je nach Belastung auch außerhalb des Optimums arbeitet, war es wegen der mehr oder minder starken $\varphi$-Abhängigkeit der Systemfrequenzgänge notwendig, eine Tonpegelaufzeichnung auch bei konstanter Drehzahl und kontinuierlicher Drosselung vorzunehmen.

Die Aufzeichnungen wurden nach dem in Abschnitt 4.8.5 entwickelten Verfahren vorgenommen. Um zunächst einmal einen groben Überblick zu gewinnen, ist die $\varphi$-Abhängigkeit bei der jeweils erforderlichen Betriebsdrehzahl sowie bei einer etwas höheren und niedrigeren Ventilatordrehzahl gemessen worden. Dabei wurden, um in der abschließenden Beurteilung der Meßergebnisse ganz sicher zu sein, nochmals sämtliche Zungen in die Untersuchung einbezogen. Die Bilder 6.7 bis 6.10 zeigen sehr deutlich den enormen Einfluß, den allein die Zungenform auf die über $\varphi$ aufgetragenen Tonpegelkurven ausübt. Vor allem ist bemerkenswert, daß die runde Zunge N fast über den gesamten Kennfeldbereich einen mit wachsender Durchflußzahl $\varphi$ leicht abnehmenden und beinahe monoton zu bezeichnenden Pegelverlauf aufweist, während die Tonpegelkurven bei den schlankeren Zungen A und B zunächst steiler bis auf ein Minimum abfallen, um dann wieder bis auf das Pegelniveau von Zunge N anzusteigen. Beim Originalventilator tritt sogar, wie in Bild 6.7 bzw. 6.8 ersichtlich, mit Zunge A bzw. B ein relativ

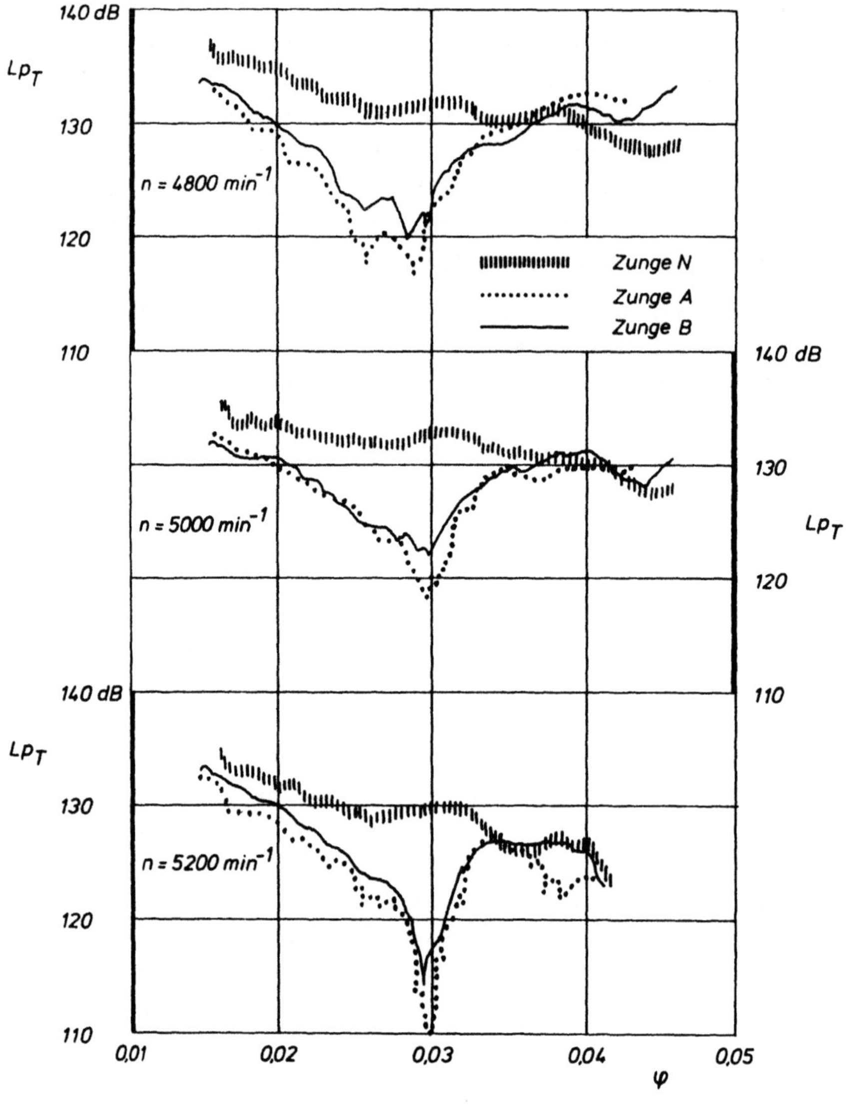


Bild 6.7: Schaufeltonpegel der 1. Harmonischen in Abhängigkeit von der Lieferzahl φ Alu-Laufrad Ø 510, Bild 2.1, druckseitig gemessen.
- Zungenvergleich -

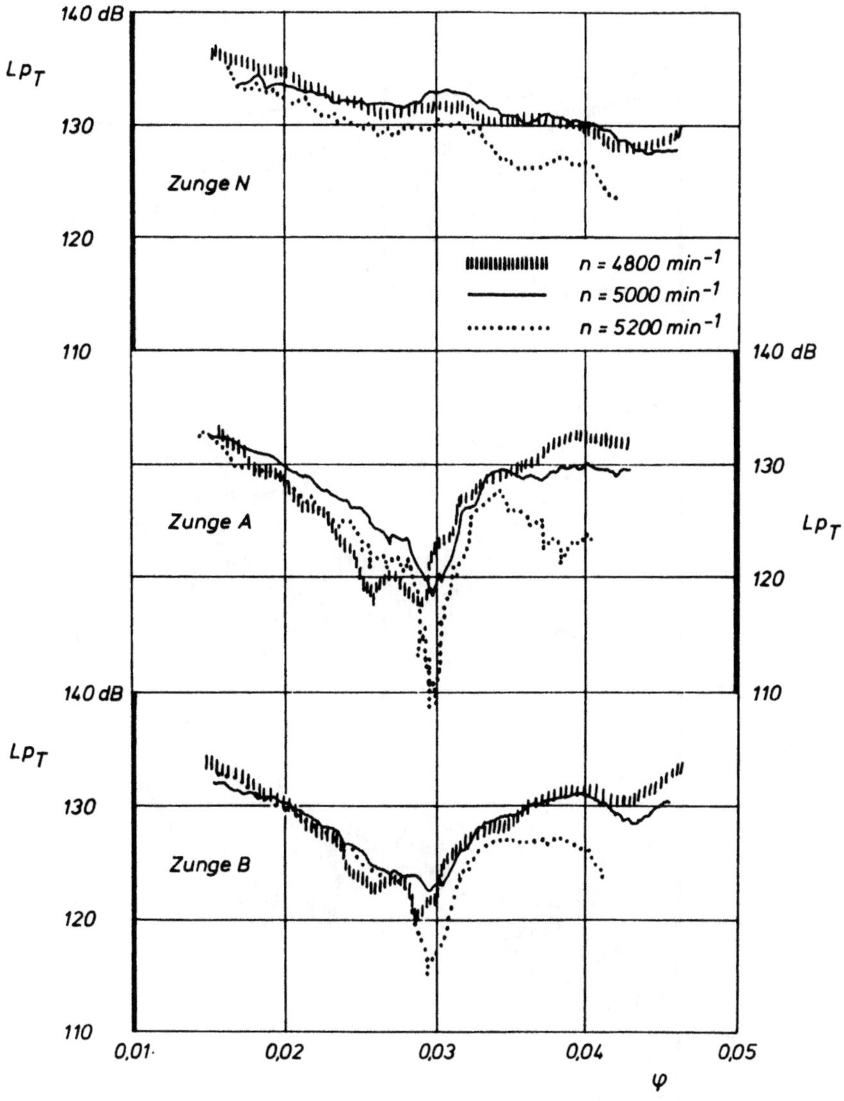


Bild 6.8: Schaufeltonpegel der 1. Harmonischen in Abhängigkeit von der Lieferzahl $\varphi$ Alu-Laufrad Ø 510, Bild 2.1, druckseitig gemessen - Drehzahlvergleich -

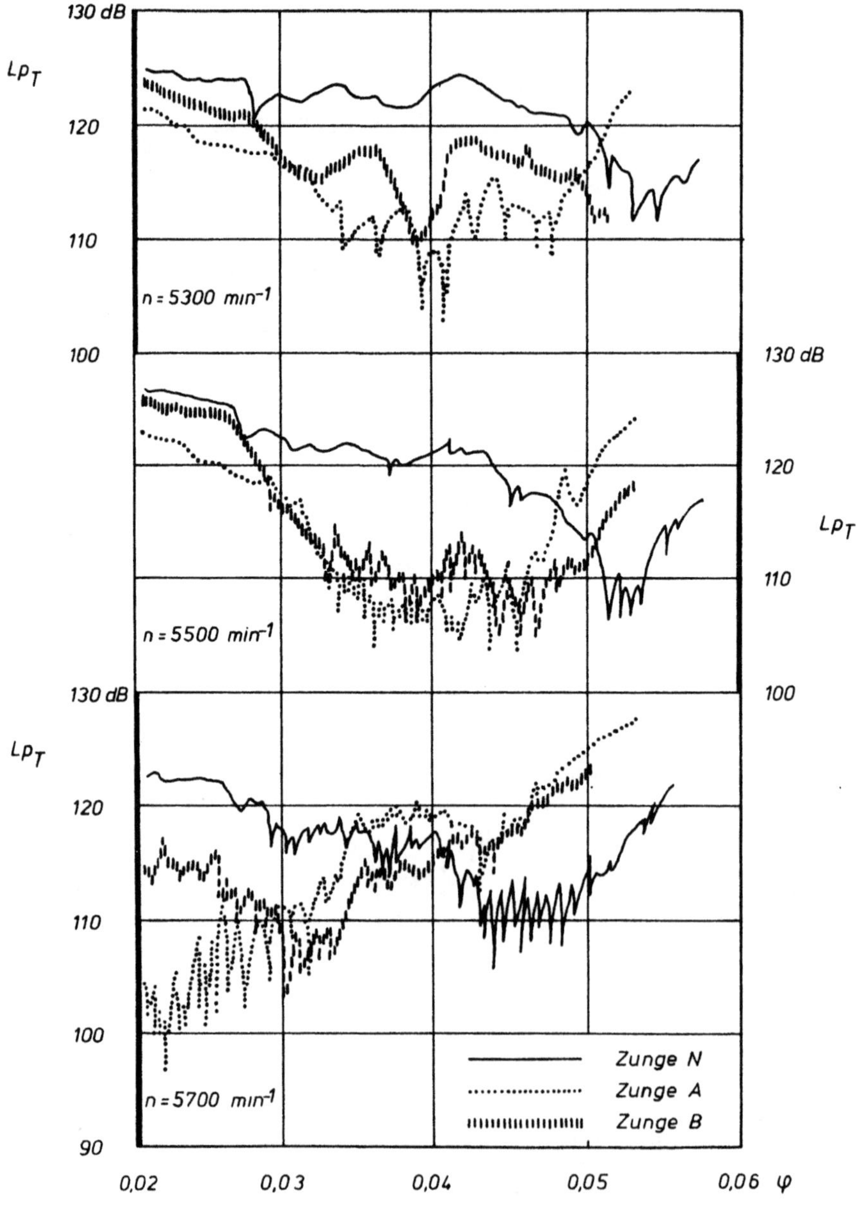


Bild 6.9: Schaufeltonpegel der 1. Harmonischen in Abhängigkeit von der Lieferzahl $\varphi$, Alu-Laufrad Ø 450, Bild 5.1, druckseitig gemessen - Zungenvergleich -

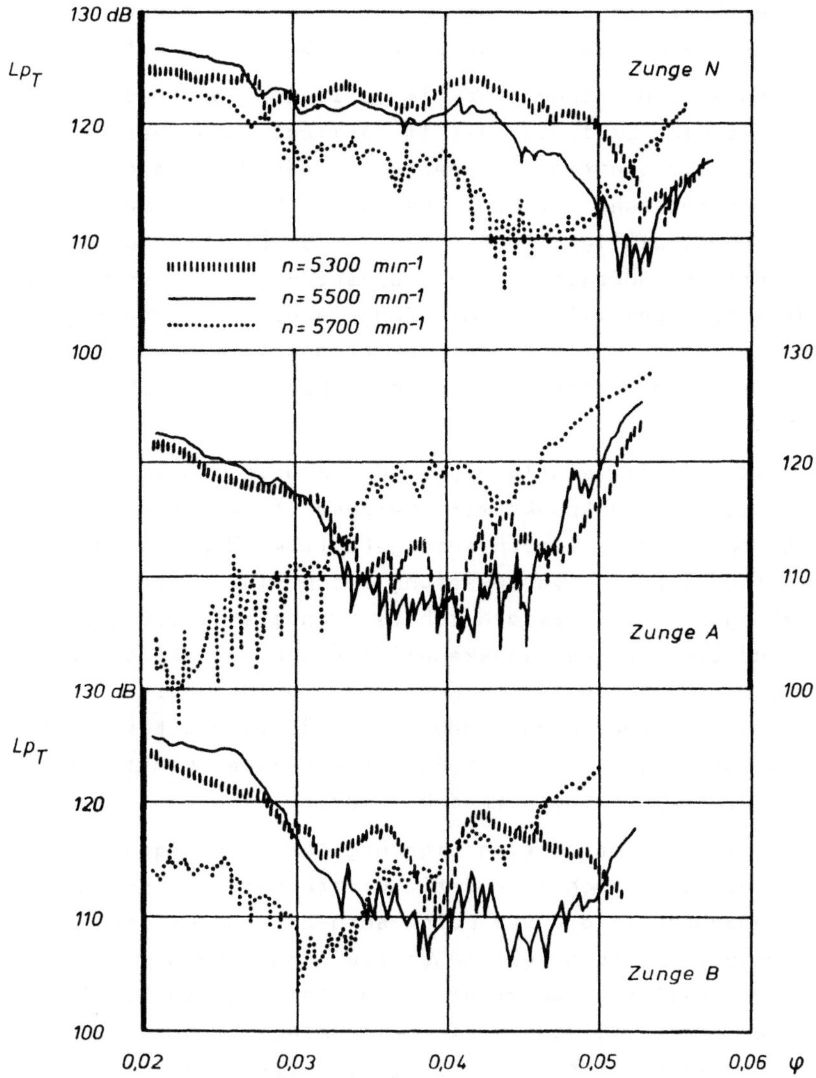


<u>Bild 6.10:</u> Schaufeltonpegel der 1. Harmonischen in Abhängigkeit von der Lieferzahl $\varphi$ Alu-Laufrad Ø 450, Bild 5.1, druckseitig gemessen, Drehzahlvergleich

starker Pegeleinbruch etwa in der Mitte des Kennfeldes innerhalb eines sehr engen Durchflußbereiches auf.

Während also die Zungenform im optimalen Kennfeldbereich den Ausschlag gibt, ist das im Teillast- und Überlastgebiet, wo das optimale Arbeitsfeld des Ventilators endet, nicht mehr der Fall. Lediglich beim Bestventilator sind, wie in Bild 6.9 bzw. 6.10 für $n = 5700\ min^{-1}$ erkenntlich, Abweichungen von dieser Regel zu beobachten. Hier werden bei Teillast mit Zunge A die besseren Ergebnisse erzielt. Das ist aber insofern ohne Bedeutung, als das Bestrad mit einer kleineren Drehzahl $n = 5555\ min^{-1}$ betrieben wird.

In Bild 6.11 ist ein Tonpegel- und Kennlinienvergleich der beiden im Bestpunkt mit gleicher Strömungsleistung arbeitenden Ventilatoren durchgeführt worden, der deutlich macht, welche Verbesserung durch die konstruktiven Änderungen erzielt werden konnte. Man sieht, daß bei annähernd gleichen Betriebskennlinien die Pegelminderung nicht nur im Bestpunkt, sondern nach beiden Seiten weit über diesen Punkt hinaus wenigstens 20 dB beträgt. Erst bei relativ kleinen und großen Fördermengen nimmt dieser Wert ab, beträgt aber dennoch 10 dB.

Ferner ist in der näheren Umgebung der jeweiligen Betriebsdrehzahl noch eine Serie nichtnormierter Systemfrequenzgänge in dichter Folge aufgenommen und daraus das jeweilige "Schaufelton-Gebirge" und dessen "Topographie" für den Originalventilator (Bild 6.12) und den Bestventilator (Bild 6.13) erstellt worden. In der topographischen Darstellung sind die Orte gleicher Tonpegel, die von der 1. Harmonischen aufgenommen wurden, durch eingetragene Linien markiert. Die Zahlenwerte an diesen Linien bedeuten das jeweilige Pegelniveau in dB und der eingetragene Punkt B bezeichnet den optimalen Betriebspunkt des Ventilators. Die topographische Aufnahme der Tonpegel hat den nicht zu unterschätzenden

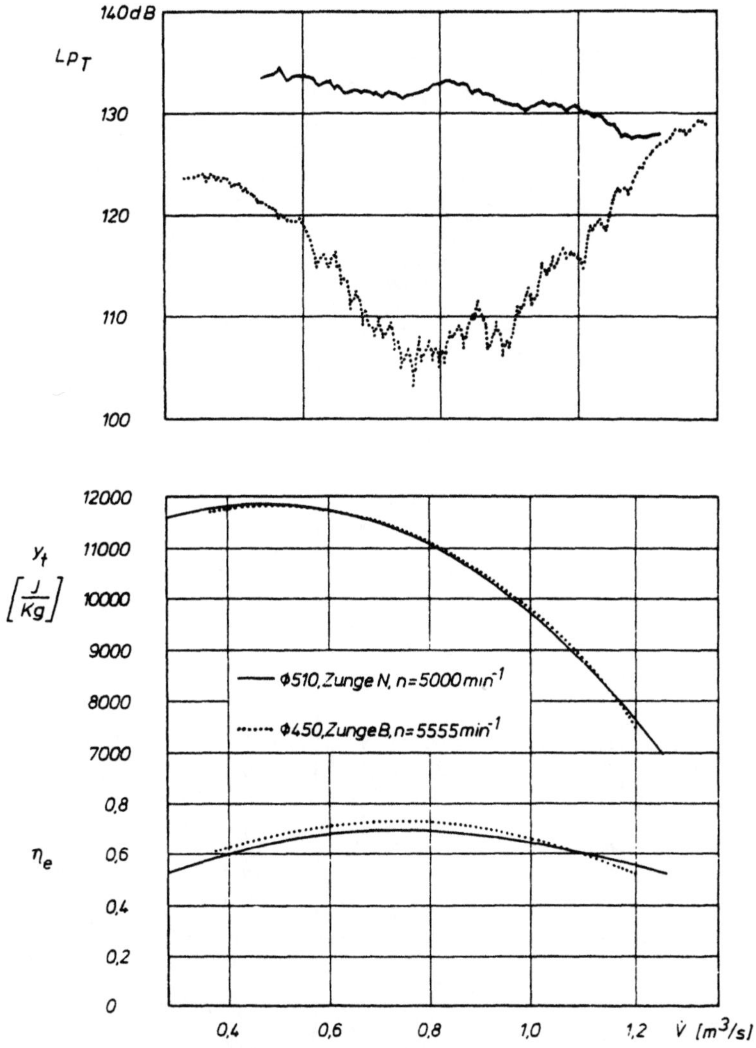


Bild 6.11: Tonpegel- und Kennlinienvergleich für gleiche Strömungsleistung im Bestpunkt
Originalventilator $D_2$ = 510 mm, Zunge N
Bestventilator $D_2$ = 450 mm, Zunge B

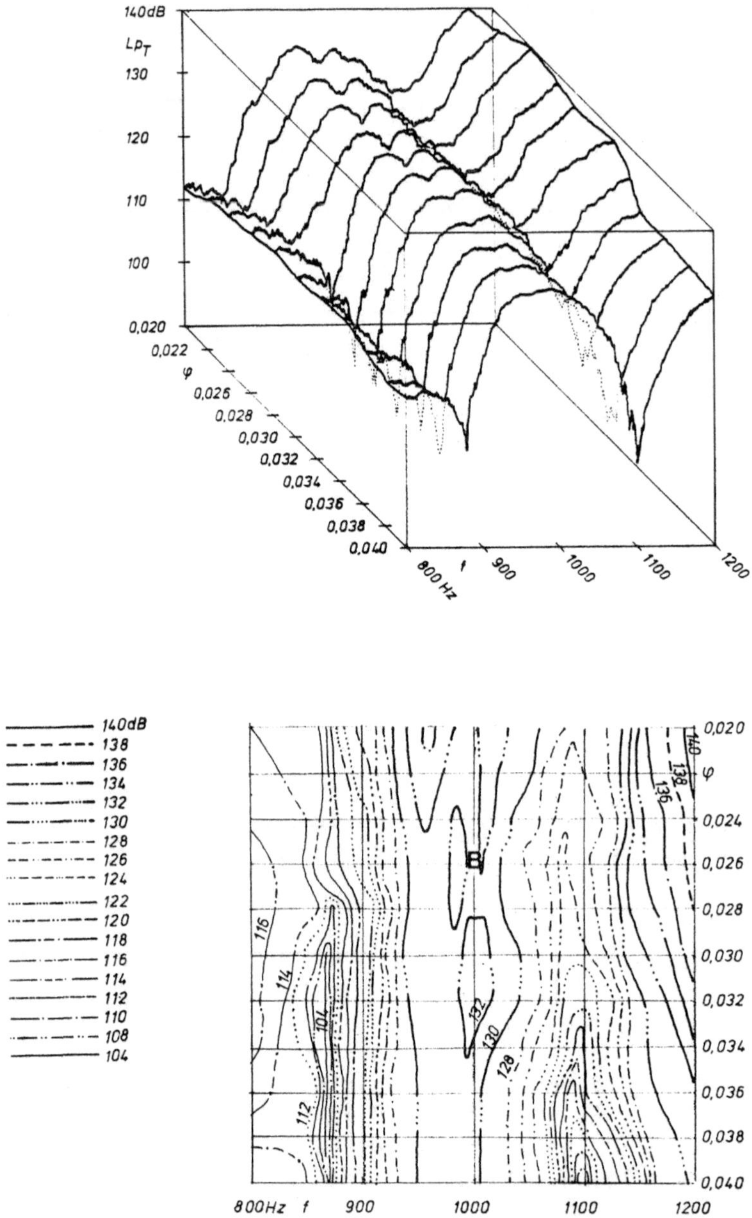


Bild 6.12: "Schaufelton-Gebirge" und "Schaufelton-Topographie" des Originalventilators.
Die Pegeldifferenzen zwischen zwei Niveaulinien (Bild 6.12 unten) beträgt 2 dB.

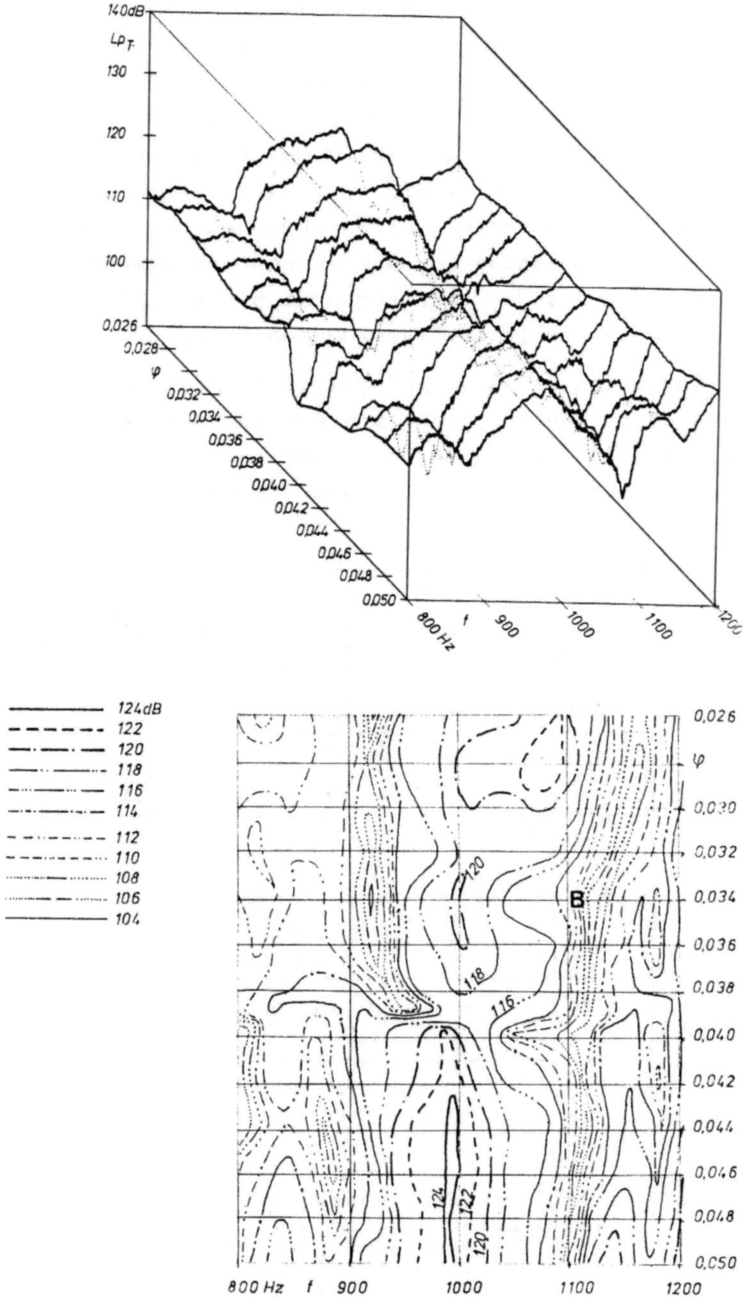


Bild 6.13: "Schaufelton-Gebirge" und "Schaufelton-Topographie" des Bestventilators.
Die Pegeldifferenz zwischen zwei Niveaulinien (Bild 6.13 unten) beträgt 2 dB.

Vorteil, daß man für einen bestimmten Einsatzbereich des Ventilators sofort Aufschluß über sein tonales Lärmverhalten sowohl bei Änderung seiner Drehzahl als auch bei Änderung seiner Durchflußmenge infolge Drosselung gewinnt. Ein Vergleich von Bild 6.12 mit Bild 6.13 zeigt besonders schön, wie sehr sich die Struktur des Tonpegelgebirges allein durch Änderung der Schnellläufigkeit des Rades und der Zungenform gewandelt hat und wie dadurch der Betriebspunkt B vom Gipfel in das folgende Tal verlagert werden konnte.

Zum Vergleich ist noch auf Bild 6.14 herausgestellt, wie groß der Unterschied zwischen den A-bewerteten Gesamtschalldruckpegeln der unter sonst gleichen auf Bild 6.11 dargestellten Förderbedingungen arbeiten-

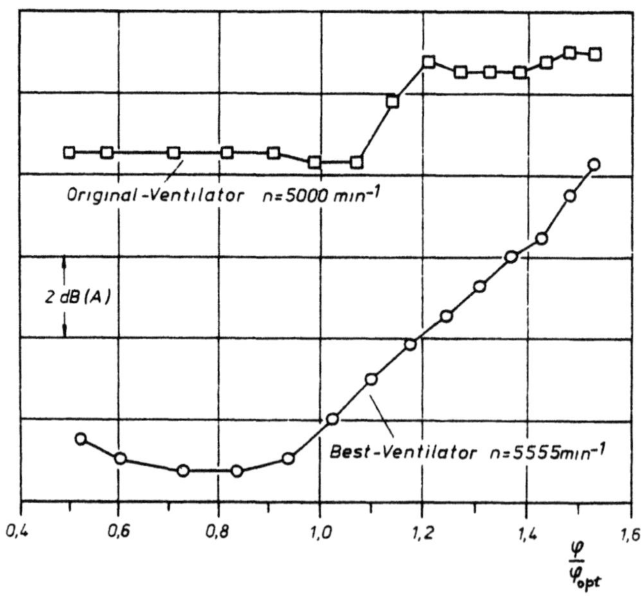


Bild 6.14: Vergleich der A-bewerteten Gesamtschalldruckpegel zwischen Original- und Bestventilator, druckseitige Messung im Trichteraustritt.

den Ventilatoren ist. Die Messungen erfolgten jeweils druckseitig im Trichteraustritt an zwei dafür geeigneten Meßstellen.

Wie Bild 6.14 zu entnehmen ist, beträgt die insgesamt erzielte Geräuschminderung zwischen Teillastgebiet und Optimum etwa 6 bis 8 dB(A), während sich erst bei relativ großen Durchsatzmengen oberhalb $\varphi / \varphi_{opt}$ = 1,5 der Unterschied auf 3 dB(A) verringert.

Die erhaltenen Verbesserungen sind das Ergebnis der im folgenden aufgezählten Änderungen:

- Steigerung der Schnelläufigkeit des Laufrades um ca. 10 % durch Eindrehen der Schaufelenden auf 450 mm Durchmesser unter Beibehaltung eines durch den Laufradboden und die Deckscheibe gebildeten rotierenden Diffusors.
- Vergrößerung des Zungenabstandes von 40 mm auf 70 mm, der sich durch das Eindrehen des Rades ergab.
- Verlängerung und Verjüngung des Zungenkörpers gemäß der in Bild 5.1 dargestellten Zunge B.

Schließlich wurden noch Versuche ohne rotierenden Diffusor durchgeführt und zu diesem Zweck die überstehenden Radscheiben bis auf den äußeren Schaufelkranz von 450 mm Durchmesser glatt abgedreht. Der Vergleich der erhaltenen Meßwerte ergab eine Verringerung der Druckzahl $\psi$ um etwa 5 bis 7 % im gesamten Kennlinienbereich und eine leichte Wirkungsgradabnahme bis zu 2 % im Überlastbereich des Ventilators. Die nunmehr erforderliche höhere Betriebsdrehzahl des Laufrades hatte mit $n = 5700\ min^{-1}$ einen Anstieg des Schaufelgrundtonpegels um 3 dB zur Folge. Auf weitere Versuche ohne rotierenden Diffusor wurde deshalb verzichtet.

## 6.2 Analyse des Drehklangverhaltens

In Abschnitt 6.1 ist dargelegt, wie man in einer bestimmten Lärmsituation mit den erhaltenen Meßergebnissen und den beschriebenen konstruktiven Änderungen am Laufrad und an der Zunge wesentliche akustische Verbesserungen erzielen kann. Im folgenden soll nun eine universellere Beurteilung der Versuchsergebnisse unter Heranziehung des erweiterten Produktgesetzes vorgenommen werden. Zu diesem Zweck werden zunächst der experimentelle Lösungsweg zur Ermittlung von Systemfrequenzgang, Erregerfunktion und Störfunktion ausführlich erläutert und dann alle nach diesem Prinzip erhaltenen Ergebnisse in Verbindung mit den vorgenommenen Konstruktionsänderungen gegenübergestellt und diskutiert.

Ausgangspunkt ist die erste Beziehung der Produktgleichung (3.10), die in logarithmischer Schreibweise wie folgt lautet:

$$L_p = L_{ps} + 20 \lg Ma^{\beta} + 20 \lg F(St) + 20 \lg G(He) + 20 \lg S(St, He, \sigma) \qquad (6.1)$$

Die Abkürzung $L_{ps} = 20 \lg k = 20 \lg (k' \frac{z}{\pi})^{\beta}$, die sich aus einem Vergleich der Beziehungen (3.5), (3.9) und (3.10) unter Berücksichtigung des für den Drehklang gültigen Potenzproduktes Ma St/He = $\pi/z$ ergibt, kann man als den normierten spezifischen Schalldruckpegel des Ventilators bezeichnen.

Zur Bestimmung von $L_{ps}$, F(St), G(He) und S(St, He, $\sigma$) ist es notwendig, auf die zweite Beziehung der Produktgleichung (3.10)

$$L_p = L'_{ps} + 20 \lg F_m + 20 \lg G_m + 20 \lg S(St, He, \sigma) \qquad (6.2)$$

zurückzugreifen, worin $L'_{ps} = 20 \lg k'$ den nichtnormierten spezifischen Schalldruckpegel bedeutet.

Es hat sich nun als zweckmäßig erwiesen, den auf der Druckseite des Ventilators im Optimum ($\sigma = \sigma_{opt}$) gemessenen nichtnormierten Systemfrequenzgang der 1. Harmonischen (H = St = 1) als Bezugsfrequenzgang $G_m$ einzuführen, mit dem die Normierung aller unter anderen Bedingungen gemessenen Tonpegeldiagramme vorgenommen wird. Daraus folgt unmittelbar: $S(1,He,\sigma_{opt}) = 1$. Außerdem soll festgelegt werden, daß die nichtnormierte Erregerfunktion $F_m$ an der Stelle St = 1 den Wert 1 annimmt.

Unter diesen Voraussetzungen vereinfacht sich Gl.(6.2) wie folgt:

$$L_p = L_p(He) = L'_{ps} + 20\lg G_m \tag{6.3}$$

Da Bezugsfrequenzgang $G_m$ und Systemfrequenzgang $G(He)$ gemäß Gl.(3.9) über die Potenzfunktion $He^{\beta}$ miteinander verknüpft sind, kann für Gl.(6.3) auch geschrieben werden:

$$L_p(He) = L'_{ps} + 20\lg G(He) + 20\lg He^{\beta} \tag{6.4}$$

Der in Gl.(6.3) bzw. (6.4) aufgeführte nichtnormierte spezifische Schalldruckpegel $L'_{ps}$ ist eine konstante Größe, die an sich beliebig gewählt werden kann, weil das durch Messung erhaltene Tonpegeldiagramm $L_p(He)$ in seinem Verlauf definitionsgemäß identisch mit dem logarithmierten Bezugsfrequenzgang $20\lg G_m$ ist. So wurde z.B. allen in Abschnitt 5 aufgeführten Tonpegeldiagrammen die Konstante $L'_{ps}$ = 110 dB zugeordnet.

Bei der Auswertung dieser Tonpegeldiagramme hat sich herausgestellt, daß die Gipfelpunkte der Frequenzgänge, wie bereits erwähnt, die bemerkenswerte Eigenschaft besitzen, entlang einer Exponentialfunktion $He^{\beta}$, die sich im gewählten doppeltlogarithmischen Koordinatensystem als "Gerade" abbildet, zu verlaufen.

Im folgenden soll daher die "gipfelverbindende Gerade" des logarithmierten Bezugsfrequenzganges $20 \lg G_{M}$ identisch mit der in Gl.(6.4) aufgeführten logarithmierten Exponentialfunktion $20 \lg He^{\beta}$ und damit auch repräsentativ für die Potenz $\beta$ des Machzahlterms in Gl.(6.1) sein +).

Der Systemfrequenzgang G(He) geht nun aus der Pegeldifferenz zwischen dem Bezugsfrequenzgang $G_{M}$ und seiner "gipfelverbindenden Geraden" $He^{\beta}$ hervor, wie sich durch Gleichsetzen von Gl.(6.3) mit Gl.(6.4) nachweisen läßt.

$$20 \lg G(He) = 20 \lg G_{M} - 20 \lg He^{\beta} \tag{6.5}$$

Den nichtnormierten spezifischen Schalldruckpegel $L'_{ps}$ erhält man nun aus dem Schnittpunkt der "gipfelverbindenden Geraden" des Bezugsfrequenzganges mit der durch He = 1 verlaufenden Senkrechten, wie man aus der Beziehung

$$L'_{ps} = L_{p}(1) - 20 \lg G(1) \tag{6.6}$$

leicht erkennen kann, die sich für He = 1 aus Gl.(6.4) herleitet.

Damit ist auch mit

$$L_{ps} = L'_{ps} + 20 \lg \left(\frac{z}{\pi}\right)^{\beta} \tag{6.7}$$

der normierte spezifische Schalldruckpegel bekannt.

Die nichtnormierte Erregerfunktion $F_{M}$, die an der Stelle St = 1 den Wert 1 annehmen soll, kann nun in diskreter Form aus der Pegeldifferenz $\Delta L$, die zwischen den "gipfelverbindenden Geraden" der Frequenzgänge

---

+) Für den eingeführten Bezugsfrequenzgang ist die Strouhalzahl St = 1. Daher sind Helmholtzzahl He und Machzahl Ma über die Beziehung $He = Ma\ z/\pi$ miteinander verknüpft und haben denselben Exponenten $\beta$.

der einzelnen Harmonischen und derjenigen des Bezugsfrequenzganges bei konstanter Helmholtzzahl existiert, bestimmt werden. Die diskreten Werte der Erregerfunktion F(St) an den Stellen St = 2,3, ...... werden dann aus den Pegeldifferenzen $\Delta L_{12}$, $\Delta L_{13}$, ..... zwischen den "gipfelverbindenden Geraden" der Frequenzgänge der höheren Harmonischen H = 2,3, .... und derjenigen des Bezugsfrequenzganges (H = 1) wie folgt erhalten:

$$\begin{aligned} 20\lg F(2) &= \Delta L_{12} + 20\lg 2^{\beta} \\ 20\lg F(3) &= \Delta L_{13} + 20\lg 3^{\beta} \\ &\vdots \end{aligned} \qquad (6.8)$$

Die einzelnen S-Funktionen ergeben sich jetzt wie folgt:

- Die S-Funktionen $S(1,He,\sigma)$ erhält man aus der Pegeldifferenz zwischen dem jeweiligen nichtnormierten Systemfrequenzgang der 1. Harmonischen des "nicht" im Optimum arbeitenden Ventilators und dem Bezugsfrequenzgang $G_m$ bei gleicher Helmholtzzahl.
- Die S-Funktionen $S(2,He,\sigma)$; $S(3,He,\sigma)$; ........... erhält man aus der Pegeldifferenz zwischen den Frequenzgängen der 2., 3., ....... Harmonischen und dem Bezugsfrequenzgang $G_m$, nachdem erstere bei konstanter Helmholtzzahl um den Betrag $\Delta L_{12}$, $\Delta L_{13}$,.... angehoben wurden.
- Die S-Funktionen $S_E(St,He,\sigma)$, mit denen die saugseitige Schallabstrahlung des Ventilators erfaßt wird, erhält man über die Pegeldifferenz zwischen dem betreffenden Frequenzgang auf der Saugseite E und dem Bezugsfrequenzgang $G_m$ auf der Druckseite des Ventilators.

Die vorstehenden Ausführungen sind in den Bildern 6.15 und 6.16 am Beispiel des Originalventilators nochmals erläutert worden.

Bild 6.15a zeigt die Bild 5.3 entnommenen Tonpegeldiagramme der 1. und 2. Harmonischen und die eingetragenen "gipfelverbindenden Geraden", welche die Potenzen $\beta = 2{,}7$ aufweisen. Aus der Pegeldifferenz zwischen dem Bezugsfrequenzgang (H = 1) und der "Geraden" $20 \lg He^{2,7}$ bei konstantem He wurde der auf Bild 6.15b eingetragene Systemfrequenzgang $20 \lg G(He)$ erhalten. Der Verlauf der nichtnormierten Erregerfunktion $20 \lg F_m$ zwischen St = 1 und St = 2 ist bestimmt durch die Pegeldifferenz $\Delta L_{12} = -32$ dB zwischen der "gipfelverbindenden Geraden" der 1. und 2. Harmonischen in Bild 6.15a. Der besseren Anschaulichkeit wegen wurde diese Funktion, trotz ihres diskreten Charakters, in Bild 6.15e kontinuierlich von St = 1 bis St = 2 dargestellt. Nach Eintragen der Exponentialfunktion $-20 \lg St^{2,7}$ über St ergab sich aus der Differenz der beiden Funktionen das gesuchte Teilstück $20 \lg F(St)$ im Bereiche St = 1 bis St = 2. Da laut Voraussetzung $20 \lg F(1) = 20 \lg F_m = 0$ dB ist, ergab sich für St = 2 gemäß Gl.(6.8) ein diskreter Wert von $20 \lg F(2) = -32 \text{ dB} + 20 \lg 2^{2,7} = -16$ dB.

Die S-Funktion $S(2, He, \sigma_{opt})$, die aus der Pegeldifferenz zwischen dem nichtnormierten Systemfrequenzgang der 2. Harmonischen (H = 2) und dem Bezugsfrequenzgang (H = 1) erhalten wurde, nachdem der erstere in Richtung He = konst. um den Betrag $\Delta L_{12} = 32$ dB angehoben wurde, Bild 6.15c, ist in Bild 6.15d graphisch dargestellt.

Für das Teillast- und Überlastgebiet in den Grenzpunkten $\sigma'$ und $\sigma''$ des optimalen Kennlinienbereiches, Bild 6.26, sowie für die Saugseite E des Ventilators sind noch je eine Funktion $S(1, He, \sigma')$, $S(1, He, \sigma'')$ und $S_E(1, He, \sigma_{opt})$, die durch einen Vergleich der betreffenden Systemfrequenzgänge mit dem Bezugsfrequenzgang gewonnen wurden, in Bild 6.16 graphisch ermittelt worden.

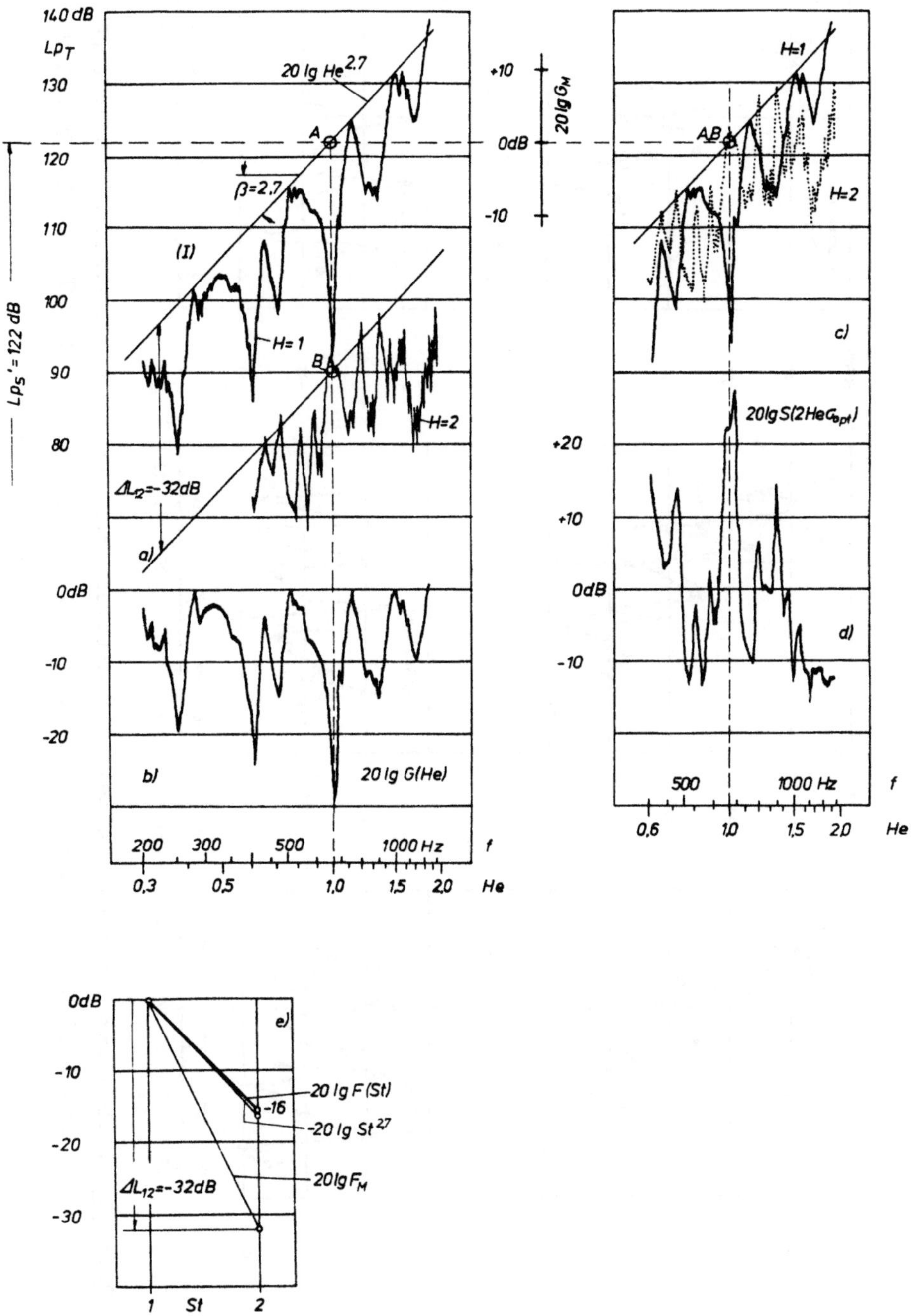


Bild 6.15: Diagramm zur experimentellen Ermittlung der Funktionen F(St), G(He,) und S(2,He, $\sigma_{opt}$) des Originalventilators $\sigma_{opt}$= 0,135

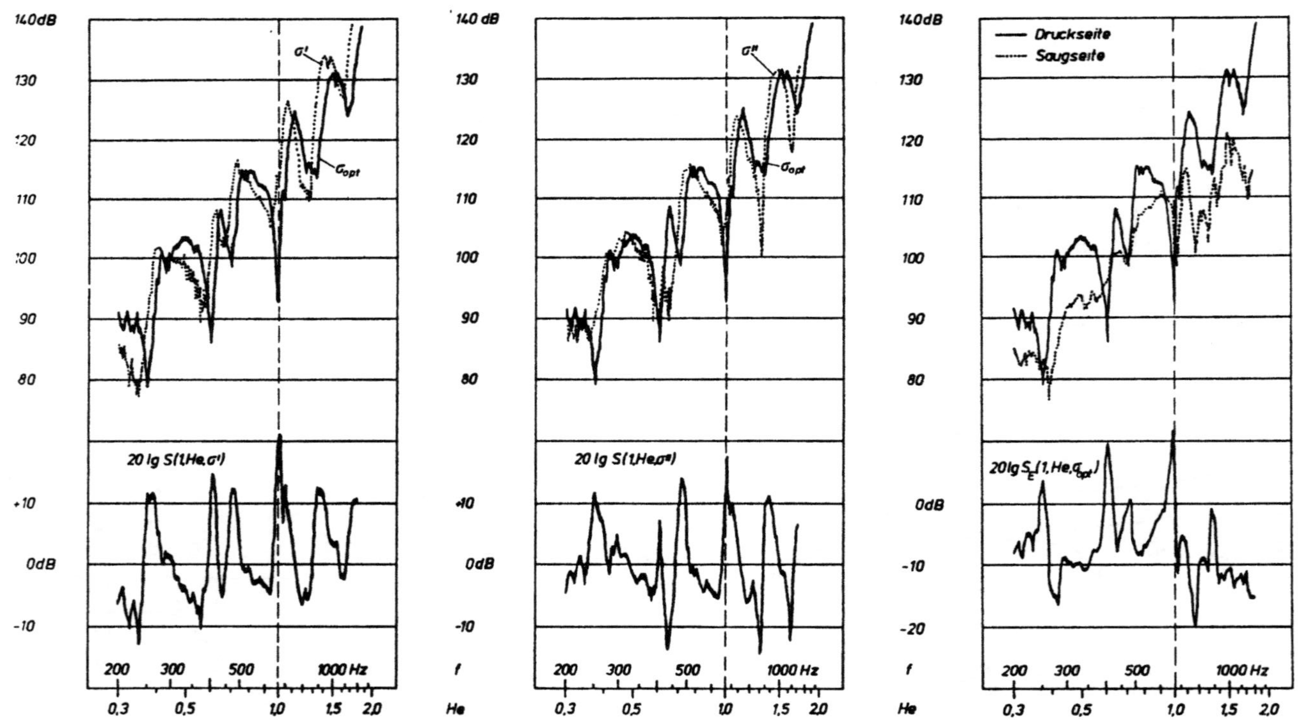


<u>Bild 6.16:</u> Diagramm zur experimentellen Ermittlung der Funktionen S(1,He,$\sigma'$), S(1,He,$\sigma''$) und $S_E$(1,He, $\sigma_{opt}$) des Originalventilators $\sigma_{opt}$ = 0,135, $\sigma'$= 0,039, $\sigma''$= 0,23

Schließlich wurde mit dem Schnittpunkt der durch He = 1 verlaufenden Senkrechten mit der "gipfelverbindenden Geraden" 20 lg $He^{2,7}$ (Punkt A in Bild 6.15a) der Betrag des nichtnormierten spezifischen Schalldruckpegels $L'_{ps}$ = 122 dB gefunden.

Da der Originalventilator z = 12 Schaufeln besitzt, berechnet sich sein spezifischer Schalldruckpegel zu

$$L_p = L'_{ps} - 20 \lg \left(\frac{\pi}{12}\right)^{2,7} = 122 \text{ dB} + 31 \text{ dB} = 153 \text{ dB}.$$

Damit lautet das Produktgesetz des Originalventilators:

$$L_p = 153 \text{ dB} + 54 \lg Ma + 20 \lg F(St) + 20 \lg G(He) + 20 \lg S(St, He, \sigma)$$

Von den im Abschnitt 5 aufgeführten Versuchsergebnissen wurden die neun wichtigsten Meßreihen nach den gleichen Regeln ausgewertet und in den Bildern 6.17 bis 6.25 in Form von "Drehklang-Kennkarten" dargestellt, die zusammen mit den auf Bild 6.26 bzw. 6.27 aufgeführten dimensionslosen Kennlinien des Originalventilators bzw. Bestventilators eine geeignete Bemessung der beiden Bauarten im Hinblick auf einen möglichst geringen Drehklanglärm gestatten. Die Gültigkeit dieser dimensionslosen Kennlinien erstreckt sich beim Originalventilator auf die Bilder 6.17 bis 6.22, beim Bestventilator auf die Bilder 6.23 bis 6.25 der Drehklangkennkarten.

Wie schon früher erwähnt wurde, haben Zungenform und Schaufelzahl im untersuchten Arbeitsbereich $\sigma'$(Teillast) bis $\sigma''$(Überlast) - vgl. Bild 6.26 mit Bild 5.2 - nur unwesentlichen Einfluß auf die Ventilatorcharakteristik, während der Systemfrequenzgang G(He) und die Störfunktion S(Ste,He,$\sigma$) durch die gleichen Konstruktionsmerkmale in erheblichem Maße verändert werden. Ein Vergleich der erhaltenen Drehklang-Kennkarten untereinander zeigt dies recht eindrucksvoll. Darüber hinaus werden aber auch, wie aus den Produktformeln auf den einzelnen Kennkarten hervorgeht, der spezifische Schalldruckpegel $L_{ps}$ und die Machzahlpotenz $\beta$, die ja ein Maß für den Anteil von Fluß- und Impulsquellen darstellt, vor allem durch die Zungenform sehr stark beeinflußt. Der Vergleich in Tabelle 6.1 läßt erkennen, daß mit spitzer und länger werdender Zunge (von N über B nach A) und größer werdendem Zungenabstand ($\Delta r/r_2$ = 0,16 nach $\Delta r/r_2$ = 0,31) sowohl der spezifische Schalldruckpegel $L_{ps}$ als auch die Machzahlpotenz $\beta$ abfallen, während mit wachsender Schaufelzahl $L_{ps}$ abnimmt, $\beta$ dagegen ansteigt. Grundsätzlich kann man also davon ausgehen, daß bei der stumpfen Zunge N mit $\beta$ = 2,7 bis 2,8 der Impulsquellenanteil am größten ist und daß sich dieser Anteil mit spitzer werdender Zunge und größer werdendem Zungenabstand systematisch verringert, bis für die ganz spitze Zunge A und einen relativen Zungenabstand $\Delta r/r_2$= 0,31 mit $\beta$ = 2 nur noch der reine Flußquellentyp (Monopol) vorkommt. Offensichtlich hat dieser Effekt etwas mit dem Schlankheitsgrad der Gehäuszunge zu tun, denn es verringert sich auch der Anteil an Dipolstrahlung in dem Maße, wie die Verdrängungsfläche (Staufläche) mit spitzer werdender Zunge abnimmt. Umgekehrt ist mit dem Anwachsen der Verdrängungsfläche bei dicker werdender Zunge eine Zunahme der Dipolstrahlung verbunden.

Betrachtet man unter diesem Blickwinkel den Zusammenhang zwischen Verdrängungseffekt und Anteil an Fluß- bzw. Impulsquellen, wie er sich aus den vorliegenden Zungenversuchen ergibt, so darf man annehmen, daß als tatsächliche Einflußgröße die Verdrängungsfläche, d.i. im vorliegenden Falle die wirksame Kraftangriffs- oder Impulsfläche an der Gehäusezunge, von ausschlaggebender Bedeutung ist. Trifft diese Annahme zu, so muß auch bei Vergrößerung der Impulsfläche, z.B. infolge Erhöhung der Schaufelzahl, mit einer Zunahme

| Alu-Laufrad Ø 510; z = 12; $\Delta r/r_2$ = 0,16 | | | | |
|---|---|---|---|---|
| Zunge | | A | B | N |
| $L_{ps}$ | dB | 147 | 149 | 153 |
| $\beta$ | - | 2,3 | 2,5 | 2,7 |

| Alu-Laufrad Ø 450; z = 12; $\Delta r/r_2$ = 0,31 | | | | |
|---|---|---|---|---|
| Zunge | | A | B | N |
| $L_{ps}$ | dB | 137 | 142 | 148 |
| $\beta$ | - | 2,0 | 2,4 | 2,8 |

| Stahl-Laufrad Ø 510; Zunge B, $\Delta r/r_2$ = 0,16 | | | | |
|---|---|---|---|---|
| Z | | 10 | 12 | 14 |
| $L_{ps}$ | dB | 152 | 148 | 146 |
| $\beta$ | - | 2,4 | 2,5 | 2,5 |

Tabelle 6.1:

Spezifische Schalldruckpegel $L_{ps}$ und Machzahlpotenz $\beta$ gemäß Produktformeln auf den Drehklang-Kennkarten Bilder 6.17 bis 6.25.

$\Delta r/r_2$ = relativer Zungenabstand mit

$\Delta r$ = Abstand zwischen Zunge und Schaufelaustrittsdurchmesser.

$r_2$ = äußerer Schaufelradius = $D_2/2$

der Dipolstrahlung gerechnet werden. Allerdings kann diese Schlußfolgerung aus den in Tabelle 6.1 aufgeführten Versuchsergebnissen für die Schaufelzahlen z = 10 bis 14 allein noch nicht gezogen werden. Zur Klärung dieses Sachverhaltes war es daher notwendig, ergänzende Messungen mit einer wesentlich größeren Schaufelzahlvariierung durchzuführen. Die Ergebnisse dieser Untersuchung sind in Abschnitt 6.3 zusammengefaßt und ausführlich kommentiert worden.

Zuvor sollen jedoch noch einige Gesichtpunkte zur Ventilatorauswahl diskutiert werden. Nimmt man an, daß die Drehklang-Kennkurven für alle geometrisch ähnlichen Ventilatoren Gültigkeit besitzen +), so ist nach den vorliegenden Ergebnissen zu erwarten, daß Drehklanglärm durch die geeignete Wahl einer einem Resonanzminimum entsprechenden Helmholtzzahl weitgehend vermieden werden kann. Schon bei der Auswahl und Bemessung des Ventilators sollte diese Tatsache berücksichtigt werden; sie kann aber nur unter ganz bestimmten Voraussetzungen erfüllt werden.

Die Bauart des Ventilators und sein Betriebspunkt auf der Kennlinie sind für jeden durch die Förderdaten $\dot{V}$ und $Y_t$ gegebenen Bedarfsfall nach Festlegung der Drehzahl n bzw. des Laufradaußendurchmessers $D_2$ durch die dimensionslosen Kennzahlen

$$\text{Schnellaufzahl } \sigma = 2{,}108 \cdot n \cdot \frac{\dot{V}^{1/2}}{Y_t^{3/4}} = \frac{\varphi^{1/2}}{\psi^{3/4}} \qquad (6.9)$$

bzw.

$$\text{Durchmesserzahl } \delta = 1{,}054 \cdot D_2 \cdot \frac{Y_t^{1/4}}{\dot{V}^{1/2}} = \frac{\psi^{1/4}}{\varphi^{1/2}} \qquad (6.10)$$

---

+) WEIDEMANN /30/ hat durch Versuche an Ventilatoren, die im Verhältnis 1 : 10 geometrisch ähnlich ausgeführt wurden, nachgewiesen, daß diese Annahme berechtigt ist.

bestimmt. Mit den jeweiligen Wertepaaren $\psi$ und $\varphi$, deren Zuordnung aus der dimensionslosen Kennlinie bekannt ist, erhält man die entsprechenden $\sigma$- und $\delta$-Werte und deren Kurvenverlauf über $\varphi$, wie in Bild 6.26 bzw. 6.27 dargestellt.

Mit den erhaltenen Kennkurven $\sigma(\varphi)$ und $\delta(\varphi)$ sind für ein bestimmtes Förderpaar $\dot{V}$ und $Y_t$ nach Festlegung der Drehzahl n bzw. des Laufraddurchmessers $D_2$ und Ausrechnung von $\sigma$ gemäß Gl.(6.9) bzw. $\delta$ gemäß Gl.(6.10) der Betriebspunkt auf der dimensionslosen Kennlinie und damit auch die Druckzahl $\psi$ bekannt. Das Produkt $\delta\sigma$ liefert eine weitere Kennzahl, die als dimensionslose Umfangsgeschwindigkeit des Laufrades aufgefaßt werden kann. Sie lautet

$$\delta\sigma = \frac{1}{\sqrt{\psi}} = \frac{u_2}{\sqrt{2Y_t}} \qquad (6.11)$$

Das schon früher mit Gl.(5.1) angegebene Potenzprodukt $Ma\,St/He = \frac{\pi}{z}$ ermöglicht es, eine Verbindung zwischen Betriebskennlinie und Systemfrequenzgang herzustellen:

$$He = \frac{z}{\pi}\,St\,Ma = \frac{z}{\pi}\,H\,\frac{u_2}{a} \qquad (6.12)$$

Mit $\psi$ erhält man zunächst die Umfangsgeschwindigkeit des Laufrades zu

$$u_2 = \sqrt{2Y_t/\psi} \qquad (6.13)$$

und hieraus mit Gl.(6.12) die Helmholtzzahl

$$He = \frac{z\,H}{\pi\,a}\sqrt{2Y_t/\psi} \qquad (6.14)$$

Bei geometrisch ähnlichen Ventilatoren ist die Schaufelzahl z = konstant. Für eine bestimmte Typenserie kann daher auch gesetzt werden:

$$He^{x} = \frac{\pi}{z} He = H \frac{\sqrt{2Y_t/\psi}}{a} = H \cdot \frac{u_2}{a} = H \cdot Ma \qquad (6.15)$$

mit $He^{x} = \frac{\pi}{z} \cdot \frac{f \cdot D_2}{a} = \frac{f \cdot t_2}{a}$ als der mit der äußeren Schaufelteilung des Laufrades $t_2 = \pi D_2/z$ gebildeten Helmholtzzahl.

Da in den Drehklang-Kennkarten der Bezugsfrequenzgang identisch H = 1 ist, geht Gl.(6.15) über in die Beziehung

$$|He^{x}| = \frac{1}{a} \sqrt{\frac{2Y_t}{\psi}} = |Ma| \qquad (6.16)$$

aus der hervorgeht, daß die Beträge von Ma und $He^{x}$ gleich groß und nur noch von $\psi$ abhängig sind und demzufolge jedem Betriebspunkt auf der dimensionslosen $\psi, \varphi$ - Kennlinie ein akustischer Betriebspunkt auf dem Systemfrequenzgang G(He) zugeordnet ist. Damit kann nach Festlegung der Drehzahl n oder des Laufraddurchmessers $D_2$ sofort geprüft werden, wo der Ventilator auf seinem Systemfrequenzgang arbeitet. Außerdem ist den Drehklang-Kennkarten in Verbindung mit der dimensionslosen Ventilatorcharakteristik zu entnehmen, daß sich ein auf einem Gipfel liegender Betriebspunkt bei konstant zu haltenden Förderdaten $\dot{V}$ und $Y_t$ nur in das rechts von ihm liegende Tal durch Erhöhung der Drehzahl n und entsprechender Verkleinerung des Durchmessers $D_2$ verlagern läßt, da sich, wie aus den Bildern 6.26 und 6.27 ersichtlich ist, der Ausdruck $1/\sqrt{\psi}$ und damit die Kennzahlen He und Ma nur dann in hinreichendem Maße steigern lassen, wenn die Druckkennlinie mit wachsendem Durchfluß genügend steil abfällt.

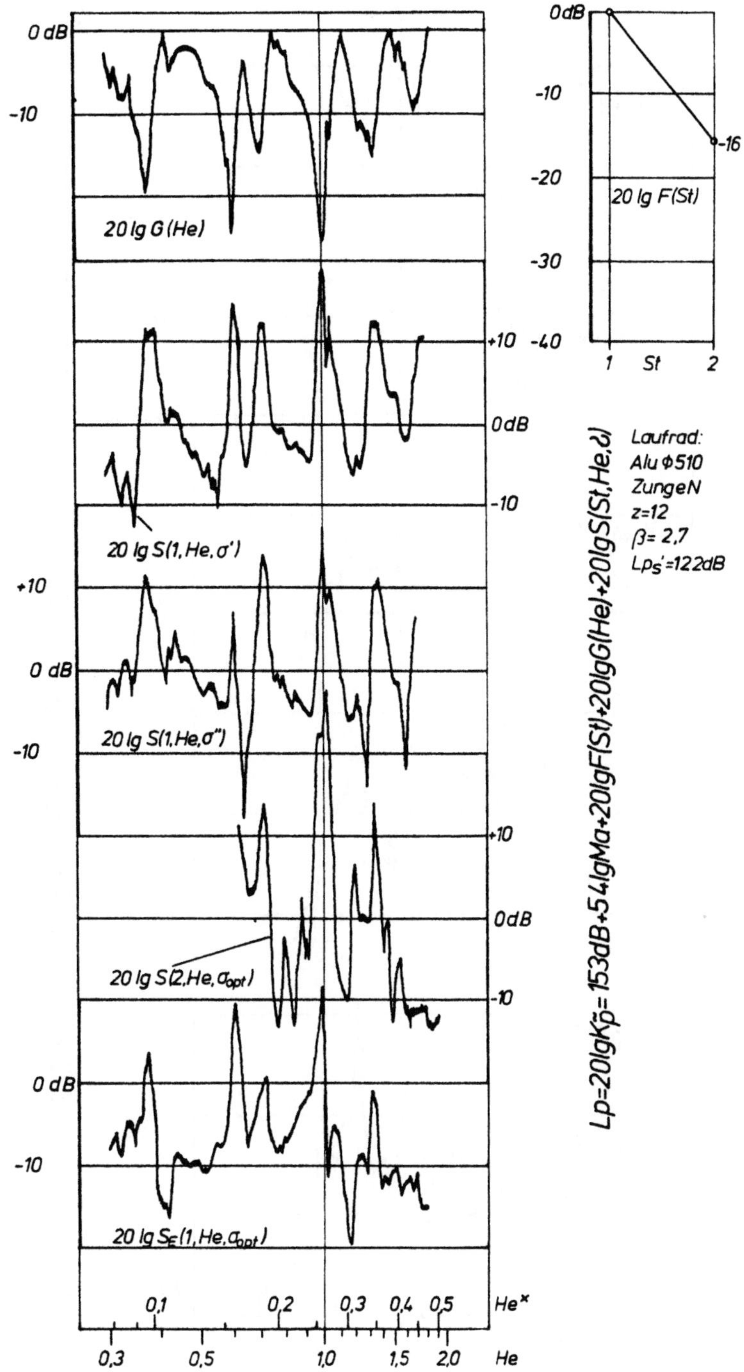


Bild 6.17: Drehklang-Kennkarte

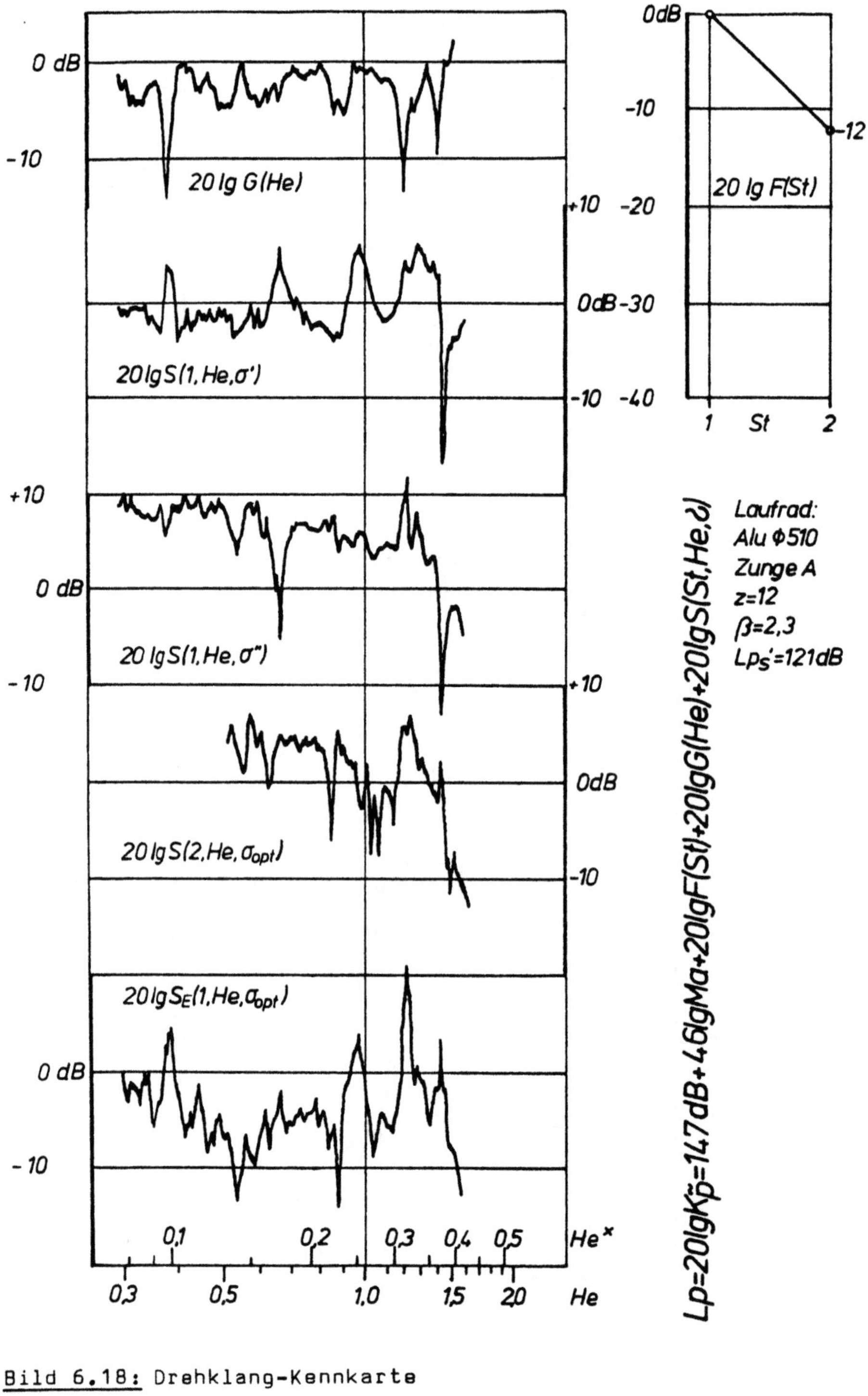


Bild 6.18: Drehklang-Kennkarte

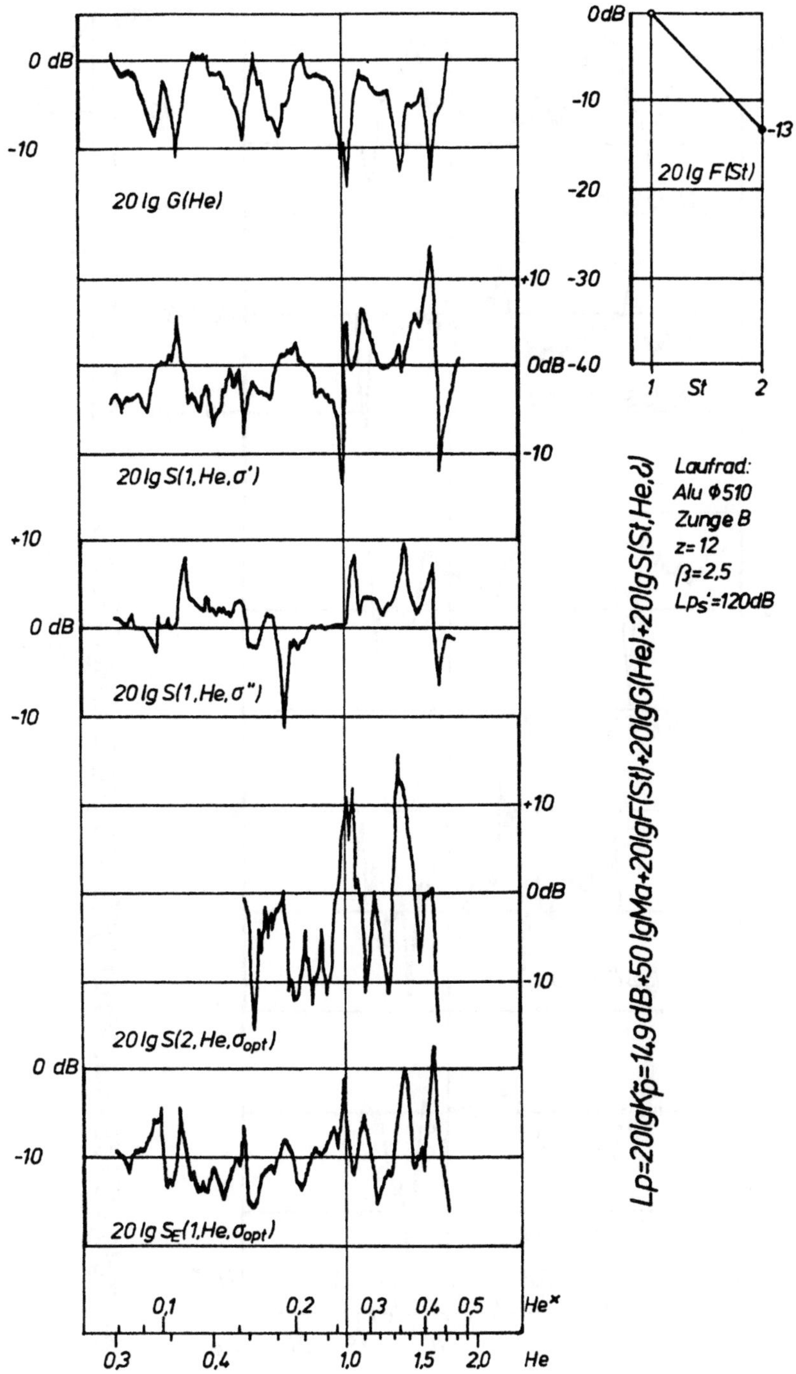


Bild 6.19: Drehklang-Kennkarte

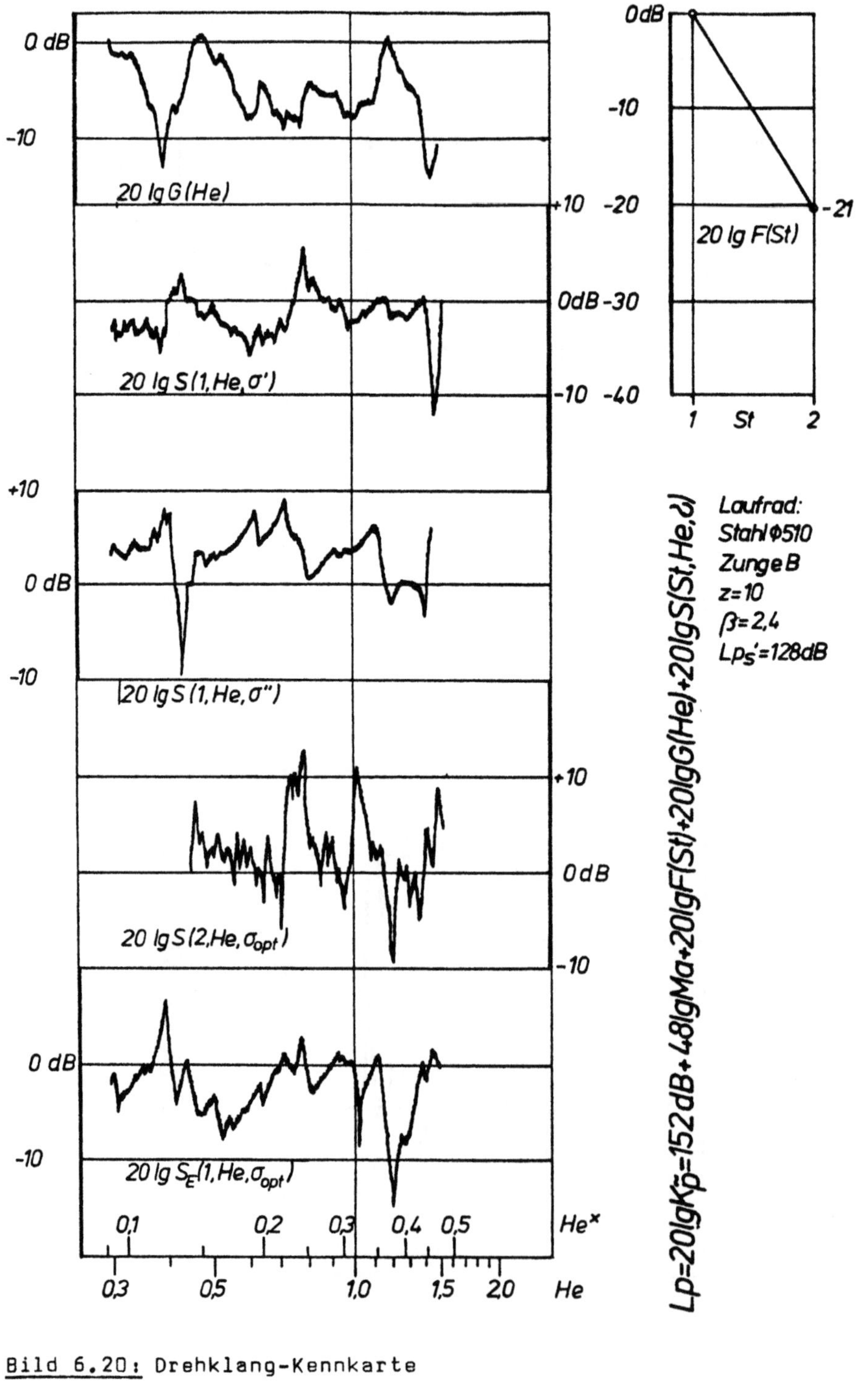


Bild 6.20: Drehklang-Kennkarte

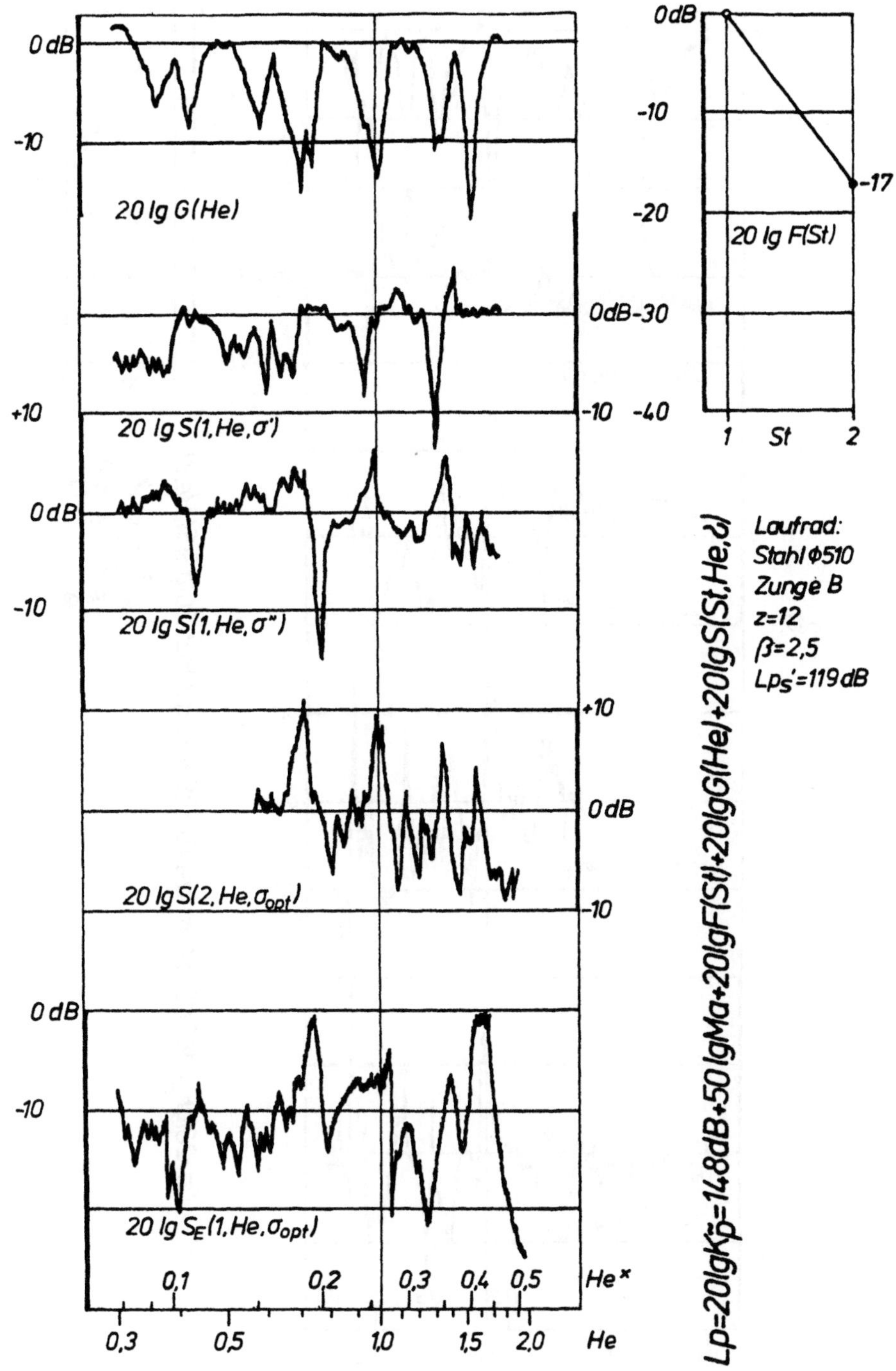


Bild 6.21: Drehklang-Kennkarte

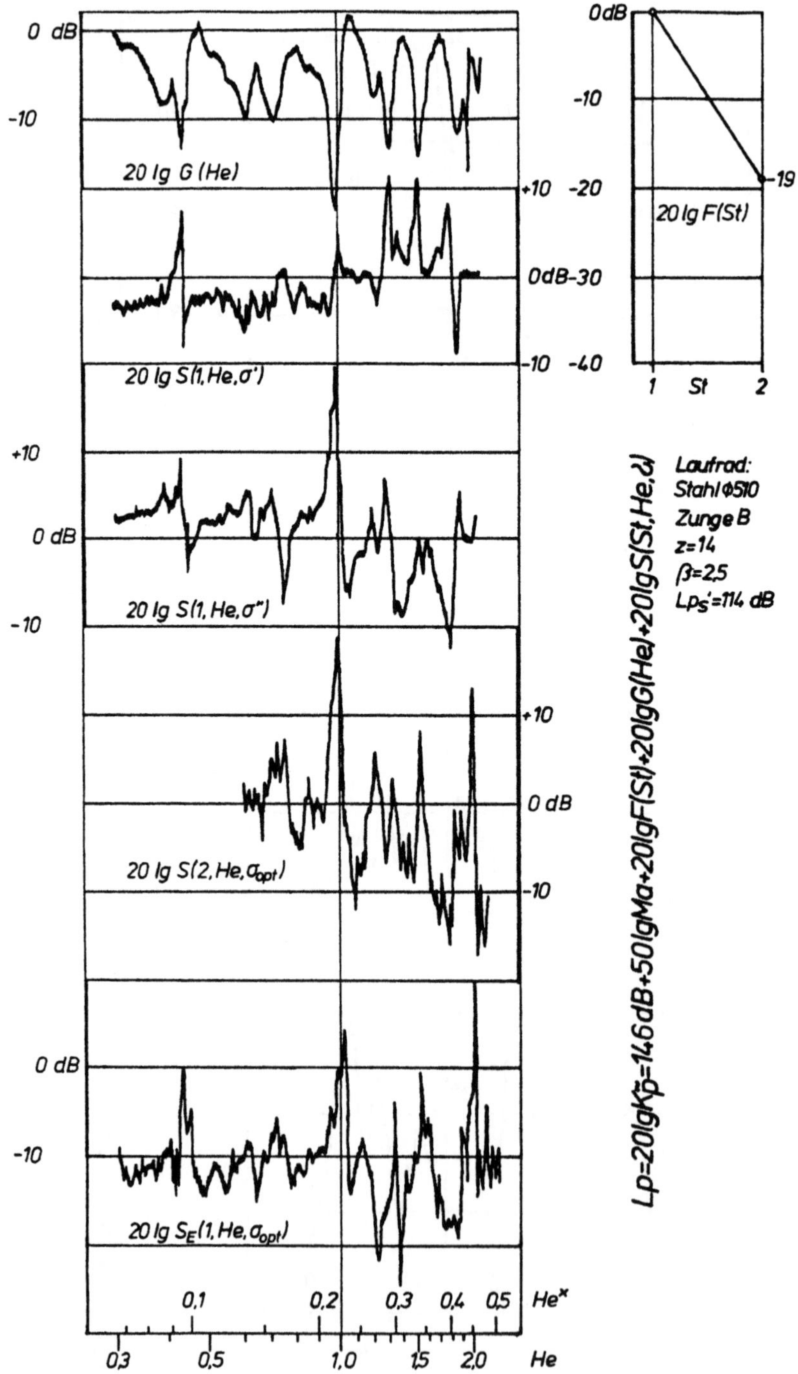


Bild 6.22: Drehklang-Kennkarte

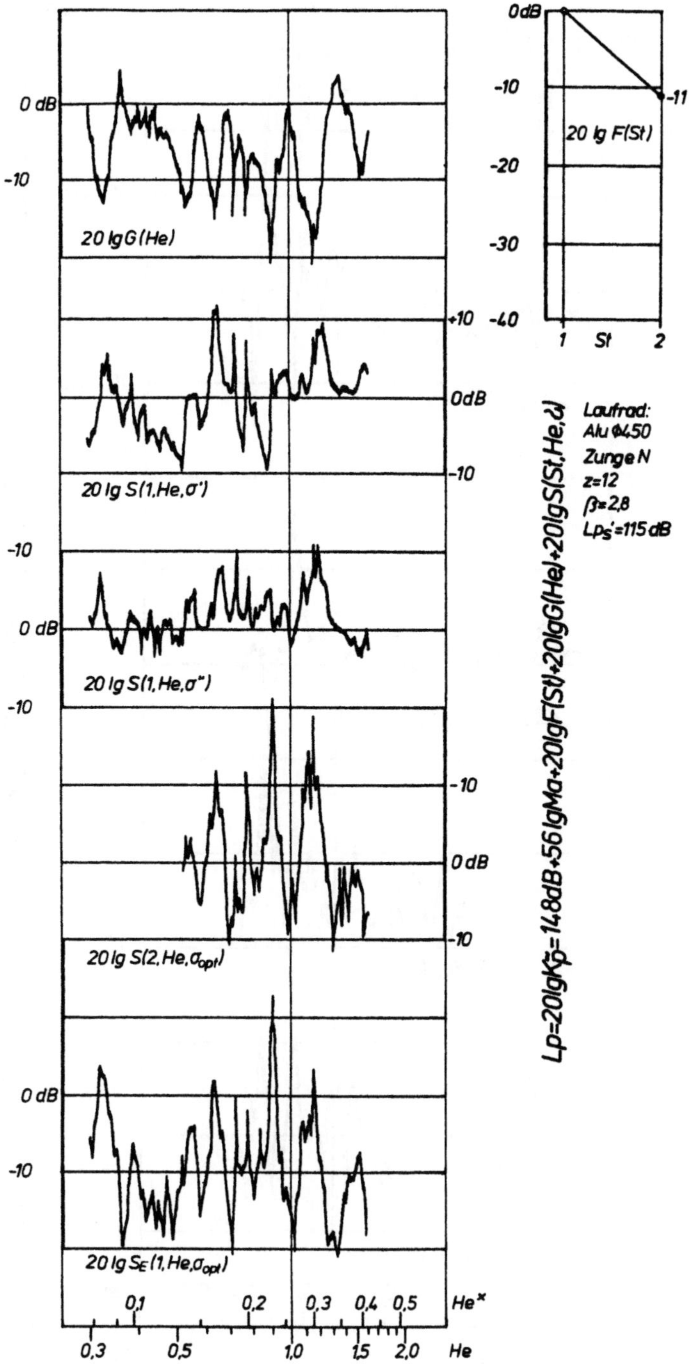


<u>Bild 6.23:</u> Drehklang-Kennkarte

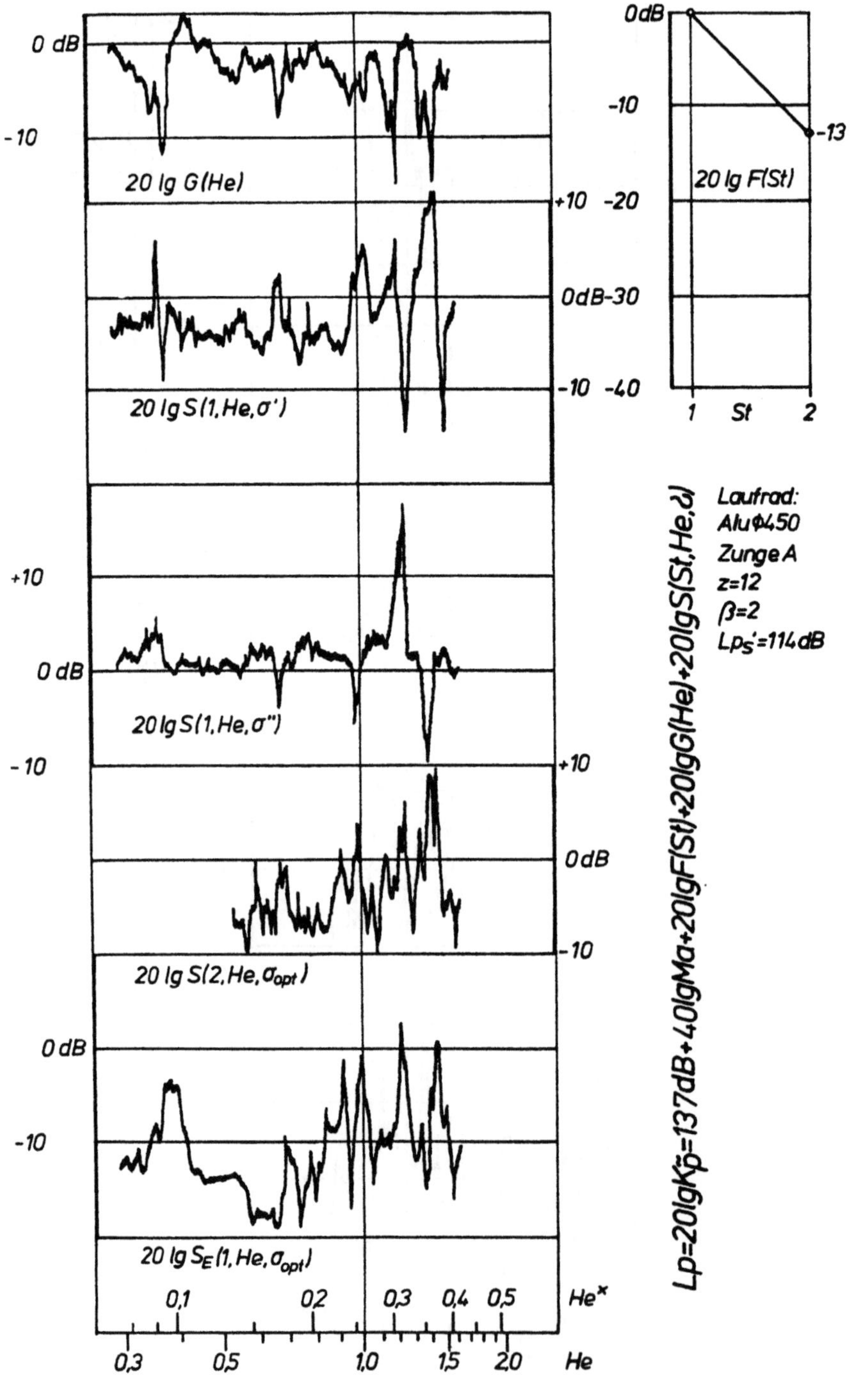


Bild 6.24: Drehklang-Kennkarte

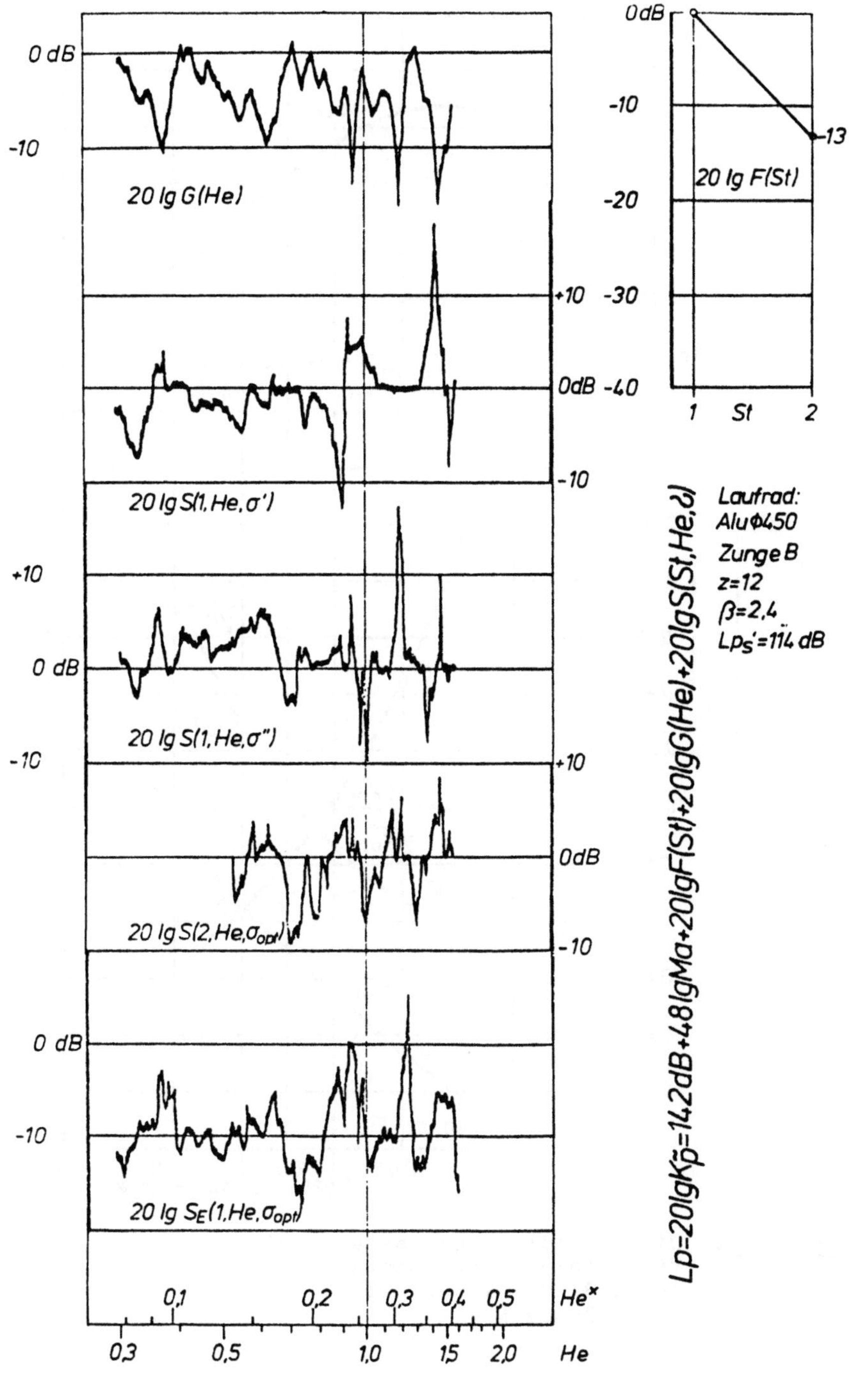


Bild 6.25: Drehklang-Kennkarte

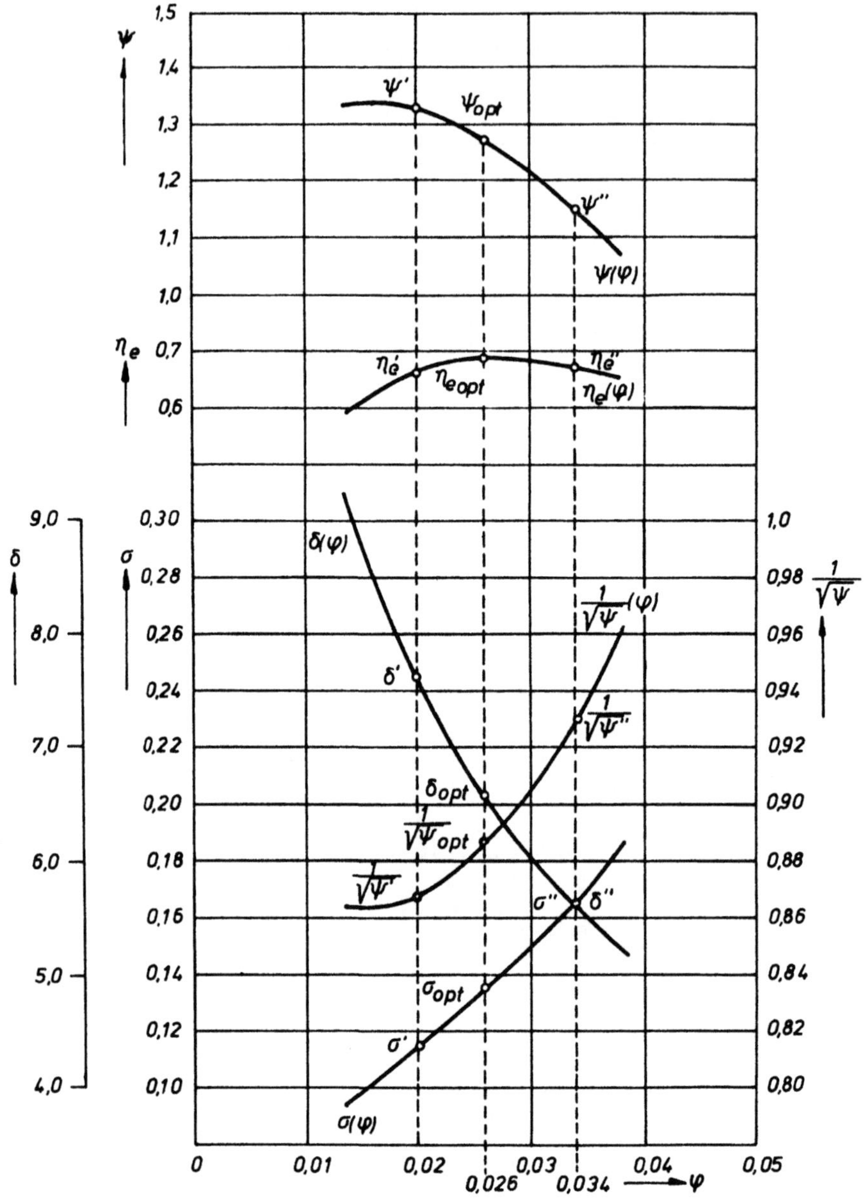


Bild 6.26: Dimensionslose Charakteristik des Originalventilators gemäß Bild 2.1 und Bild 2.2 - Zunge N -

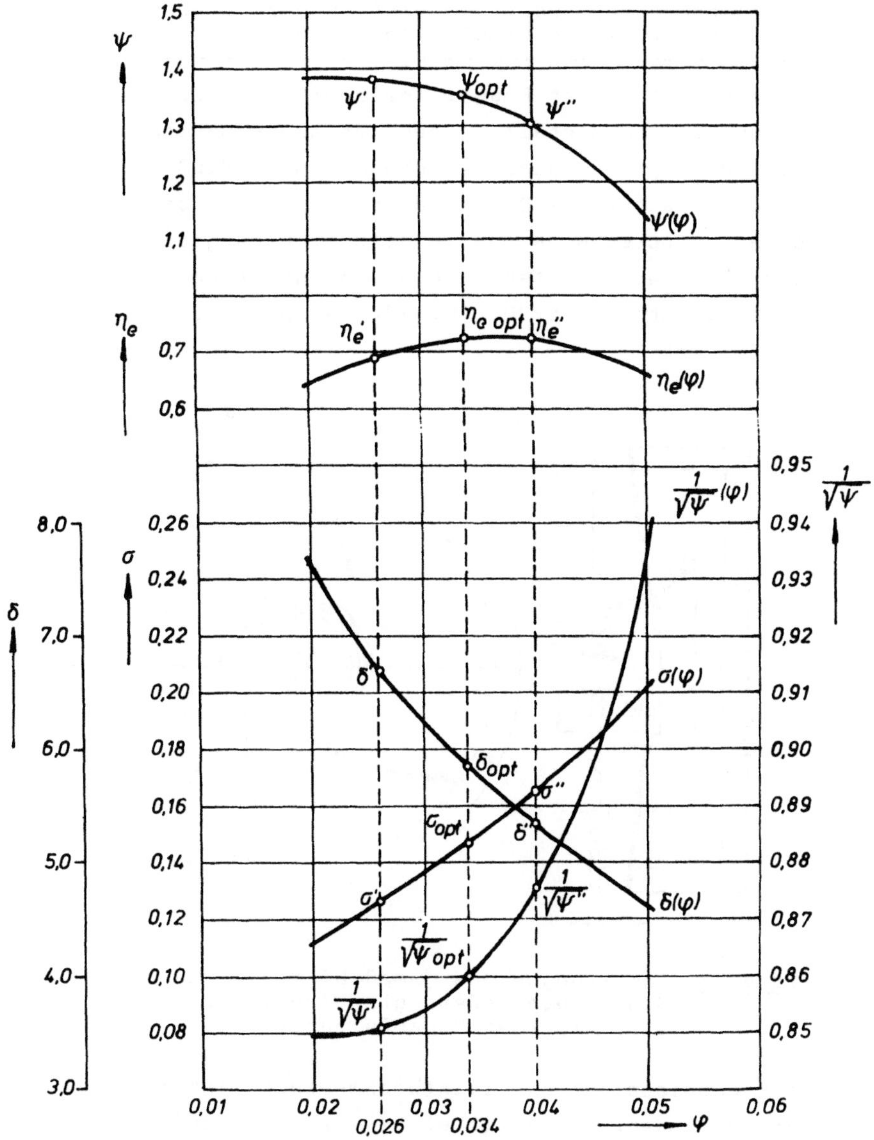


Bild 6.27: Dimensionslose Charakteristik des Bestventilators gemäß Bild 5.1, Ø 450,

- Zunge B -

## 6.3 Untersuchungen über den Einfluß der Schaufelzahl auf den Quellencharakter des Drehklanggeräusches

Zur Beantwortung der Frage, inwieweit eine Zunahme des Impulsflächenanteils gegenüber dem Flußflächenanteil durch Schaufelzahlerhöhung von Einfluß auf den Quellencharakter des Drehklanges ist, wurde das dem Bestrad entsprechende und in Bild 6.28 dargestellte Laufrad in geschweißter Stahlblechausführung mit den Schaufelzahlen z = 6, 8, 10, 12, 14 und 16 untersucht.

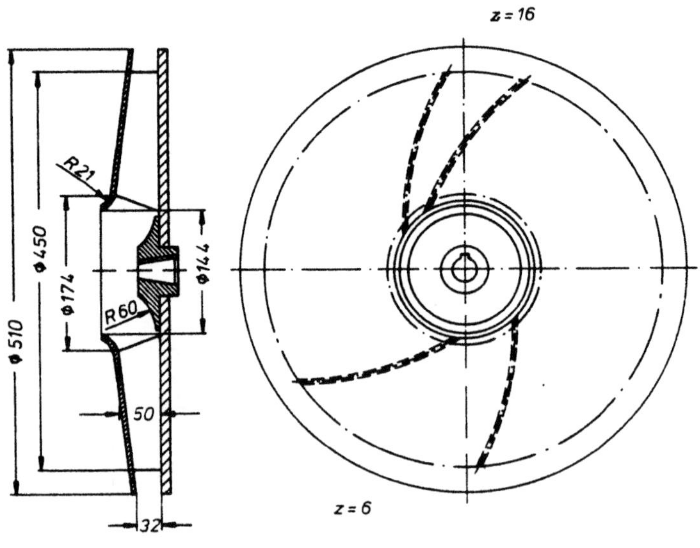


Bild 6.28: Abmessungen des gemäß Bild 2.1 aus Stahlblech gefertigten Laufrades mit verschiedenen Schaufelzahlen

Die Ergebnisse der Luftleistungsmessung sind in Bild 6.29 zu finden. Wie erwartet, stehen sie, qualitativ betrachtet, ganz im Einklang mit den bereits in Abschnitt 5.3.2 aufgeführten Ergebnissen und Ausführungen.

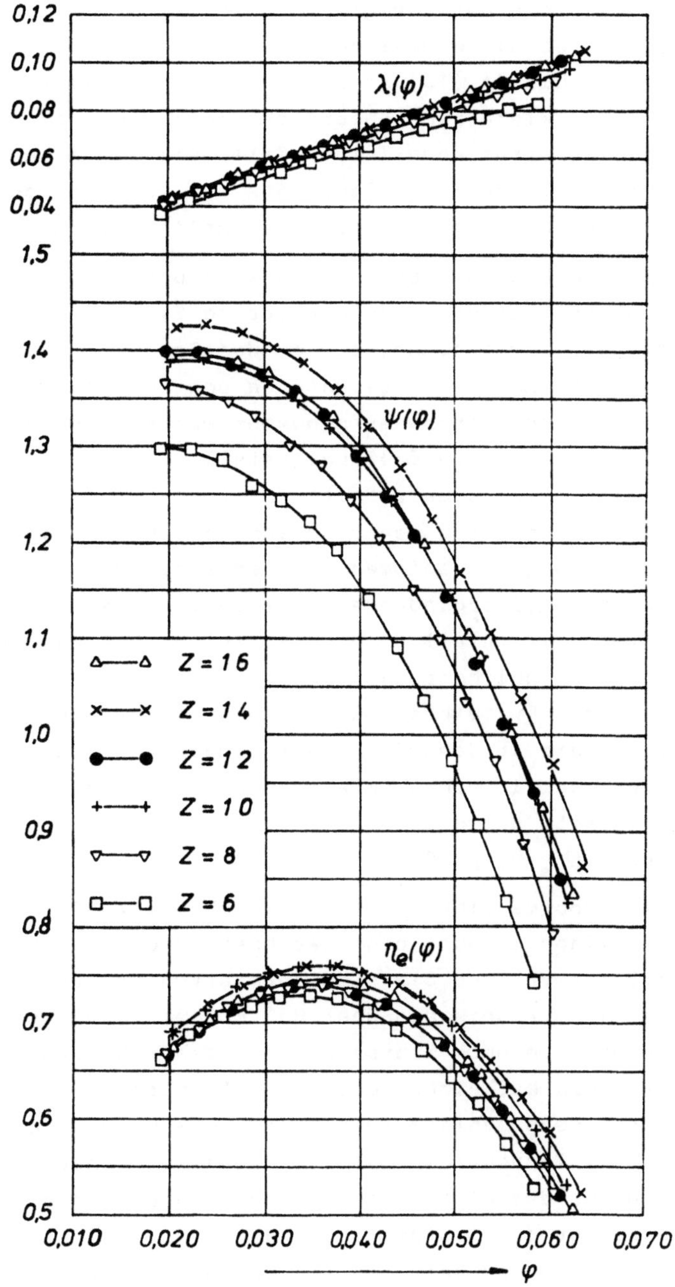


Bild 6.29: Einfluß der Schaufelzahl auf das dimensionslose Kennfeld des Radialventilators gemäß Bild 2.2 mit Laufrad gemäß Bild 6.28 und Zunge B

Ähnlich wie beim Originalrad in Bild 5.33, liegen auch hier die gemessenen Kennlinien im Bereiche z = 10 bis 14 (16) Schaufeln dicht beisammen. Erst bei den kleineren Schaufelzahlen z = 6 und 8 ist ein spürbarer Kennlinienabfall, vor allem in Druckzahlfeld, festzustellen, ohne daß sich der optimale Kennfeldbereich hierdurch wesentlich verändert.

Von den Ergebnissen der Drehklanguntersuchung sind zunächst nur die nichtnormierten Systemfrequenzgänge der 1. Harmonischen, die an der Saug- und Druckseite des mit Zunge B ausgerüsteten und im Optimum arbeitenden Ventilators aufgenommen wurden, in den Bildern 6.30 bis 6.35 dargestellt. Schon diese wenigen Diagramme vermitteln einen recht guten Einblick in die für den Drehklang verantwortlichen Entstehungsmechanismen. Man erkennt schon an der Lage der "gipfelverbindenden Geraden", daß sich, wie vermutet, der Anteil an Dipolstrahlung mit wachsender Schaufelzahl beträchtlich vergrößert. So steigt der Exponent $\beta$, wie aus Bild 6.36 ersichtlich, von z = 6 bis 16 Schaufeln fast linear von 2 auf 2,8 an. Gleichzeitig nimmt, wie ebenfalls Bild 6.36 widerspiegelt, der nichtnormierte spezifische Schalldruckpegel $L'_{ps}$ von 140 dB auf ca. 100 dB ab.

Der enorme Einfluß, den die Schaufelzahl auf den Drehklang ausübt, geht besonders deutlich aus Bild 6.37 hervor, wo die nichtnormierten Frequenzgänge der 1. Harmonischen über $He^x$ aufgetragen sind. Hier zeigt sich noch klarer als bei den früheren Messungen, daß bei einer Schaufelzahlvergrößerung neben einer verhältnismäßig raschen Abnahme des durchschnittlichen Tonpegelniveaus bei gleichzeitiger Zunahme des mittleren Pegelgradienten vor allem die Struktur der Systemfrequenzgänge durch Interferenzerscheinungen beträchtlich unruhiger wird.

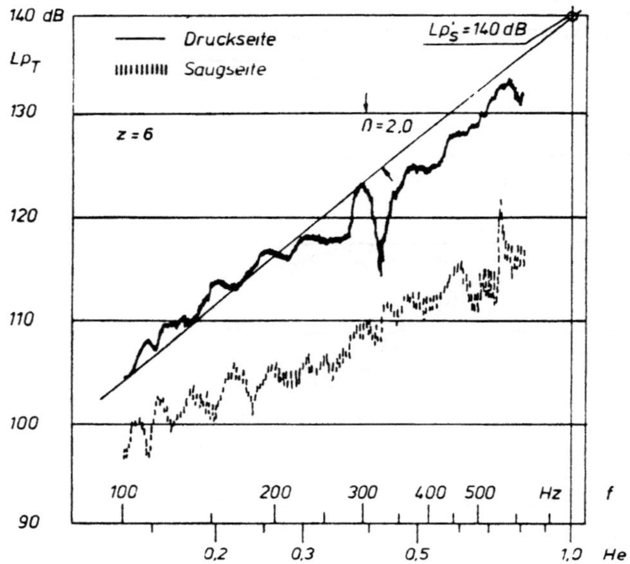


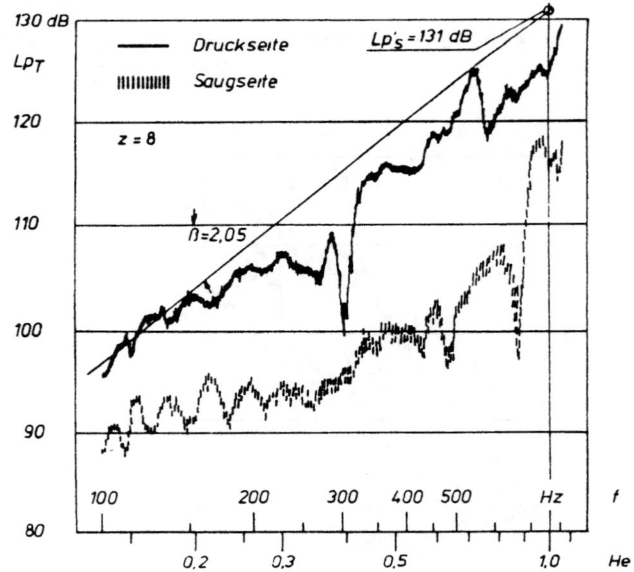


Bild 6.30:

Bild 6.31:

Nichtnormierte Systemfrequenzgänge der 1. Harmonischen, Stahl-Laufrad Ø 450, $\varphi = \varphi_{opt} = 0{,}034$

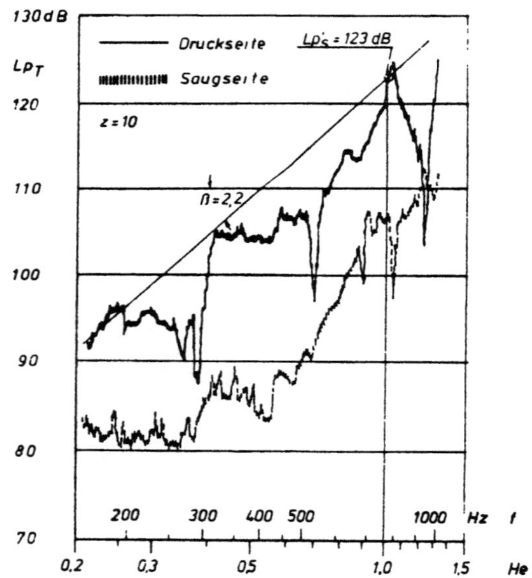


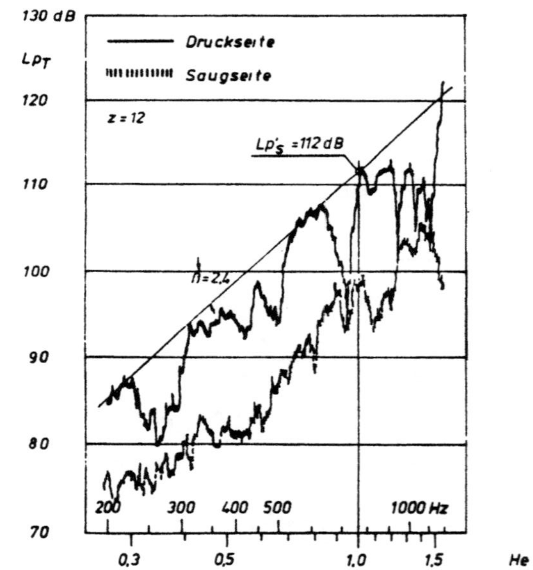


Bild 6.32:

Bild 6.33:

Nichtnormierte Systemfrequenzgänge der 1. Harmonischen, Stahl-Laufrad Ø 450,
$\varphi = \varphi_{opt} = 0{,}034$

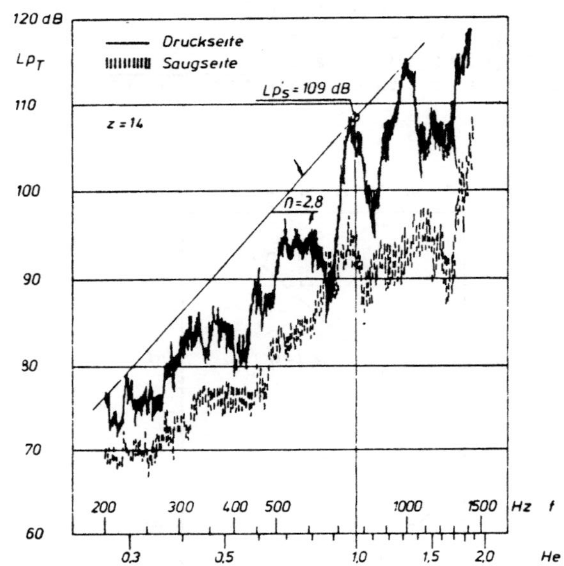


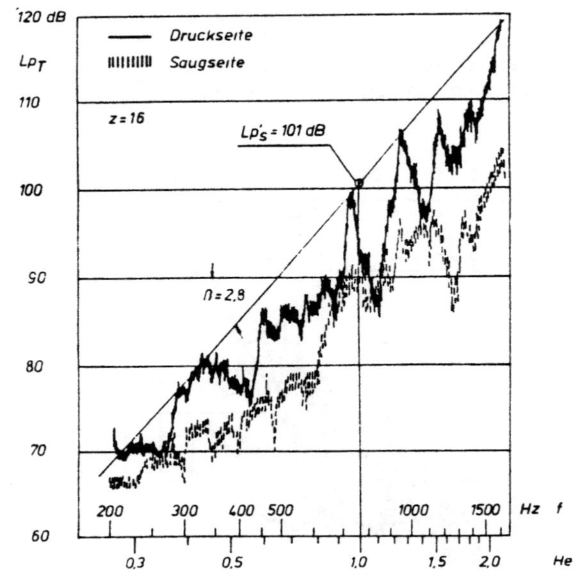


<u>Bild 6.34:</u> <u>Bild 6.35:</u>

Nichtnormierter Systemfrequenzgang der 1. Harmonischen, Stahl-Laufrad Ø 450,

$\varphi = \varphi_{opt} = 0{,}034$

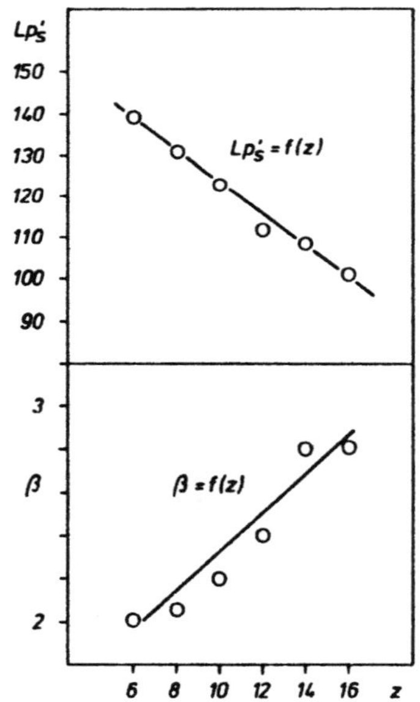


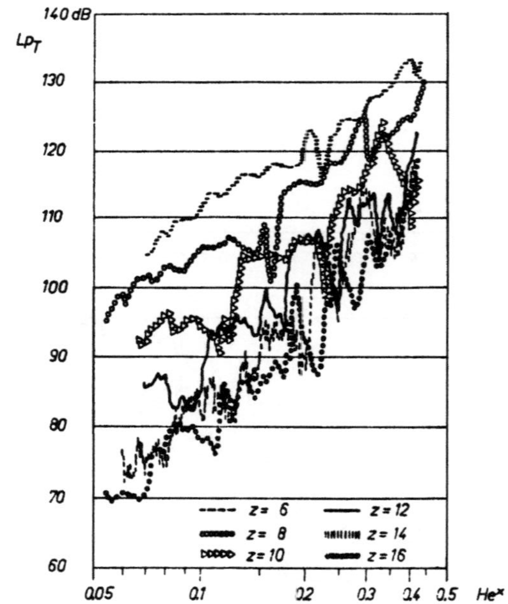


<u>Bild 6.36:</u> Nichtnormierter spezifischer Schalldruckpegel $L'_{ps}$ und Machzahlpotenz $\beta$ in Abhängigkeit von der Schaufelzahl z

<u>Bild 6.37:</u> Verlauf des Schaufelgrundtonpegels in Abhängigkeit von der Helmholtzzahl $He^x$ für verschiedene Schaufelzahlen z

(zusammengestellt nach den Bildern 6.30 bis 6.35)

Das übrige sehr umfangreiche Versuchsmaterial zur Schaufelzahluntersuchung hat seinen Niederschlag in den Drehklang-Kennkarten der Bilder 6.39 bis 6.44 gefunden. Diese Kennkarten geben naturgemäß die gleiche Antwort auf die bisher erörterten Fragen zur Monopol- und Dipolstrahlung. Darüber hinaus geben sie noch ausführlicher Aufschluß darüber, wie sich die Schaufelzahl auf die hohlraumspezifischen Reflexionseigenschaften des Ventilators und auf die Erregerstärke seiner 1. und 2. Harmonischen unter sonst gleichen Voraussetzungen auswirkt. Vor allem ist aus ihnen die durch Interferenzen verwandelte Struktur der normierten Systemfrequenzgänge und der einzelnen S-Funktionen deutlich erkennbar. Aus dem Verlauf der Erregerspektren F(St) geht hervor, daß die Systemfrequenzgänge der 1. und 2. Harmonischen mit wachsendem z deutlich näher zusammenrücken und sich die Strahlungsintensität demzufolge bei der 1. Harmonischen stärker mit z verändert als bei der 2. Harmonischen. Mit Bild 6.38 ist die Differenz in der Erreger-

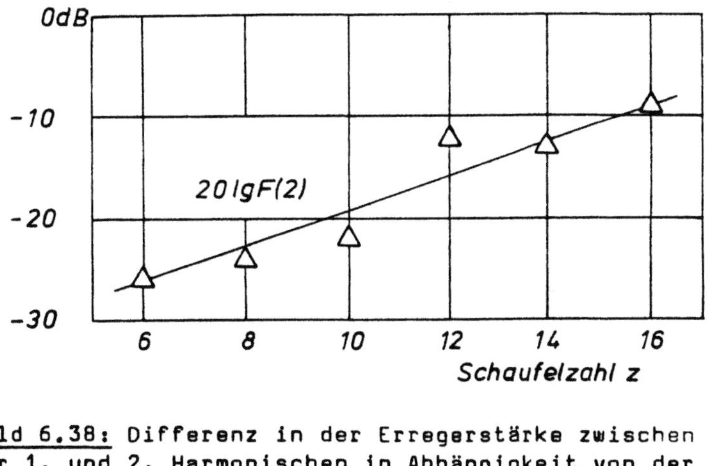


Bild 6.38: Differenz in der Erregerstärke zwischen der 1. und 2. Harmonischen in Abhängigkeit von der Schaufelzahl z, Stahl-Laufrad Ø 450, Zunge B,

$\varphi = \varphi_{opt} = 0,034$

stärke zwischen den beiden Harmonischen nochmals getrennt herausgestellt worden.

Schließlich wurde das gleiche Versuchsprogramm noch auf die Zungen A und N ausgedehnt. Die erhaltenen Meßergebnisse sind jedoch nur noch im Hinblick auf die Bestimmung des spezifischen Schalleistungspegels $L_{ws}$ und der Machzahlpotenz $\beta$ zusammen mit den entsprechenden Versuchsreihen zum Ventilatorrauschen in Abschnitt 8 tabellarisch ausgewertet und diskutiert worden.

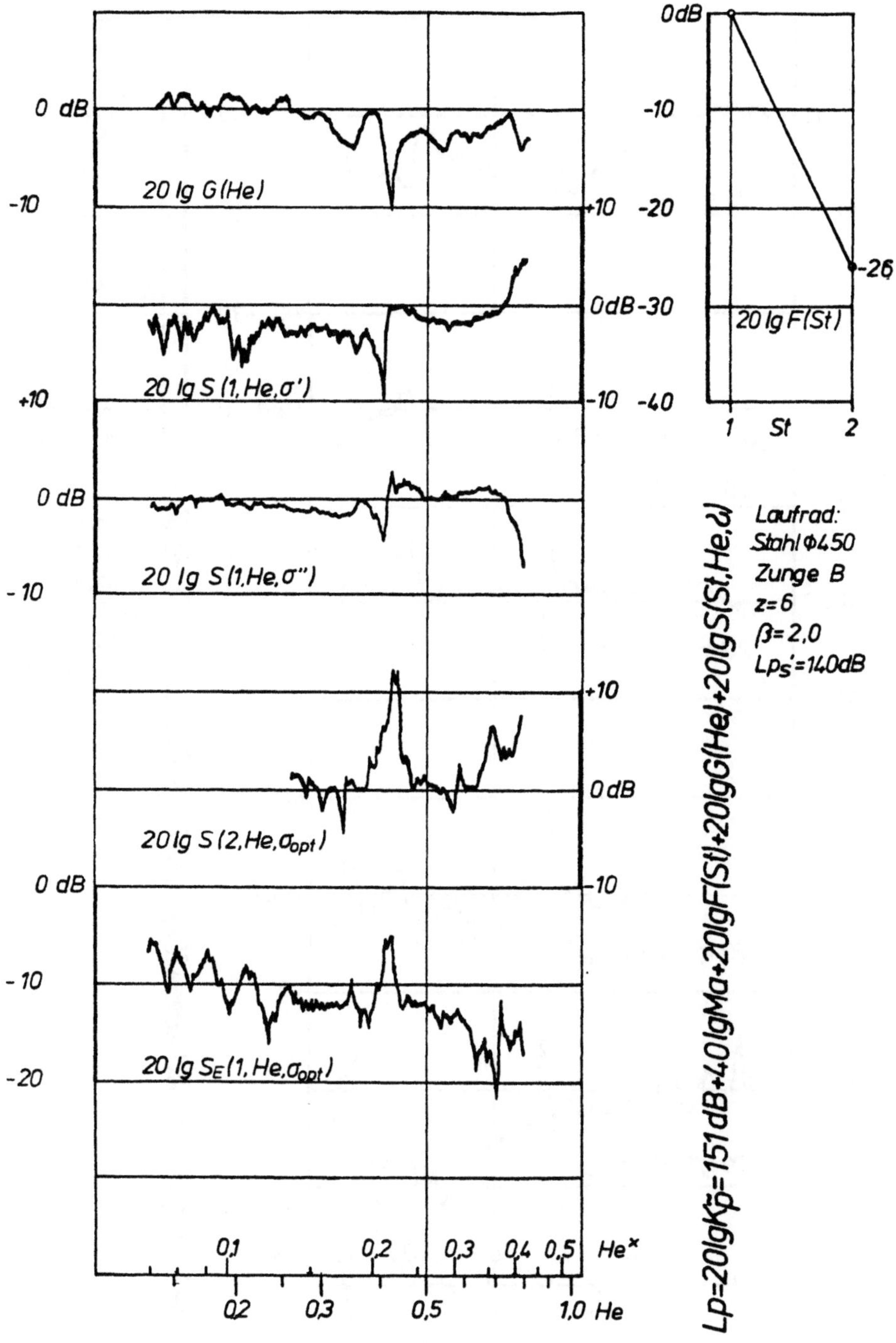


Bild 6.39: Drehklang-Kennkarte

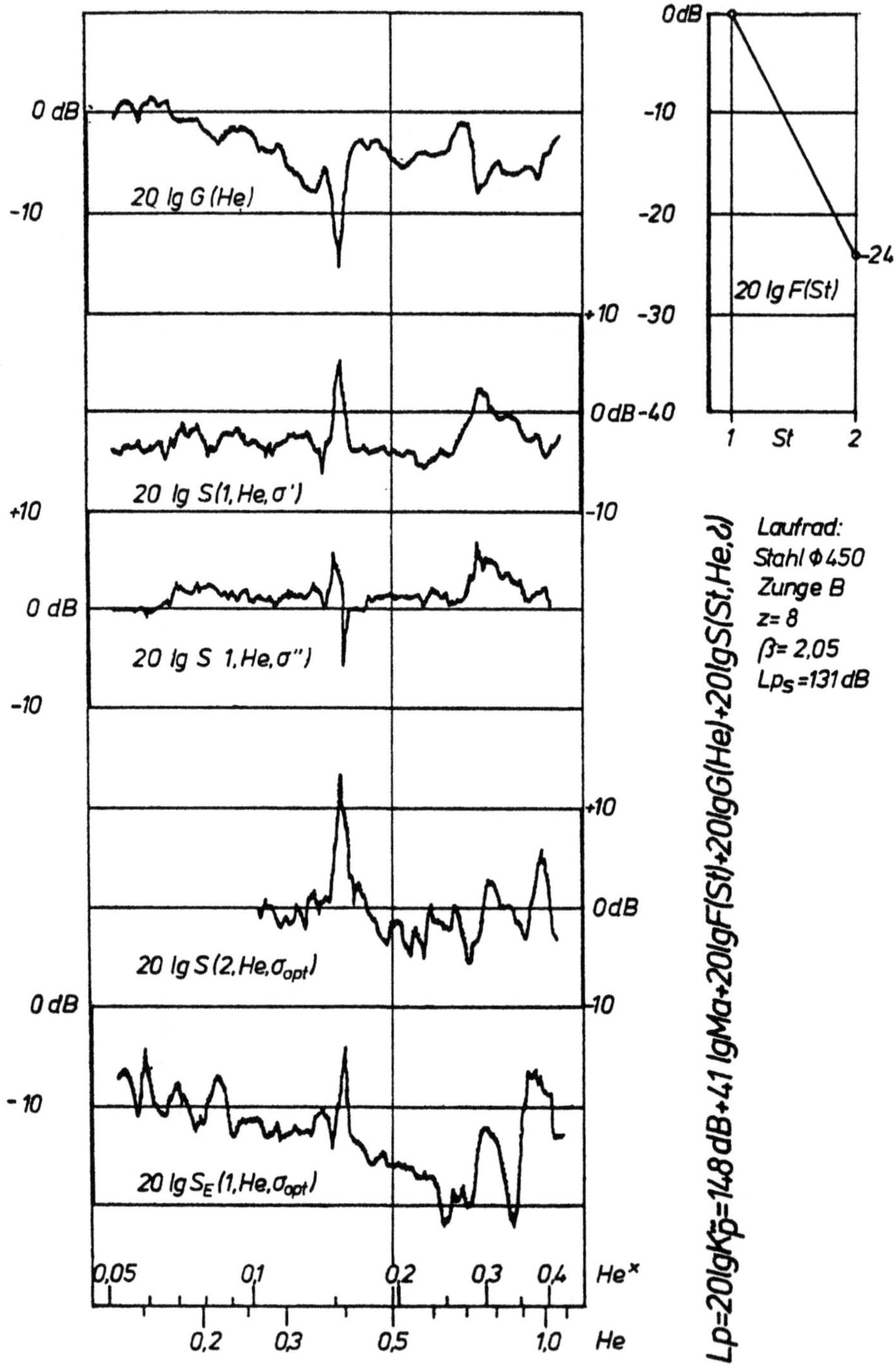


Bild 6.40: Drehklang-Kennkarte

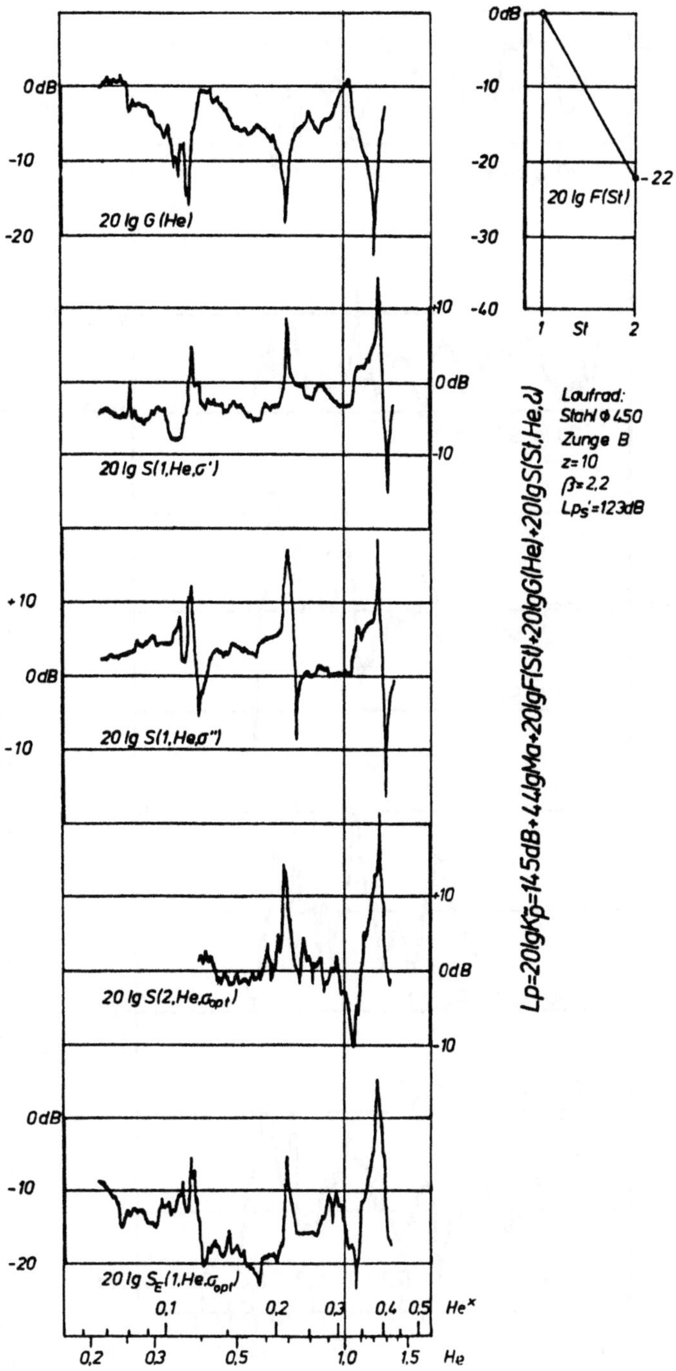


Bild 6.41: Drehklang-Kennkarte

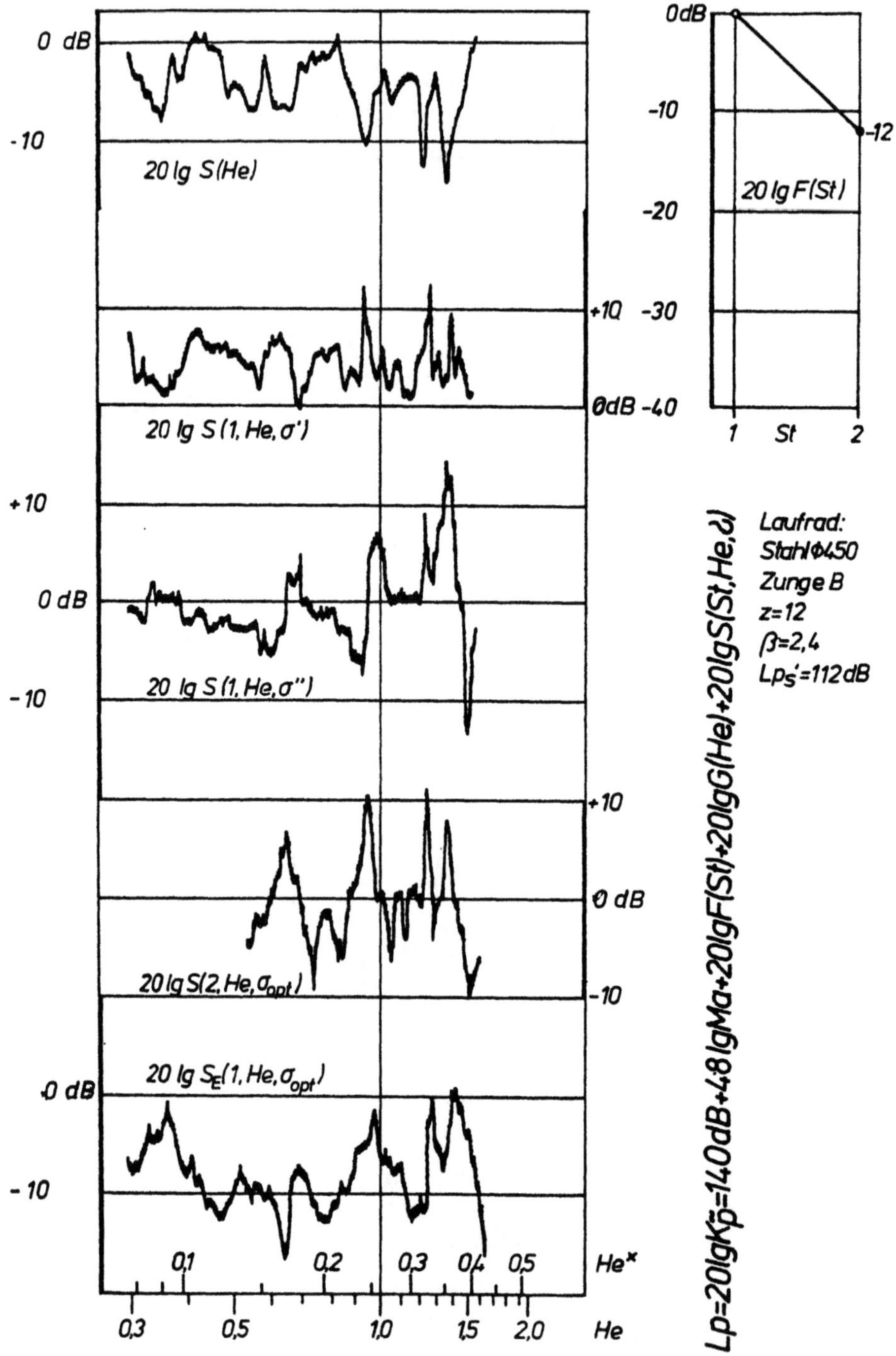


<u>Bild 6.42:</u> Drehklang-Kennkarte

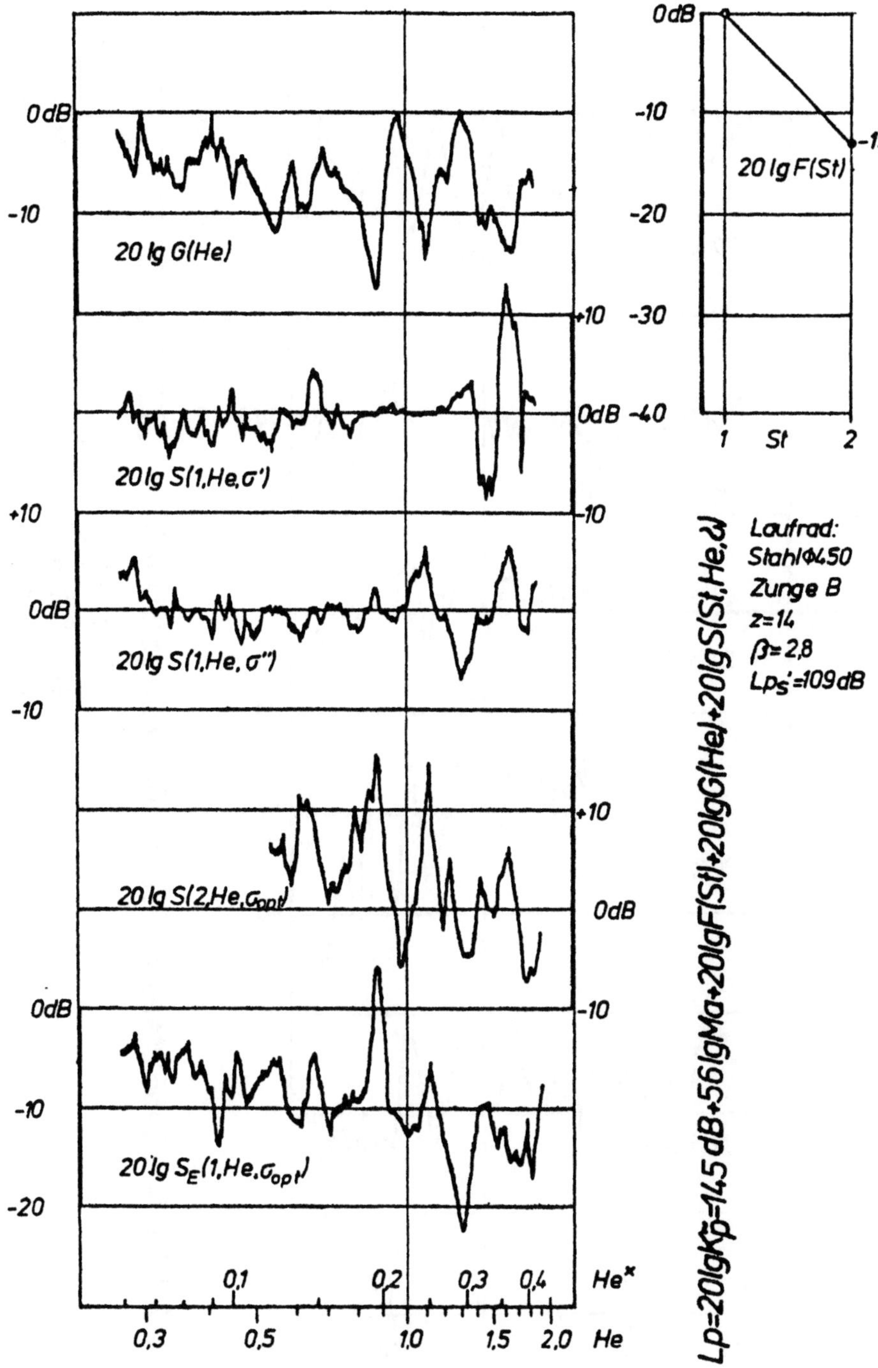


Bild 6.43: Drehklang-Kennkarte

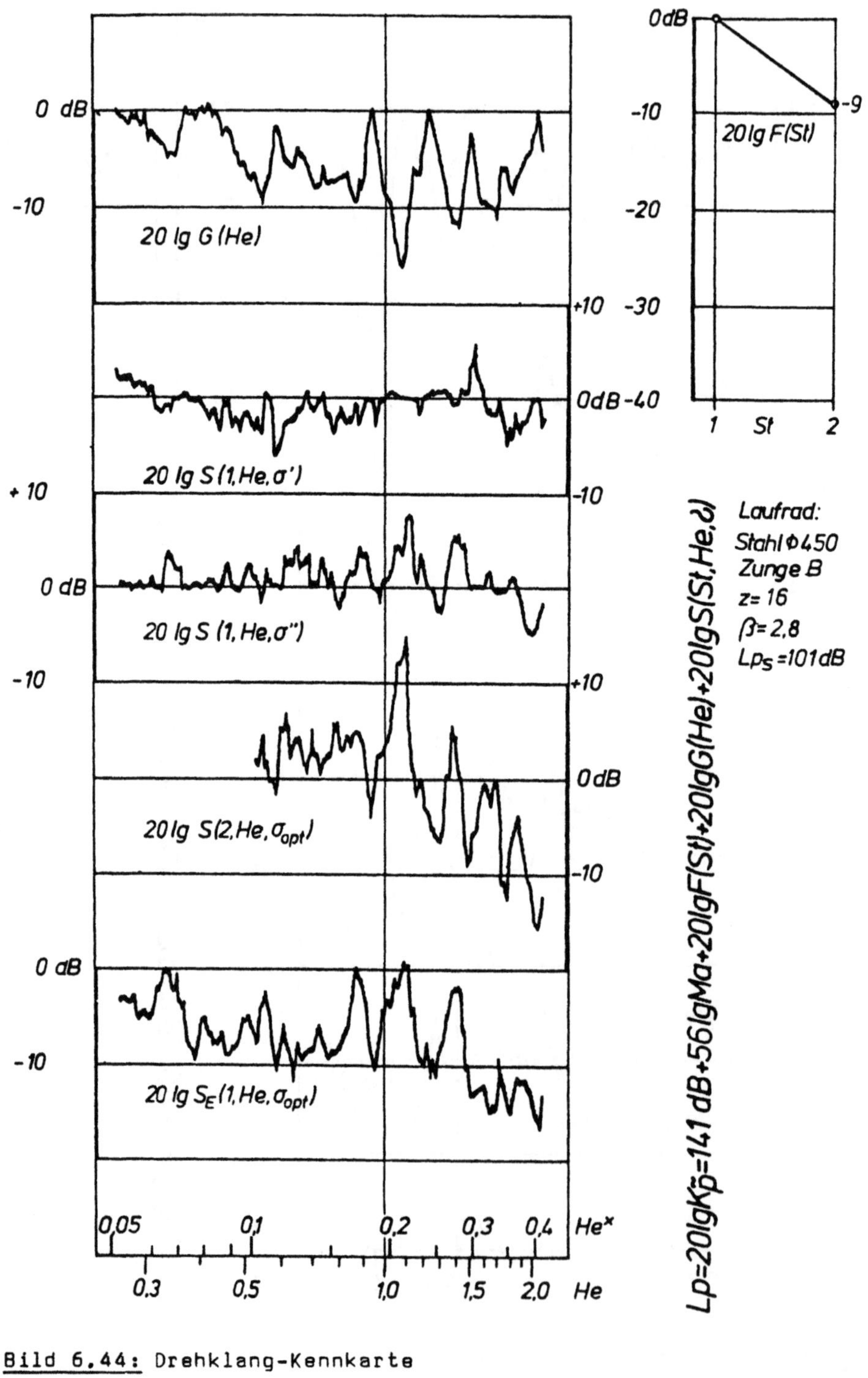


Bild 6.44: Drehklang-Kennkarte

## 7. Analyse des Ventilatorrauschens

Nach den bisher gewonnenen Erfahrungen kann in bestimmten Fällen eine spürbare Minderung des Drehklanglärms allein durch eine etwa 10 bis 15 %ige Drehzahlsteigerung bei entsprechender Verkleinerung des Schaufelaustrittsdurchmessers erzielt werden. Voraussetzung hierfür ist jedoch ein Ventilator, dessen Systemfrequenzgang möglichst ausgeprägte und eng beieinanderliegende Gipfel und Täler aufweist und dessen Druckkennlinie rechts vom Optimum hinreichend steil abfällt. Diese Anforderungen, die an Systemfrequenzgang und Kennlinie des Ventilators zu stellen sind, lassen sich - zumindest beim typischen Langsamläufer - durch die Zungenformgebung und den Zungenabstand in Kombination mit der Schaufelzahl meist erfüllen. Dabei muß jedoch in Rechnung gesetzt werden, daß das Ventilatorrauschen infolge der höheren Umlaufgeschwindigkeit des Laufrades zunehmen und damit ein Teil der zunächst erzielten Lärmminderung wieder zunichte gemacht werden kann. Um einen möglichst exakten Aufschluß zu erhalten, wie sich die ausgeführten drehklangmindernden Konstruktionsänderungen auf das Ventilatorrauschen auswirken, war es erforderlich, das Rauschverhalten nach den gleichen ähnlichkeitstheoretischen Prinzipien wie den Drehklang zu analysieren. Die hierzu notwendigen Messungen wurden am Originalrad und am Bestrad, beim letzteren unter Einbeziehung der verschiedenen Schaufelzahlen, durchgeführt.

Schon WEIDEMANN /30/ hat eine getrennte Untersuchung von Drehklang und Strömungsrauschen vorgeschlagen und nachgewiesen, daß sich beide Geräuschkomponenten nach dem Superpositionsprinzip mit den Modellvorstellungen des Produktgesetzes behandeln lassen. Nach HECKL /45/ hat in der Akustik das Superpositionsprinzip, das Linearität der zugrundeliegenden Gleichungen voraussetzt, bis etwa 130 dB Gültigkeit.

Zur Lösung des Problems sind zumindest Terzanalysen notwendig, aber auch ausreichend, um eventuell vorhandene Schaufeltöne einwandfrei vom Rauschen unterscheiden zu können, was beim Oktavspektrum nicht mehr so ohne weiteres der Fall ist. Schmalbandanalysen dagegen sind zu aufwendig und außerdem wenig geeignet, die gesuchten Rauschkenngrößen experimentell zu bestimmten.

Bei der Analyse der am Ventilator gemessenen Terzspektren ist zu beachten, daß die Strouhalzahl im Unterschied zum Schmalbandspektrum nicht mehr beliebig vorkommt, weil sie mit den Terzmittenfrequenzen $f_T$ wie folgt verknüpft ist:

$$St = \frac{f_T \, D_2}{u_2} \tag{7.1}$$

Analog lautet die Helmholtzzahl

$$He = \frac{f_T \, D_2}{a} \tag{7.2}$$

Da beim Rauschen beide Kennzahlen über die Beziehung

$$\frac{Ma \; St}{He} = 1 \tag{7.3}$$

miteinander verkettet sind, kann nur eine davon frei gewählt werden, jedoch nur in der Abstufung des Terzrasters $2^{1/3}$. Daraus folgt, daß beim Terzrauschen sowohl die Rauschfunktion F(St) - die für das Strömungsrauschen die gleiche Bedeutung hat wie die Erregerfunktion für den Drehklang - als auch der Systemfrequenzgang G(He) und die S-Funktion $S(St,He,\sigma)$ nur diskret bestimmt werden können, obwohl alle drei Funktionen wegen ihres stochastischen Charakters kontinuierliche Funktionen sind. Daher sind sie nur dann experimentell eindeutig bestimmbar, wenn man die Terzspektren bei hinreichend vielen nach dem Terzraster abgestuften Drehzahlen aufnimmt.

Damit das jeweilige Spektrum auch tatsächlich repräsentativ für den Rauschvorgang des Ventilators ist, sind vor Anwendung der in Abschnitt 6.2 aufgeführten Regeln alle eventuell aus dem Terzspektrum hervortretenden Tonpegel zu kappen.

An einem praktischen Beispiel soll nun die Analyse des Terzrauschens näher erläutert werden. In Bild 7.1 oben sind die am Originalventilator aufgenommenen und korrigierten Terzspektren für acht verschiedene nach dem Terzraster abgestufte Drehzahlen $n_1 = 957\ min^{-1}$ bis $n_8 = 4774\ min^{-1}$ eingetragen. Da die Abstufung der Machzahl ($Ma \sim n$) ebenfalls dem Raster der Terzskala entspricht, sind die Punkte gleicher Strouhalzahl, die zwei benachbarten Terzspektren angehören, auch um eine Terz versetzt. Die Verbindungslinien gleicher Strouhalzahl sind in Bild 7.1 oben gepunktet eingetragen. Um den nichtnormierten Systemfrequenzgang $G_M$ zu erhalten, wurden diese gepunkteten Linien in Richtung konstanter Helmholtzzahl so weit verschoben, bis alle Linien mit der Linie St= 1, deren Lage beibehalten wurde, mit geringster Abweichung zueinander stückweise zur Deckung kamen. Das Ergebnis dieser "Linientransformation", in Bild 7.1 unten graphisch dargestellt, kann nun ebenso wie beim Drehklang in eine Potenzfunktion, in einen Systemfrequenzgang und in eine S-Funktion zerlegt werden. Aus Zweckmäßigkeitsgründen soll auch hier die Potenzfunktion 20 lg He die "gipfelverbindende Gerade" darstellen, deren Steigung die Potenz $\beta$ ergibt. Im vorliegenden Falle ist $\beta = 2{,}23$.

Definiert man nun die obere Begrenzungskurve des durch die "Linientransformation" erhaltenen Kurvenbandes in Übereinstimmung mit dem Drehklangverfahren als Bezugsfrequenzgang des Strömungsrauschens, so geht der gesuchte Systemfrequenzgang 20 lg G(He) aus der Pegeldifferenz zwischen der Potenzfunktion 20 lg $He^{\beta}$ und dieser oberen Begrenzungskurve hervor. In Bild 7.2 oben ist diese Differenz als 20 lg G(He) über He aufgetragen.

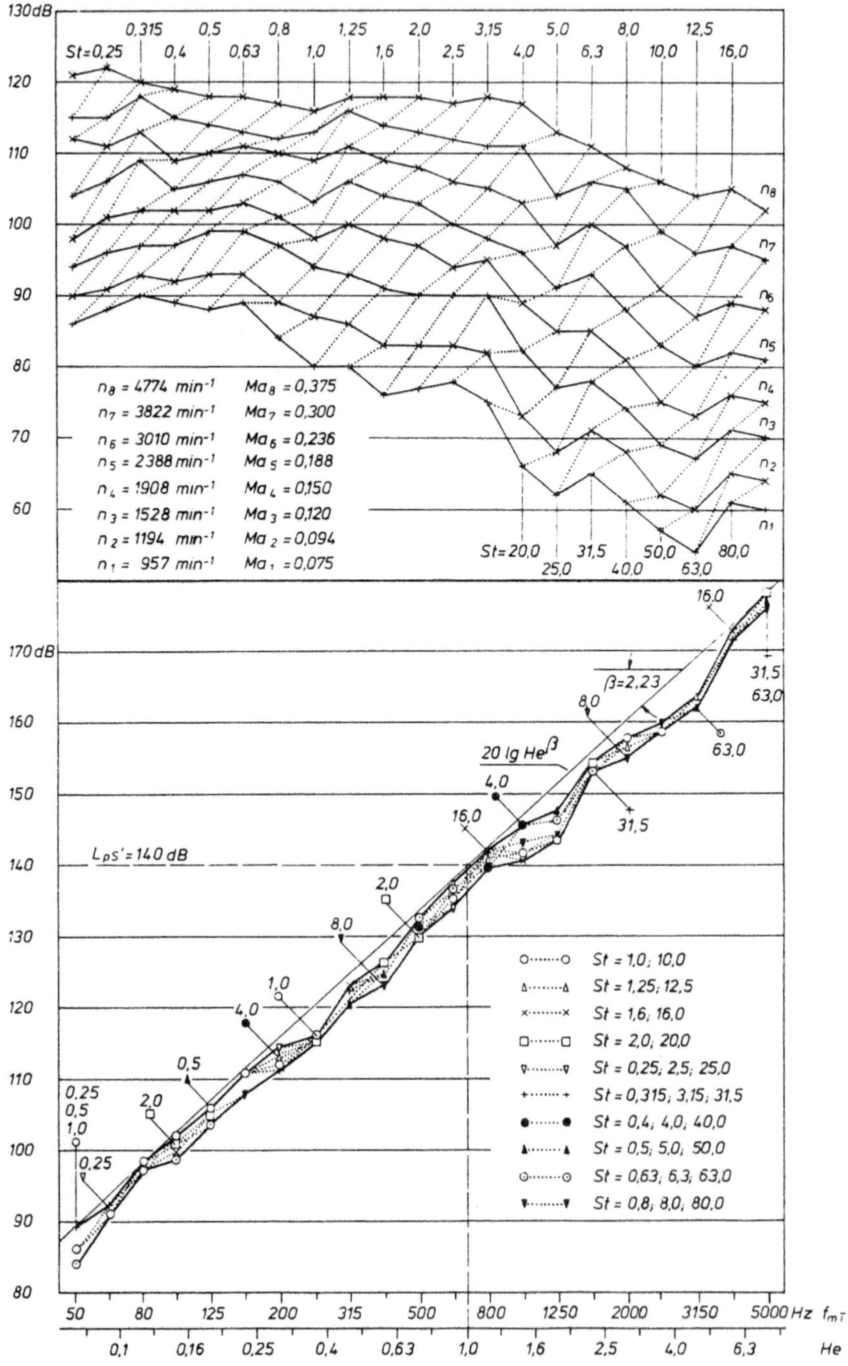


<u>Bild 7.1:</u> Terzspektren und nichtnormierter Systemfrequenzgang des Originalventilators gemäß Bilder 2.1 und 2.2
- Zunge N -

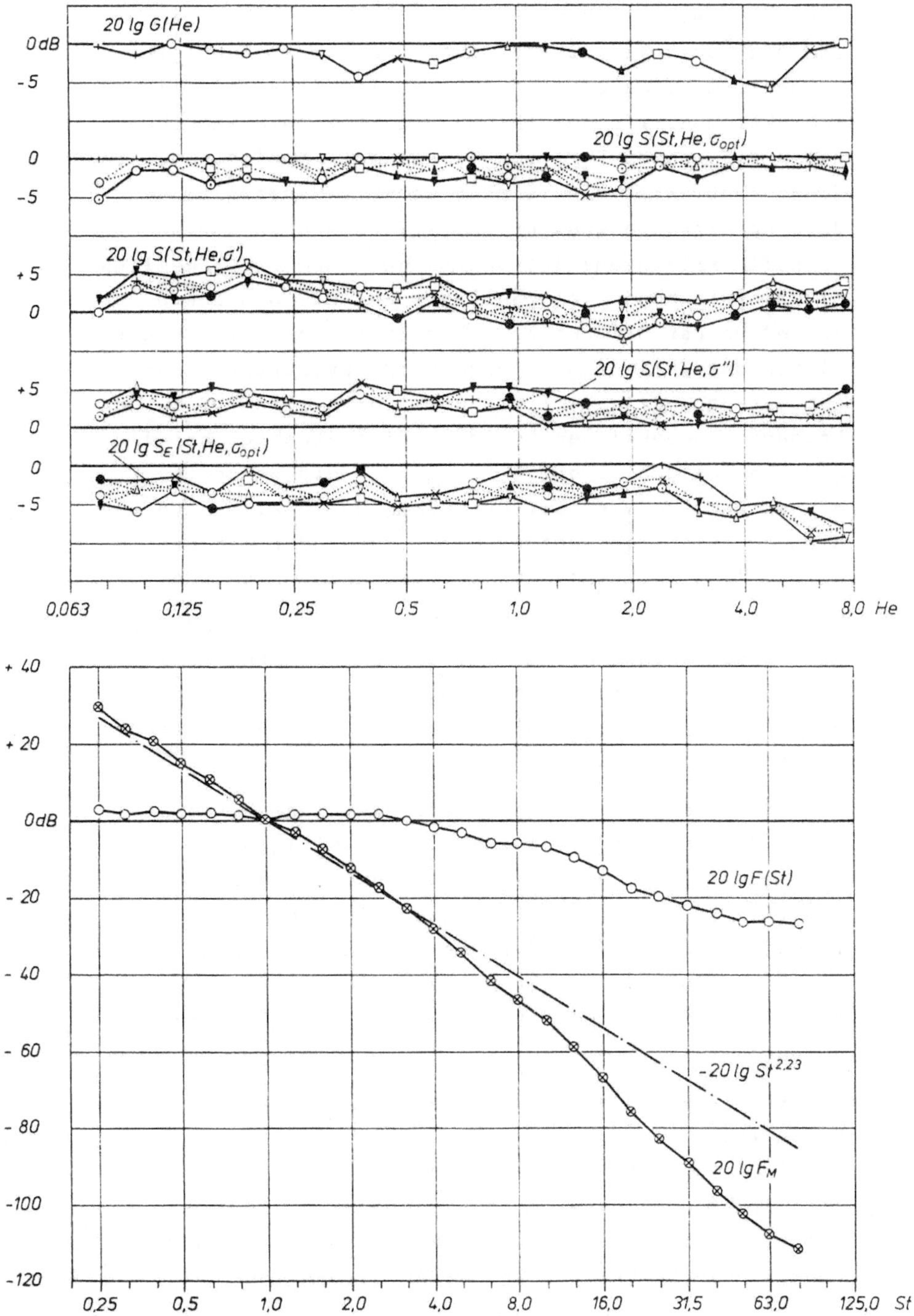


<u>Bild 7.2:</u> Diagramm zur Ermittlung der Funktionen F(St), G(He)und S(St,He,$\sigma$) anhand von Bild 7.1

Die Höhe des Streubandes selbst ist dann ein Maß für den möglichen Verlauf der von St und He abhängigen S-Funktion. Eine getrennte Darstellung der einzelnen S-Funktionen, wie beim Drehklang, ist beim Rauschen wegen der großen Zahl von St-Parametern nicht möglich, jedoch gestattet die relativ schmale Bandbreite von durchschnittlich weniger als ± 2 dB, eine entsprechende Plus-Minus-Toleranz anzugeben, wenn man die jeweilige Mitte der Bandhöhe als Sollwert angibt. Die obere Berandung der S-Funktion im Optimum schließt nun definitionsgemäß mit einer durch 0 dB verlaufenden Horizontalen ab, Bild 7.2. Die übrigen in Bild 7.2 aufgetragenen S-Funktionen für das Teillastgebiet bei $\sigma'$ und Überlastgebiet bei $\sigma''$ sowie für die Saugseite E wurden ähnlich wie beim Drehklang durch einfachen Vergleich der entsprechenden Funktionsbänder mit dem in Bild 7.1 dargestellten Bezugsfrequenzgang gefunden.

Die Rauschfunktion F(St) ergab sich schließlich aus dem Verschiebungsmaß, um das die punktierten Linien gleicher Strouhalzahl angehoben bzw. gesenkt werden mußten, bis sie die größte Deckung zueinander hatten, wie folgt:

Zunächst wurde die aus dem Verschiebungsmaß resultierende Pegeldifferenz über der jeweiligen Strouhalzahl aufgetragen und damit die nichtnormierte Rauschfunktion 20 lg $F_M$ erhalten. Nach Eintragen der Potenzfunktion - 20 lg $St^{2,23}$ ergab sich aus dem Pegelabstand zur Funktion 20 lg $F_M$ das gesuchte Rauschspektrum 20 lg F(St), wie in Bild 7.2 unten graphisch dargestellt.

Den spezifischen Schalldruckpegel $L_{ps}$, der beim Rauschen wegen Gl.(7.3) genau so groß ist wie der nichtnormierte spezifische Schalldruckpegel $L'_{ps}$, erhält man direkt ohne Umrechnung aus dem Schnittpunkt der durch He = 1 verlaufenden Senkrechten mit der Potenzfunktion 20 lg $He^{2,23}$. Nach Bild 7.1 beträgt $L_{ps}$ = 140 dB.

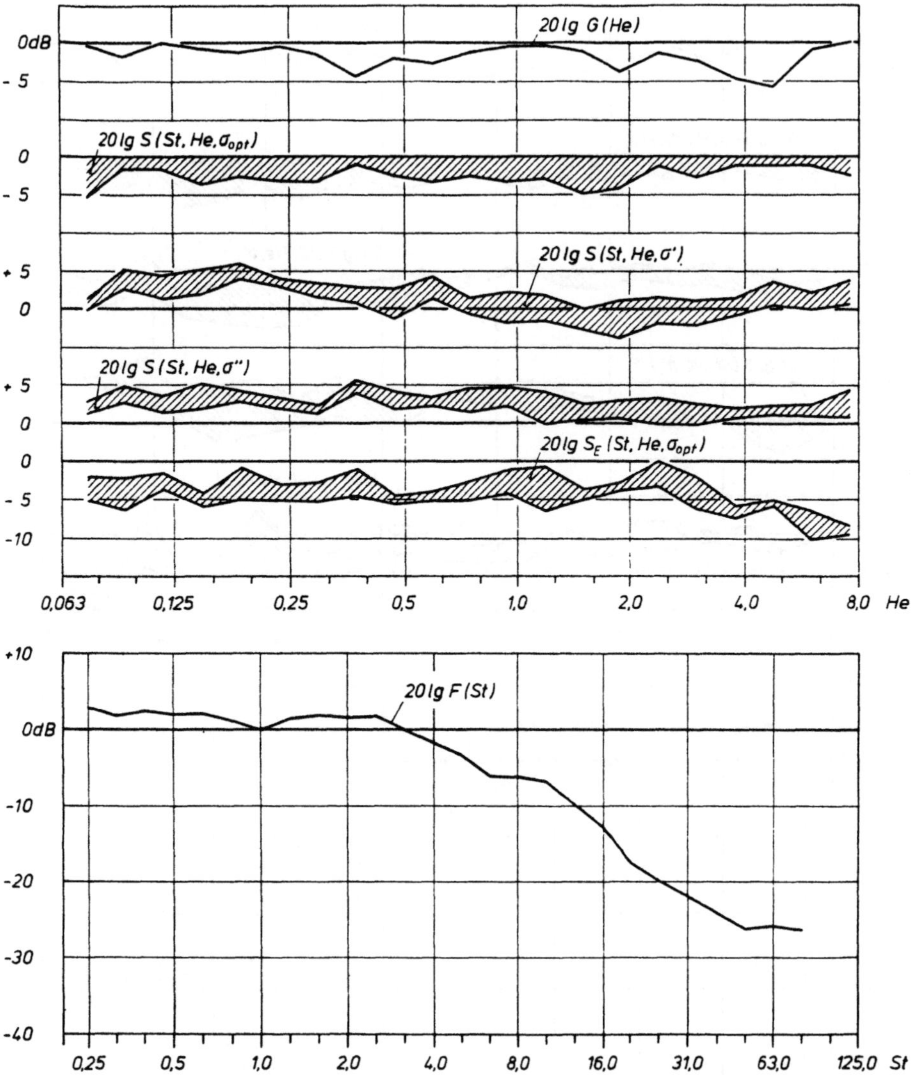


$$Lp = 140\,dB + 44{,}6\,\lg Ma + 20\,\lg F(St) + 20\,\lg G(He) + 20\,\lg S(St, He, \sigma)$$

$\sigma_{opt} = 0{,}135$ $\sigma' = 0{,}099$ $\sigma'' = 0{,}230$

Bild 7.3: Rausch-Kennkarte des Originalventilators gemäß Bilder 2.1 und 2.2, Zunge N, z = 12

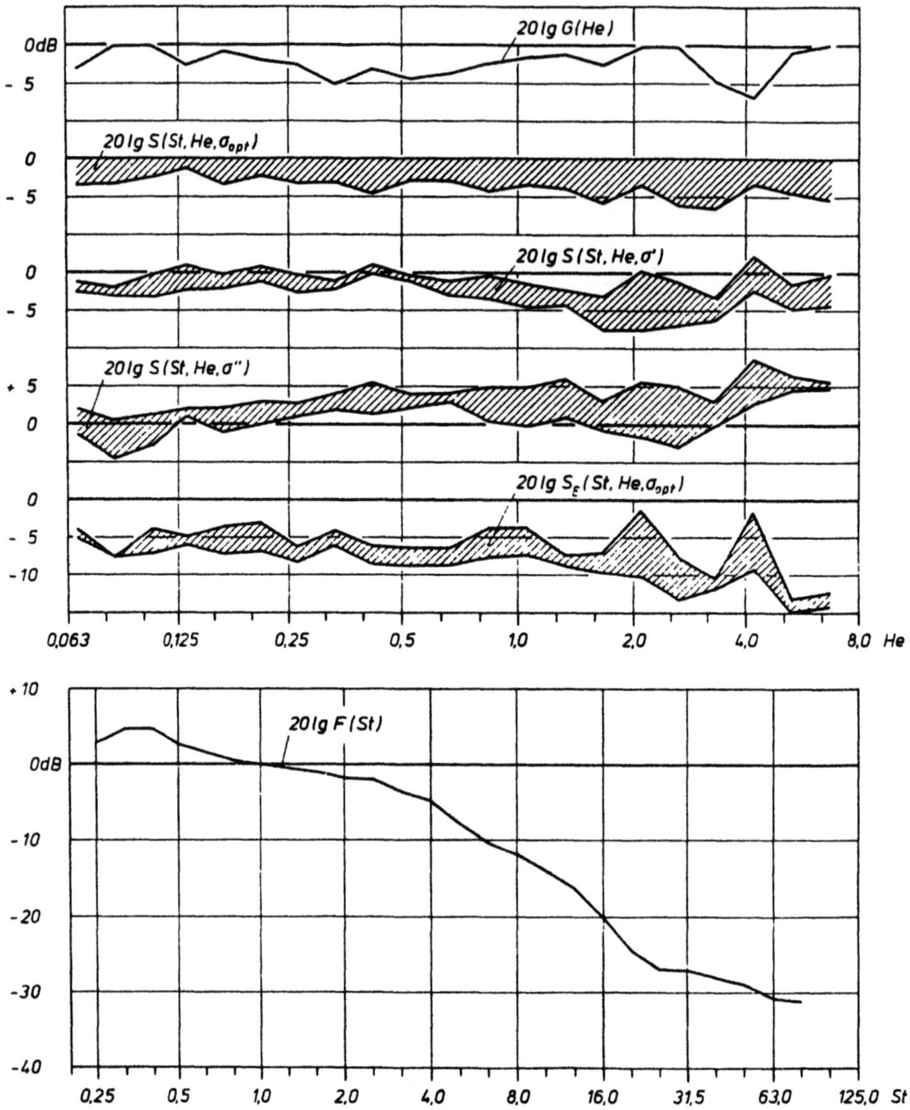


$$L_p = 143\,dB + 41{,}6 \lg Ma + 20 \lg F(St) + 20 \lg G(He) + 20 \lg S(St, He, \sigma)$$

$\sigma_{opt} = 0{,}147$ $\sigma' = 0{,}111$ $\sigma'' = 0{,}202$

Bild 7.4: Rausch-Kennkarte des Bestventilators gemäß Bild 5.1, Ø 450, Zunge B, z = 12

In Bild 7.3 sind nochmals alle am Originalventilator ermittelten Funktionen in Form einer "Rausch-Kennkarte" zusammengestellt worden.

Die am Bestventilator gemessenen Terzspektren wurden genauso ausgewertet und die erhaltenen Ergebnisse in Bild 7.4 festgehalten.

Ein Vergleich zwischen diesen beiden Rausch-Kennkarten läßt erkennen, daß der Schalldruckpegel des Gesamtrauschens: $L_{pt} = L_{ps} + 20 \cdot \beta \cdot \lg Ma$, beim Originalventilator etwas geringer als beim Bestventilator ist. Dafür fällt jedoch, wie ein Blick auf Bild 7.5 zeigt, sein Rauschspektrum mit steigender Frequenz schneller ab. Auch weisen der Systemfrequenzgang und einzelne S-Funktionen beim Bestventilator einen etwas günstigeren Verlauf als beim Originalventilator auf. Insgesamt betrachtet, ist jedoch weder eine Verbesserung noch eine Verschlechterung des Rauschverhaltens durch die konstruktiven Änderungen eingetreten. Dieses Ergebnis wird

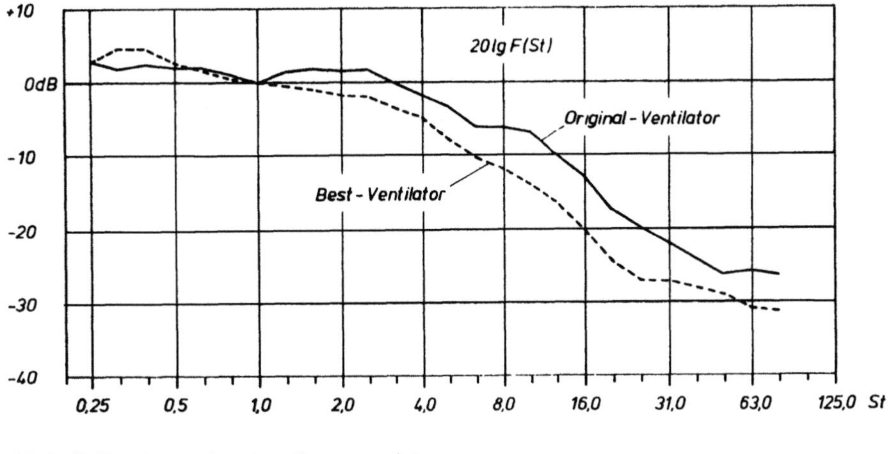


Bild 7.5: Normierte Terzspektren
(Auszug aus Bild 7.3 und Bild 7.4)

auch durch die Schmalbandspektren in den Bildern 6.1 und 6.6 bestätigt.

Jede Rausch-Kennkarte spiegelt gemeinsam mit der entsprechenden Drehklang-Kennkarte das gesamte Geräuschverhalten einer dem Modell geometrisch ähnlichen Baureihe wider. Sofort erkennt man, in welchem Maße sich das stark frequenzabhängige Rauschen im Teillast- und Überlastbereich gegenüber dem Optimum verändert bzw. auf der Saugseite im Verhältnis zur Druckseite abschwächt. Im Gegensatz zum Drehklang sind jedoch die Pegelschwankungen wesentlich geringer und überschreiten selten 5 dB. Ebenso konnte festgestellt werden, daß beim Rauschen der Einfluß von Zungenform, Zungenabstand und Schaufelzahl auf den spezifischen Schalldruckpegel $L_{ps}$ und die Machzahlpotenz $\beta$ wesentlich geringer als beim Drehklang ist. Da in Abschnitt 8 hierauf noch ausführlich eingegangen wird, genügt es, aus den zahlreichen Messungen zur Schaufelzahluntersuchung an dieser Stelle nur die Ergebnisse für z = 6, 12 und 16 Schaufeln in den Rausch-Kennkarten, Bilder 7.6 bis 7.8, zusammenzufassen.

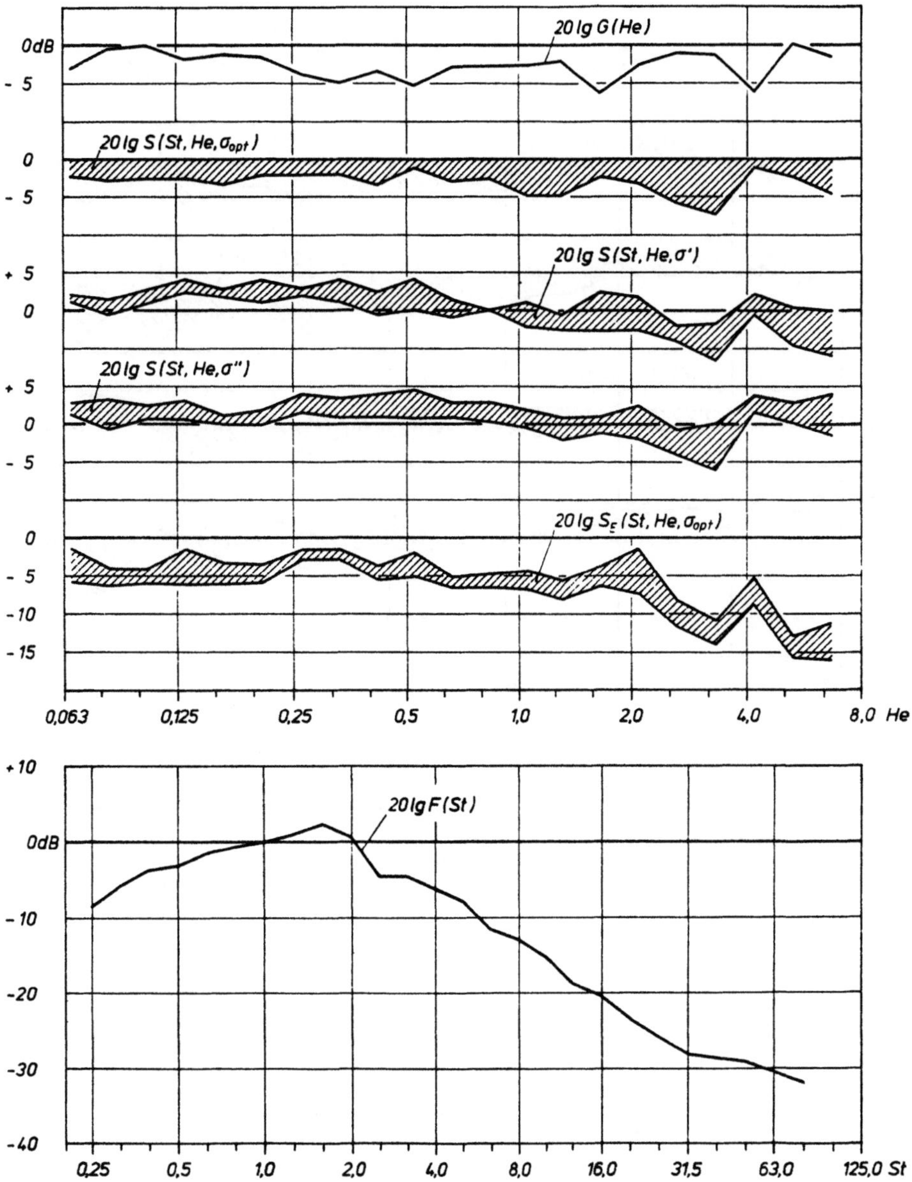


$$Lp = 143dB + 41{,}8 \lg Ma + 20 \lg F(St) + 20 \lg G(He) + 20 \lg S(St, He, \sigma)$$

$\sigma_{opt} = 0{,}158$ $\sigma' = 0{,}116$ $\sigma'' = 0{,}229$

Bild 7.6: Rausch-Kennkarte
Stahl-Laufrad Ø 450, Zunge B, z = 6

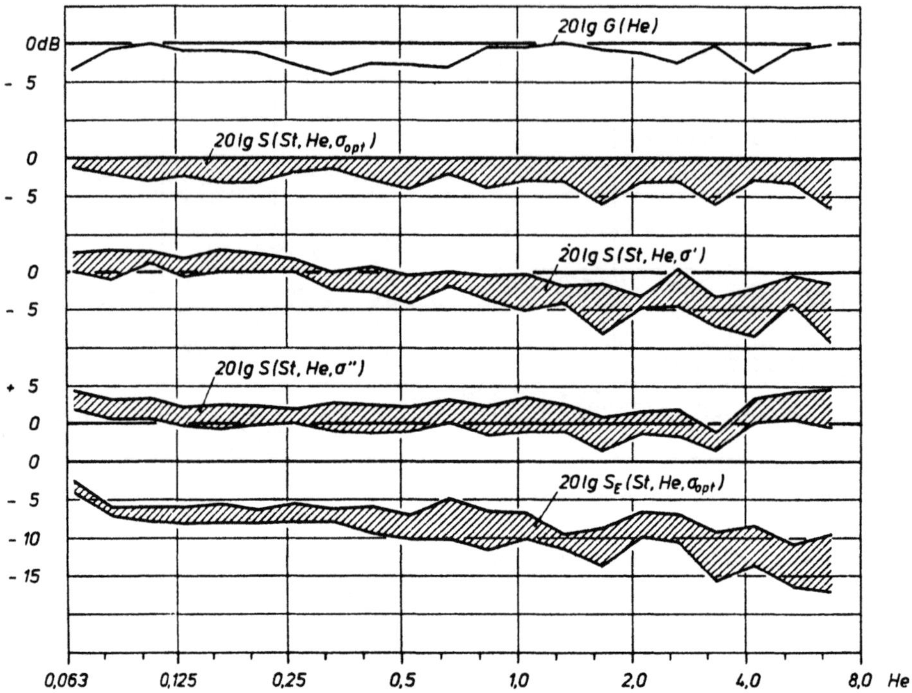


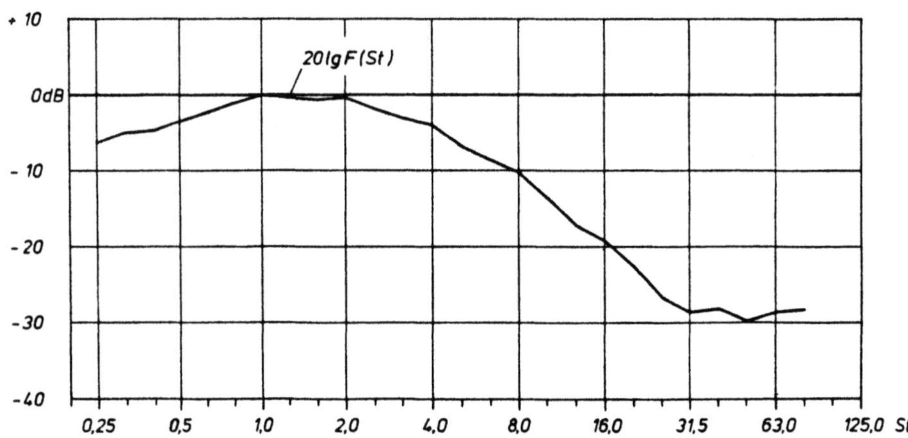


$$Lp = 141dB + 41{,}8\lg Ma + 20\lg F(St) + 20\lg G(He) + 20\lg S(St, He, \sigma)$$

$\sigma_{opt} = 0{,}147$ $\sigma' = 0{,}110$ $\sigma'' = 0{,}205$

Bild 7.7: Rausch-Kennkarte
Stahl-Laufrad Ø 450, Zunge B, z = 12

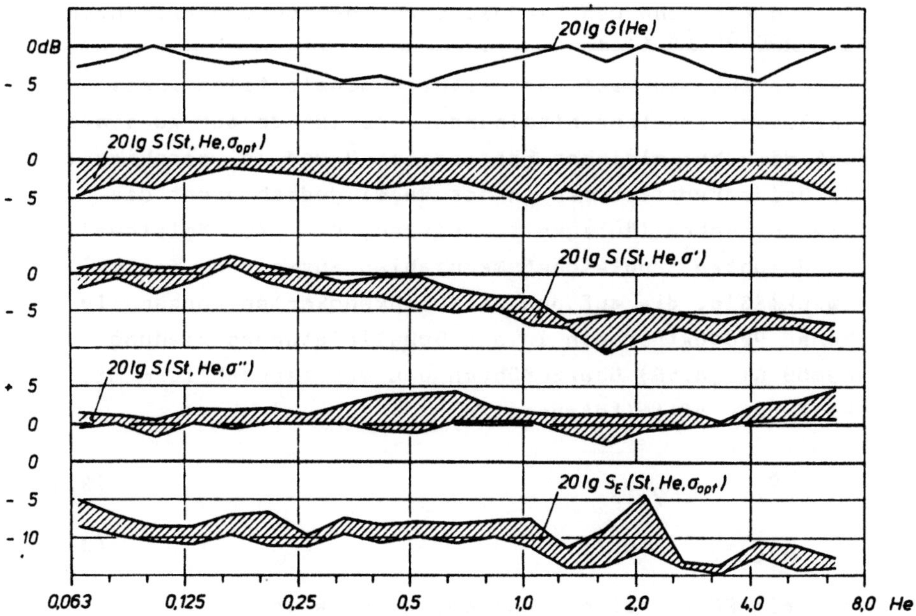


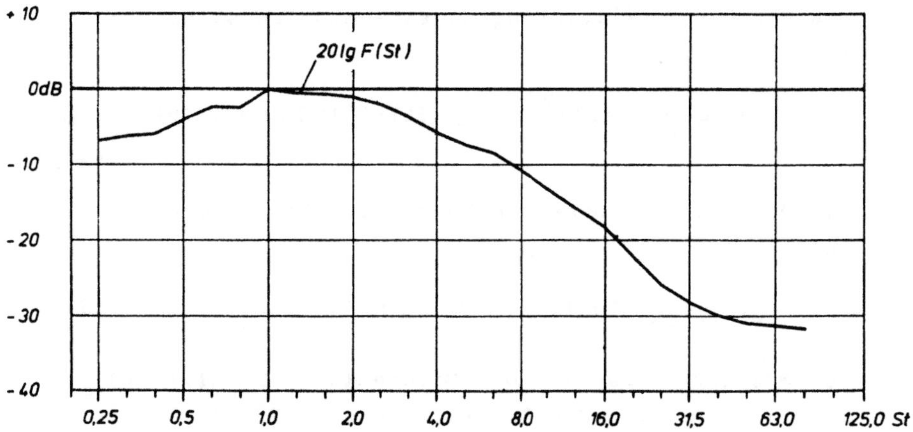


$$Lp = 141\,dB + 41{,}2\,lg\,Ma + 20\,lg\,F(St) + 20\,lg\,G(He) + 20\,lg\,S(St, He, \sigma)$$

$\sigma_{opt} = 0{,}147$ $\sigma' = 0{,}111$ $\sigma'' = 0{,}202$

Bild 7.8: Rausch-Kennkarte
Stahl-Laufrad Ø 450, Zunge B, z = 16

## 8. Modifikation des Geräuschvorausberechnungsverfahrens nach ALLEN /1/.

Vergleicht man zwei Ventilatoren hinsichtlich ihres Geräuschverhaltens miteinander, so ist darauf zu achten, daß dies bei gleichen Förderdaten $\dot{V}$ und $\Delta p_t$ geschieht. Da beide Ventilatoren in der Regel jedoch nicht die gleiche Schnelläufigkeit besitzen, d.h. für "gleiche" Förderdaten "ungleiche" Machzahlen aufweisen, ist es zweckmäßig, die auf den Geräuschkennkarten angeschriebenen Produktformeln in die Schalleistungsbeziehung gemäß Gl.(4.56) überzuführen und den Machzahlterm mit Hilfe der Affinitätsgesetze

$$\dot{V} = \varphi A_2 u_2 \tag{8.1}$$

$$\Delta p_t = \psi \rho u_2^2/2 \tag{8.2}$$

auf die Förderdaten $\dot{V}$ und $\Delta p_t$ umzustellen.

Das auf die Schalleistung abgestimmte Produktgesetz lautet:

$$L_w = L_{ps} + 10 \lg \frac{S}{S_o} + 10 \lg Ma^{2\beta} + 20 \lg F(St) + 20 \lg G(He) + 20 \lg S(St, He, \sigma) \tag{8.3}$$

Die drei ersten Summanden können zum Gesamtschallleistungspegel

$$L_{wt} = L_{ps} + 10 \lg \frac{S}{S_o} + 10 \lg Ma^{2\beta} \tag{8.4}$$

zusammengefaßt werden. Der Machzahlterm in Gl.(8.4) läßt sich nun mit den Gln.(8.1) und (8.2) wie folgt umformen:

$$Ma^{2\beta} = \frac{u_2}{a}\left(\frac{u_2}{a}\right)^{2\beta-1} = \frac{\dot{V}}{\varphi A_2 a}\cdot\left(\frac{\Delta p_t}{\frac{\rho}{2} a^2 \psi}\right)^{\frac{2\beta-1}{2}}$$

$$= \frac{\dot{V}_o}{\varphi S_o a}\cdot\left(\frac{\Delta p_o}{\frac{\rho}{2} a^2 \psi}\right)^{\beta-\frac{1}{2}} \frac{\dot{V}}{\dot{V}_o}\cdot\left(\frac{\Delta p_t}{\Delta p_o}\right)^{\beta-\frac{1}{2}}\cdot\frac{S_o}{A_2} \tag{8.5}$$

Mit Gl.(8.4) und Gl.(8.5) erhält man schließlich nach passender Rechnung und Umstellung die Gesamtschallleistungsbeziehung

$$L_{wt} = L_{ws} + 10\lg\frac{\dot{V}}{\dot{V}_o} + (10\beta - 5)\lg\frac{\Delta p_t}{\Delta p_o} \tag{8.6}$$

worin

$$L_{ws} = L_{ps} + 10\lg\frac{S}{A_2} + 10\lg\left[\frac{\dot{V}_o}{S_o\, a\, \varphi}\left(\frac{\Delta p_o}{\frac{\rho}{2}a^2\psi}\right)^{\beta-\frac{1}{2}}\right] \tag{8.7}$$

der spezifische Schalleistungspegel des Ventilators ist.

Drückt man das Verhältnis von Meßquerschnitt zum Laufradquerschnitt $S/A_2$ durch das Quadrat des Laufraddurchmesserverhältnisses $(D_s/D_2)^2$ aus und faßt die Potenzprodukte $\dot{V}_o/S_o a$ sowie $\Delta p_o/\frac{\rho}{2}a^2$ zu Bezugskennzahlen $\varphi_a$ und $\psi_a$ zusammen, mit denen eine nochmalige Normierung der Lieferzahl $\varphi$ und Druckzahl $\psi$ des Ventilators erfolgt, so kann Gl.(8.7) auch wie folgt ausgedrückt werden:

$$L_{ws} = L_{ps} + 10\lg\left(\frac{D_s}{D_2}\right)^2 - 10\lg\left[\frac{\varphi}{\varphi_a}\left(\frac{\psi}{\psi_a}\right)^{\beta-\frac{1}{2}}\right] \tag{8.8}$$

mit $a = 340$ m/s als Schallgeschwindigkeit und $\rho = 1{,}2$ kg/m$^3$ als durchschnittlicher Luftdichte sowie den Bezugsgrößen $\dot{V}_o = 1$ m$^3$/s, $\Delta p_o = 1$ Pa und $S_o = 1$ m$^2$ ergeben sich die Bezugskennzahlen:

$$\varphi_a = \frac{1}{340} = 2{,}94 \cdot 10^{-3}$$

$$\psi_a = \frac{1}{0{,}6 \cdot 340^2} = 1{,}44 \cdot 10^{-5}$$

Aus Gl.(8.8) geht hervor, daß sich der spezifische Schalleistungspegel $L_{ws}$ mit dem Durchmesserverhältnis $D_s/D_2$, den dimensionslosen Kenngrößen $\varphi$ und $\psi$ sowie der Machzahlpotenz $\beta$ leicht aus dem spezifischen Schalldruckpegel $L_{ps}$ berechnen läßt. Dabei ist zu beachten, daß die Werte $L_{ps}$ und $\beta$, die den Geräusch-Kennkarten zu entnehmen sind, für das Optimum bestimmt wurden und demzufolge $\varphi$ und $\psi$ Optimalwerte bedeuten.

Führt man die Abkürzungen

$$\Delta L(F) = 20 \lg F(St)$$

$$\Delta L(G) = 20 \lg G(He)$$

$$\Delta L(S) = 20 \lg S(St, He, \sigma)$$

ein, so kann Gl.(8.3) im Einklang mit den Gln.(8.4) und (8.6.) vereinfachend folgendermaßen ausgedrückt werden:

$$L_w = L_{wt} + \Delta L(F) + \Delta L(G) + \Delta L(S) \qquad (8.9)$$

Mit Gl.(8.9) ist eine Beziehung gefunden worden, die es gestattet, über den Gesamtschalleistungspegel $L_{wt}$ das Terzspektrum wie folgt zu ermitteln:

- Zunächst erhält man mit den "diskreten" Werten $\Delta L(F)$ des Rauschspektrums, die den Rausch-Kennkarten zu entnehmen sind und die gleiche physikalische Bedeutung wie die in Tabelle 1.1 aufgeführten relativen Oktav-Schalleistungspegel besitzen, durch Addition mit dem Gesamtschalleistungspegel $L_{wt}$ gemäß Gl.(8.6) das vorläufige Terzspektrum.

- Danach werden mit den "diskreten" Pegelwerten $\Delta L(G)$ des Systemfrequenzganges die auf hohlraumbedingten Reflexionen beruhenden Veränderungen des Terzspektrums erhalten.

- Sodann sind mit $\Delta L(S)$ die Pegelabweichungen zu berücksichtigen, die auf gestörte Reflexionseigenschaften des Ventilators und veränderte Strömungsverhältnisse zurückzuführen sind.

- Schließlich wird an Hand der jeweiligen Drehklang-Kennkarte geprüft, ob ein Drehklang-Zuschlag notwendig ist oder nicht, indem der betreffende Schaufeltonpegel mit dem Terzpegel verglichen wird, dessen Frequenzband die entsprechende Schaufelfrequenz enthält. Der größere der beiden Pegel ist stets der maßgebende.

Ein besonderer Vorteil des aus dem erweiterten Produktgesetz abgeleiteten Geräuschvorausberechnungsverfahrens ist, daß es immer noch große Ähnlichkeit mit dem Näherungsverfahren nach ALLEN hat. Wie bisher, ist mit den Förderdaten $\dot{V}$ und $\Delta p_t$ der Gesamtschalleistungspegel des Ventilators zu berechnen. Die Kenntnis des Exponenten $\beta$ erhöht jedoch die Genauigkeit des Ergebnisses beträchtlich. Ein Vergleich von Gl.(8.6) mit Gl.(1.1) zeigt, daß beide Beziehungen nur für $\beta$ = 2,5 identisch sind. Gleichung (1.1) stellt somit lediglich einen Sonderfall der allgemeineren aus dem erweiterten Produktgesetz hergeleiteten Gleichung (8.6) dar. Darüber hinaus kann statt des nach Tabelle 1.1 zu bestimmenden Oktavspektrums mit einer relativ großen Toleranz von ± 4 dB ein wesentlich differenzierteres, die inneren Schallreflexionen des jeweiligen Ventilatortyps berücksichtigendes Terzspektrum mit einer Toleranz von durchschnittlich nur ± 2 dB vorausberechnet werden. Besonders wichtig ist, daß man nicht mehr auf einen pauschalen Drehklangzuschlag von 5 dB angewiesen ist, sondern an Hand der Drehklang-Kennkarten eine Aussage über den tatsächlich erforderlichen Drehklang-Zuschlag erhält und dementsprechend Maßnahmen zu seiner Minderung treffen kann.

Da das ALLENsche Verfahren trotz aller ihm anhaftenden Mängel bisher noch die brauchbarsten Ergebnisse für die Belange der Lufttechnik geliefert hat, ist zu erwarten, daß mit dem nunmehr vorliegenden modifizierten

Verfahren die noch vorhandenen Lücken im Fragenkomplex Ventilatorgeräusch aufgrund weiterer Versuche und ihrer Analyse nach den hier aufgezeigten Regeln allmählich geschlossen werden können.

Von besonderem Interesse war es daher, mit den Beziehungen Gl.(8.6) und Gl.(8.8), die ja sowohl für das Ventilatorrauschen als auch für den Drehklang jeweils getrennt herangezogen werden können, den spezifischen Gesamtschalleistungspegel $L_{ws}$ mit den aus den Ventilator-Kennkarten bekannten Kenngrößen $\psi$, $\varphi$, $L'_{ps}$ und $\beta$ experimentell zu bestimmen und damit den Einfluß des Schallquellentyps auf die gesamte Strahlungsintensität des Ventilatorgeräusches zu untersuchen.

Die umfangreichen Meßergebnisse zu diesem Meßprogramm, die am Originalrad und Bestrad mit den Zungen A, B und N vorgenommen wurden, sind in den Tabellen 8.1 bis 8.8 zusammengestellt und in den Bildern 8.1 und 8.2 graphisch dargestellt. Bei der Ausrechnung von $L_{ws}$ gemäß Gl.(8.8) war zu berücksichtigen, daß

beim Rauschen $\quad L_{ps} = L'_{ps}$

und

beim Drehklang $\quad L_{ps} = L'_{ps} - 20\lg\left(\frac{\pi}{z}\right)^{\beta}$

ist. Bild 8.1 zeigt die Abhängigkeit des spezifischen Schalleistungspegels $L_{ws}$ von der Machzahlpotenz $\beta$ für die jeweils untersuchten Zungenformen und Schaufelzahlen des Bestventilators. Wie daraus zu ersehen ist, kommen beim Drehklang (große Symbole) praktisch alle Exponenten zwischen 2 und 3 vor. Man erkennt deutlich, daß sich der Exponent $\beta$ sowohl mit dicker werdender Zunge (von A über B nach N) als auch mit wachsender Schaufelzahl (von z = 6 bis 16) stets vergrößert.
Diese Beobachtung stimmt mit bereits früher angestellten Überlegungen überein, wonach der Quellencharakter des Ventilatorgeräusches mit dicker oder runder werden-

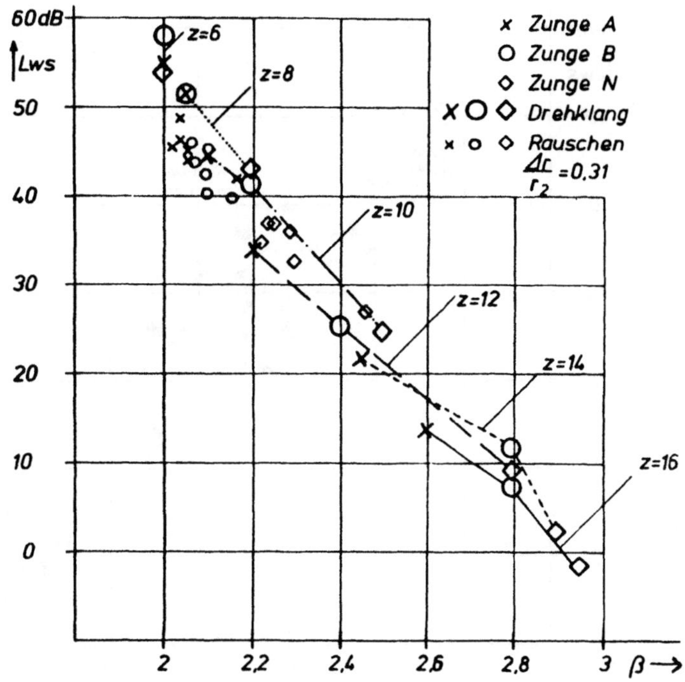


Bild 8.1: Abhängigkeit des spezifischen Schalleistungspegels $L_{ws}$ von der Machzahlpotenz $\beta$ bei verschiedenen Zungenformen und Schaufelzahlen

der Zunge und steigender Schaufelzahl, d.h. mit dem Anwachsen der Stauflächen bzw. Impulsschichten in der Laufrad- und Gehäuseströmung, zum Dipol hin tendiert. Es ist daher auch zu vermuten, daß die mit wachsendem $\beta$ verbundene Abnahme des spezifischen Schalleistungspegels $L_{ws}$ mit den schlechteren Strahlungseigenschaften des Dipols gegenüber dem Monopol zusammenhängt. Auch beim Rauschen (kleine Symbole) ist grundsätzlich die gleiche Tendenz vorhanden, nur daß sich hierbei der Exponent $\beta$ bei sonst gleichen Konstruktionsänderungen lediglich zwischen 2 bis 2,5 verändert. Dementsprechend ist auch die Auswirkung auf den spezifischen Schalleistungspegel des

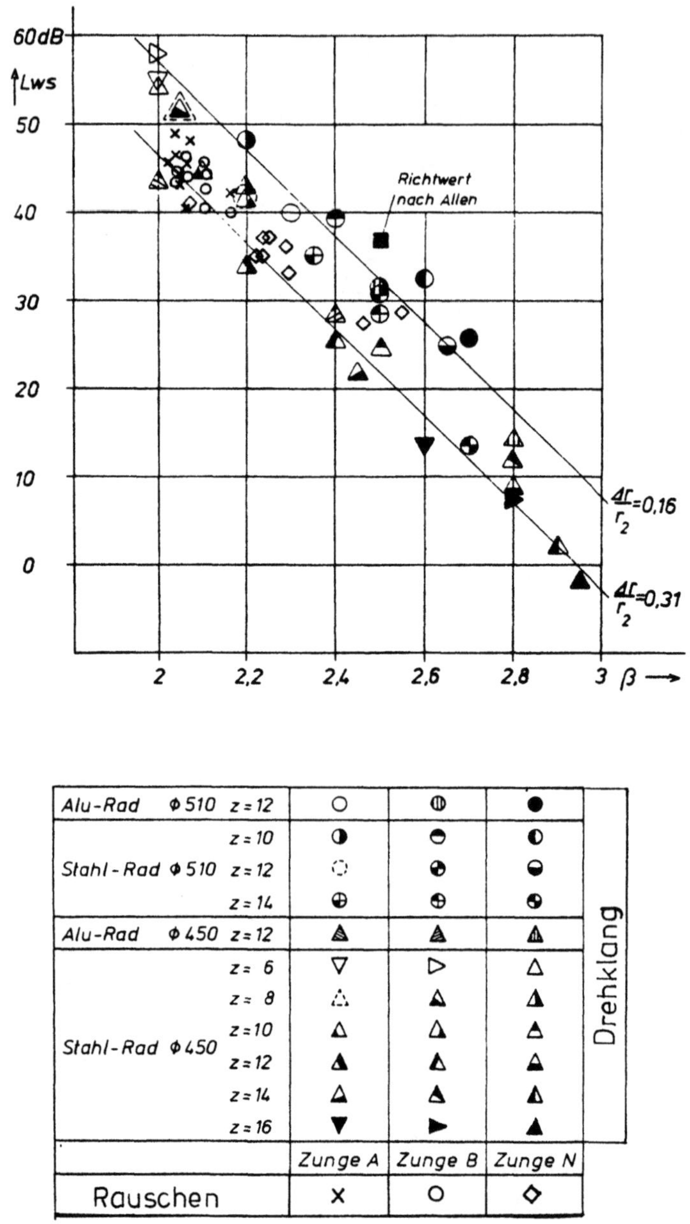


Bild 8.2: Abhängigkeit des spezifischen Schalleistungspegels $L_{ws}$ von der Machzahlpotenz $\beta$ für alle untersuchten Ausführungen

Rauschens geringer.

Aus Bild 8.2, in das die an allen untersuchten Ausführungen gewonnenen Meßwerte eingetragen sind, ist der enorme Einfluß, den Zungenform, Zungenabstand und Schaufelzahl auf Intensität und Quelleigenschaften des Ventilatorgeräusches ausüben, besonders gut erkennbar. Allein durch Vergrößerung des relativen Zungenabstandes $\Delta r/r_2$ von 0,16 auf 0,31 verringert sich der spezifische Schalleistungspegel $L_{ws}$ um durchschnittlich 10 dB. Dieses Ergebnis stimmt ziemlich genau mit demjenigen überein, das von LEIDEL gemessen wurde.

Der Verlauf der Meßpunkte in Bild 8.1 und 8.2 dürfte auch eine Erklärung dafür sein, weshalb die von BARTENWERFER /32/, LEIDEL /8/, LEIST /25/, WOLLHERR u.a. /24/ experimentell ermittelten Exponenten $\beta$ zum Teil so stark voneinander abweichen.

Um einen Vergleich der erhaltenen Meßwerte mit dem ALLENschen Richtwert zu erhalten, wurde der Bild 3.1c entnommene spezifische Schalleistungspegel $L_{ws}$, der für den untersuchten Langsamläufer etwa 37 dB beträgt, in Bild 8.2 über $\beta$ = 2,5 eingetragen. Wie man sieht, stimmen, grob betrachtet, Richtwert und Meßwerte nur dann ungefähr überein, wenn der relative Zungenabstand $\Delta r/r_2 \leqq 0,16$, die Zunge selbst hinreichend abgerundet und die Schaufelzahl $z \leqq 10$ ist. Hier zeigt sich nun, daß das ALLENsche Verfahren selbst bei Einschränkung auf den Gesamtschalleistungspegel $L_{wt}$ nicht ausreicht, den im Ventilatorenbau vorhandenen großen Reichtum an Schaufelkanal-, Gehäuse- und Zungenformen auch nur annähernd zu erfassen.

Aus dem mit $\beta$ stark abfallenden spezifischen Schalleistungspegel darf nun nicht geschlossen werden, daß sich in gleichem Maße auch die Quellstärke des Gesamtgeräusches vermindert. Um dies beurteilen zu können, muß der Gesamtschalleistungspegel $L_{wt}$ herangezogen werden. Betrachtet man z.B. die in Bild 8.2 eingezeichnete untere Gerade für den relativen Zungenabstand $\Delta r/r_2$ = 0,31, so kann $L_{ws} = f(\beta)$ analytisch wie folgt ausgedrückt werden:

$$L_{ws} = 145 - 49\beta \tag{8.10}$$

Setzt man Gl.(8.10) in die Gesamtschalleistungsbeziehung Gl.(8.6) ein, so folgt daraus

$$L_{wt} = (145 - 49\,\beta) + (10\beta - 5)\lg\frac{\Delta p_t}{\Delta p_o} + 10\lg\frac{\dot V}{\dot V_o} \tag{8.11}$$

Für $\beta = 2$ lautet Gl.(8.11)

$$L_{wt(\beta=2)} = 47 + 15\lg\frac{\Delta p_t}{\Delta p_o} + 10\lg\frac{\dot V}{\dot V_o} \tag{8.12}$$

Gleichung (8.12) von Gl.(8.11) subtrahiert, ergibt schließlich die Beziehung

$$\Delta L_w = (10\,\beta - 20)\lg\frac{\Delta p_t}{\Delta p_o} + 98 - 49\beta \tag{8.13}$$

aus der hervorgeht, um wieviel sich, konstante Förderdaten $\dot V$ und $\Delta p_t$ vorausgesetzt, der Gesamtschalleistungspegel bei beliebigen, durch $\beta$ gekennzeichneten Quelleigenschaften gegenüber dem reinen Flußquellentyp ($\beta = 2$) ändert.

In Bild 8.3 ist die Abhängigkeit der Pegeldifferenz $\Delta L_w$ vom Exponenten $\beta$ für verschiedene normierte Gesamtdrücke $\Delta p_t/\Delta p_o$ gemäß Gl.(8.13) dargestellt. Da bei der Ableitung dieser Beziehung der Volumenstrom $\dot V$ herausfällt, ist für jede der eingezeichneten Geraden nicht nur der Gesamtdruck, sondern auch die Strömungsleistung konstant. Beim Vergleich der einzelnen Geraden miteinander ist zu beachten, daß sich der Volumenstrom $\dot V$

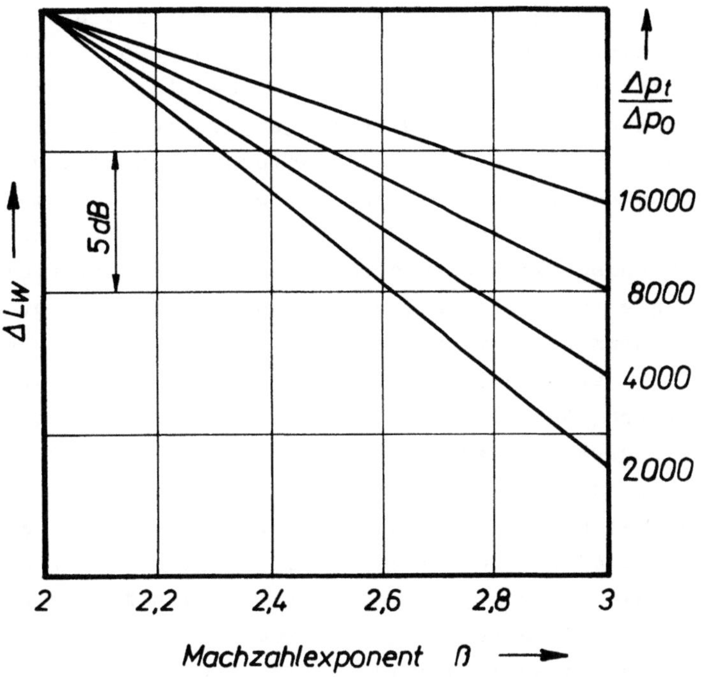


Bild 8.3: Einfluß der Machzahlpotenz β auf den Gesamtschalleistungspegel bei konstanter Strömungsleistung und verschiedenen Gesamtdruckverhältnissen $\Delta p_t/\Delta p_0$

wegen der Konstanz der Strömungsleistung umgekehrt porportional dem Gesamtdruck $\Delta p_t$ verhält.

Aus Bild 8.3 kommen die schlechteren Strahlungseigenschaften des Dipols gegenüber dem Monopol auch quantitativ zum Ausdruck. Gemäß /6/ verhalten sich nach GIERKE die relativen akustischen Wirkungsgrade von Monopol und Dipol zueinander wie 1 : 1/13, wenn die Wellenlänge etwa dem doppelten Umfang des Kugelstrahlers entspricht. Das bedeutet, daß unter sonst gleichen Bedingungen beim Dipolstrahler der Schalleistungspegel um etwa 10 lg (1/13) = -11 dB geringer ist als beim Monopolstrahler. Wie ein Blick auf Bild 8.3 zeigt, trifft diese Pegelminderung für Gesamtdrücke, die zwischen 4000 bis 8000 Pa liegen, tatsächlich zu. Darüber hinaus nimmt die Strahlungsintensität mit wachsendem Gesamtdruck $\Delta p_t$ zu, wie aus den weniger steil abfallenden Geraden hervorgeht. Auf dieses Wachstumsgesetz, wonach umso mehr Strömungsverlustenergie in Schallenergie umgewandelt wird, je größer die Umfangsgeschwindigkeit des Laufrades, d.h. je größer der Gesamtdruck ist, hat schon ZELLER /4/ hingewiesen. Aus diesen Erfahrungen darf allerdings nicht der Schluß gezogen werden, daß es nur darauf ankommt, den Exponenten $\beta$ zu steigern. Erst nach Berücksichtigung des Erregerspektrums und Systemfrequenzganges einschließlich der einzelnen S-Funktionen gewinnt man Aufschluß darüber, welche konstruktiven Maßnahmen sich bezüglich Schaufelzahl und Zungenform im Einzelfalle am günstigsten auswirken.

Die Erkenntnis, daß mit der Vergrößerung der Oberflächen durchströmter Systeme bei annähernd gleichen Strömungsquerschnitten, also mit wachsendem Verhältnis Impulsflächen zu Flußflächen, eine Verlagerung der Quelleigenschaften zum Dipol erfolgt, wie dies z.B. bei der Schaufelzahlerhöhung der Fall ist, findet auch auf einem anderen Gebiet der Strömungsakustik ihre Bestätigung. So hat HUBERT /46/ festgestellt, daß bei durchströmten Lüftungsgittern, bei denen das Verhältnis Impulsflächen zu Flußflächen naturgemäß besonders groß ist, die Schalleistung im Mittel mit der 6. Potenz der Strömungsgeschwindigkeit ansteigt, der Schallentstehungsmechanismus demzufolge Dipoleigenschaften aufweist.

| Zunge | - | A | B | N |
|---|---|---|---|---|
| $\varphi_{opt}$ | - | 0,026 | 0,026 | 0,026 |
| $\psi_{opt}$ | - | 1,293 | 1,293 | 1,293 |
| $\beta$ | - | 2,3 | 2,5 | 2,7 |
| $L'_{ps}$ | dB | 121 | 120 | 122 |
| $-20\ \lg\ (\frac{\pi}{z})^{\beta}$ | dB | 26,8 | 29,1 | 31,4 |
| $L_{ps}$ | dB | 147,8 | 149,1 | 153,4 |
| $L_{ws} - L_{ps}$ | dB | -107,9 | -117,8 | -127,6 |
| $L_{ws}$ | dB | 39,9 | 31,3 | 25,8 |

Tabelle 8.1: Originalrad Alu Ø 510 (Drehklang)

| Zunge | - | A | B | N |
|---|---|---|---|---|
| $\varphi_{opt}$ | - | 0,034 | 0,034 | 0,034 |
| $\psi_{opt}$ | - | 1,358 | 1,358 | 1,358 |
| $\beta$ | - | 2,0 | 2,4 | 2,8 |
| $L'_{ps}$ | dB | 114 | 114 | 115 |
| $-20\ \lg\ (\frac{\pi}{z})^{\beta}$ | dB | 23,3 | 27,9 | 32,6 |
| $L_{ps}$ | dB | 137,3 | 141,9 | 147,6 |
| $L_{ws} - L_{ps}$ | dB | -93,7 | -113,4 | -133,2 |
| $L_{ws}$ | dB | 43,6 | 28,5 | 14,4 |

Tabelle 8.2: Bestrad Alu Ø 450 (Drehklang )

| $z$ | - | 10 | 12 | 14 |
|---|---|---|---|---|
| $\varphi_{opt}$ | - | 0,026 | 0,026 | 0,026 |
| $\psi_{opt}$ | - | 1,29 | 1,275 | 1,293 |
| Z u n g e A | | | | |
| $\beta$ | - | 2,2 | 2,2 | 2,35 |
| $L'_{ps}$ | dB | 129,0 | 119,0 | 115,0 |
| $-20 \lg \left(\frac{\pi}{z}\right)^{\beta}$ | dB | 22,1 | 25,6 | 30,5 |
| $L_{ps}$ | dB | 151,1 | 144,6 | 145,5 |
| $L_{ws} - L_{ps}$ | dB | -103,0 | -102,9 | -110,4 |
| $L_{ws}$ | dB | 48,1 | 41,7 | 35,1 |
| Z u n g e B | | | | |
| $\beta$ | - | 2,4 | 2,5 | 2,5 |
| $L'_{ps}$ | dB | 128,0 | 119,0 | 114,0 |
| $-20 \lg \left(\frac{\pi}{z}\right)^{\beta}$ | dB | 24,1 | 29,1 | 32,5 |
| $L_{ps}$ | dB | 152,1 | 148,1 | 146,4 |
| $L_{ws} - L_{ps}$ | dB | -112,8 | -117,5 | -117,8 |
| $L_{ws}$ | dB | 39,3 | 30,6 | 28,6 |
| Z u n g e N | | | | |
| $\beta$ | - | 2,6 | 2,65 | 2,7 |
| $L'_{ps}$ | dB | 129,0 | 119,0 | 114,0 |
| $-20 \lg \left(\frac{\pi}{z}\right)^{\beta}$ | dB | 26,2 | 30,9 | 35,0 |
| $L_{ps}$ | dB | 155,2 | 149,9 | 149,0 |
| $L_{ws} - L_{ps}$ | dB | -122,7 | -125,0 | -135,4 |
| $L_{ws}$ | dB | 32,5 | 24,9 | 13,6 |

Tabelle 8.3: Stahl- Rad Ø 510 (Drehklang)

| $z$ | - | 6 | 8 | 10 | 12 | 14 | 16 |
|---|---|---|---|---|---|---|---|
| $\varphi_{opt}$ | - | 0,034 | 0,034 | 0,034 | 0,034 | 0,034 | 0,034 |
| $\psi_{opt}$ | - | 1,228 | 1,293 | 1,344 | 1,349 | 1,386 | 1,35 |
| ZUNGE A | | | | | | | |
| $\beta$ | - | 2,0 | 2,05 | 2,1 | 2,2 | 2,45 | 2,6 |
| $L'_{ps}$ | dB | 137,0 | 131,0 | 122,0 | 112,0 | 106,0 | 100,0 |
| $-20\ lg\left(\frac{\pi}{z}\right)^{\beta}$ | dB | 11,2 | 16,6 | 21,1 | 25,6 | 31,8 | 36,8 |
| $L_{ps}$ | dB | 148,2 | 147,6 | 143,1 | 137,6 | 137,8 | 136,8 |
| $L_{ws} - L_{ps}$ | dB | -93,0 | -95,8 | -98,5 | -103,5 | -116,1 | -123,2 |
| $L_{ws}$ | dB | 55,2 | 51,8 | 44,6 | 34,1 | 21,7 | 13,6 |
| ZUNGE B | | | | | | | |
| $\beta$ | - | 2,0 | 2,05 | 2,2 | 2,4 | 2,8 | 2,8 |
| $L'_{ps}$ | dB | 140,0 | 131,0 | 123,0 | 111,0 | 109,0 | 101,0 |
| $-20\ lg\left(\frac{\pi}{z}\right)^{\beta}$ | dB | 11,2 | 16,6 | 22,1 | 27,9 | 36,3 | 39,6 |
| $L_{ps}$ | dB | 151,2 | 147,6 | 145,1 | 138,9 | 145,3 | 140,6 |
| $L_{ws} - L_{ps}$ | dB | -93,0 | -95,8 | -103,5 | -113,4 | 133,4 | 133,1 |
| $L_{ws}$ | dB | 58,2 | 51,8 | 41,6 | 25,5 | 11,9 | 7,5 |
| ZUNGE N | | | | | | | |
| $\beta$ | - | 2,0 | 2,2 | 2,5 | 2,8 | 2,9 | 2,95 |
| $L'_{ps}$ | dB | 136,0 | 129,0 | 118,0 | 109,0 | 103,0 | 97,0 |
| $-20\ lg\left(\frac{\pi}{z}\right)^{\beta}$ | dB | 11,2 | 17,1 | 25,1 | 32,6 | 37,6 | 41,7 |
| $L_{ps}$ | dB | 147,2 | 146,1 | 143,1 | 141,6 | 140,6 | 138,7 |
| $L_{ws} - L_{ps}$ | dB | -93,0 | -103,2 | -118,3 | -133,1 | -138,3 | -140,5 |
| $L_{ws}$ | dB | 54,2 | 42,9 | 24,8 | 8,5 | 2,3 | - 1,8 |

<u>Tabelle 8.4:</u> Stahl-Rad Ø450 (Drehklang)

| Zunge | - | A | B | N |
|---|---|---|---|---|
| $\varphi_{opt}$ | - | 0,026 | 0,026 | 0,026 |
| $\psi_{opt}$ | - | 1,293 | 1,293 | 1,293 |
| $\beta$ | - | 2,05 | 2,03 | 2,23 |
| $L'_{ps} = L_{ps}$ | dB | 136,0 | 139,0 | 139,5 |
| $L_{ws} - L_{ps}$ | dB | -95,6 | -94,7 | -104,5 |
| $L_{ws}$ | dB | 40,4 | 44,3 | 35,o |

Tabelle 8.5: Original-Rad Alu Ø 510 (Rauschen)

| Zunge | - | A | B | N |
|---|---|---|---|---|
| $\varphi_{opt}$ | - | 0,026 | 0,026 | 0,026 |
| $\psi_{opt}$ | - | 1,275 | 1,275 | 1,275 |
| $\beta$ | - | 2,04 | 2,03 | 2,06 |
| $L'_{ps} = L_{ps}$ | dB | 138,5 | 138,5 | 137,0 |
| $L_{ws} - L_{ps}$ | dB | -95,1 | -94,6 | -96,0 |
| $L_{ws}$ | dB | 43,4 | 43,9 | 41,0 |

Tabelle 8.6: Stahl-Rad Ø 510 z = 12 (Rauschen)

| Zunge | - | A | B | N |
|---|---|---|---|---|
| $\varphi_{opt}$ | - | 0,034 | 0,034 | 0,034 |
| $\psi_{opt}$ | - | 1,358 | 1,358 | 1,358 |
| $\beta$ | - | 2,06 | 2,10 | 2,53 |
| $L'_{ws} = L_{ps}$ | dB | 145,0 | 143,0 | 148,5 |
| $L_{ws} - L_{ps}$ | dB | -96,6 | -98,6 | -119,8 |
| $L_{ws}$ | dB | 48,4 | 44,4 | 28,7 |

Tabelle 8.7: Best-Rad Alu Ø 450 (Rauschen)

| $z$ | - | 6 | 8 | 10 | 12 | 14 | 16 |
|---|---|---|---|---|---|---|---|
| $\varphi_{opt}$ | - | 0,034 | 0,034 | 0,034 | 0,034 | 0,034 | 0,034 |
| $\psi_{opt}$ | - | 1,228 | 1,293 | 1,344 | 1,349 | 1,386 | 1,35 |
| ZUNGE A | | | | | | | |
| $\beta$ | - | 2,03 | 2,03 | 2,05 | 2,01 | 2,05 | 2,16 |
| $L'_{ps} = L_{ps}$ | dB | 143,50 | 141,50 | 141,50 | 140,00 | 140,50 | 143,50 |
| $L_{ws} - L_{ps}$ | dB | -94,50 | -94,80 | -96,10 | -94,10 | -96,30 | -101,50 |
| $L_{ws}$ | dB | 49,00 | 46,70 | 45,40 | 45,9o | 44,20 | 42,00 |
| ZUNGE B | | | | | | | |
| $\beta$ | - | 2,09 | 2,05 | 2,15 | 2,09 | 2,09 | 2,06 |
| $L'_{ps} = L_{ps}$ | dB | 142,75 | 142,00 | 141,00 | 141,00 | 139,00 | 140,75 |
| $L_{ws} - L_{ps}$ | dB | -97,40 | -95,80 | -101,00 | - 98,10 | -98,30 | -96,60 |
| $L_{ws}$ | dB | 45,40 | 46,20 | 40,00 | 42,90 | 40,70 | 44,20 |
| ZUNGE N | | | | | | | |
| $\beta$ | - | 2,24 | 2,28 | 2,45 | 2,23 | 2,29 | 2,21 |
| $L'_{ps} = L_{ps}$ | dB | 142,00 | 143,00 | 143,00 | 142,00 | 141,00 | 139,00 |
| $L_{ws} - L_{ps}$ | dB | -104,80 | -107,10 | -115,80 | -105,00 | -108,10 | -104,00 |
| $L_{ws}$ | dB | 37,20 | 35,90 | 27,20 | 37,00 | 32,90 | 35,00 |

Tabelle 8.8: Stahl-Rad Ø 450 (Rauschen)

## 9. Zusammenfassung

Nach Schilderung der Aufgabenstellung, der Beschreibung des Geräuschmeßprüfstandes und der Meßmethoden werden Geräuschanalysen bei verschiedenen Laufrad- und Zungenkonfigurationen durchgeführt.

Besonderer Wert wurde auf die Reproduzierbarkeit der Meßergebnisse gelegt, damit der Einfluß selbst geringfügiger Veränderungen am Ventilator exakt registriert werden konnte. Um unverfälschte Geräuschdaten zu erhalten, mußten reflexionsarme Kanalabschlüsse untersucht werden. Es stellte sich heraus, daß bei dem relativ kleinen Meßrohrdurchmesser mit 160 mm lichter Weite herkömmliche Exponentialtrichter nicht ausreichen, die Norm zu erfüllen. Erst nach Einbau von Shenoda-Rohren, die dreieckig geschlitzt und mit porösem Stoff abgedeckt sind, wurde die gewünschte Reflexionsfreiheit erreicht.

Da der untersuchte Radialventilator als typischer Langsamläufer hohe Ansaug- und Ausblasgeschwindigkeiten aufweist, mußte zur Vermeidung von Störschall auf den üblichen Einbau des Mikrophons und seines Windschutzvorsatzes im Meßkanal verzichtet und eine Spezialsonde entwickelt werden, bei der sich das Mikrophon einschließlich geschlitztem Vorsatzrohr an der Rohrwandung außerhalb der Strömung befindet.

Die Auswertung der Geräuschmeßergebnisse zeigt, daß das WEIDEMANNsche Produktgesetz nicht ausreicht, die spektralen Eigenschaften des Geräusches zu verifizieren. Erst durch die Erweiterung des Produktgesetzes mit Hilfe einer Störfunktion können alle im Systemfrequenzgang auftretenden "Abnormitäten" hinreichend erfaßt und an Hand von speziell erarbeiteten Drehklang- und Rausch-Kennkarten konkrete Geräuschprognosen getroffen werden.

Der Einblick in die Schallentstehungsmechanismen konnte verbessert werden. Es zeigt sich, daß die Quelleigenschaften des Ventilatorgeräusches, insbesondere die des Drehklanges, welche in der Hauptsache auf Fluß- und Impulsquellen basieren, sehr stark von Schaufelzahl und Zungenform, also vom Verhältnis Impulsflächen zu Flußflächen, abhängig sind. Noch mehr wird der strukturelle Verlauf des Systemfrequenzganges und der Störfunktion durch diese Konstruktionselemente beeinflußt.

Auch die Vergrößerung des Zungenabstandes wirkt sich in der Regel mindernd auf das Ventilatorgeräusch aus. Es konnte nachgewiesen werden, daß allein durch Zungenform und Zungenabstand in Verbindung mit einem "rotierenden Diffusor" am Laufradaustritt Drehklanglärm fast vollständig ausgeschaltet werden kann. Bei dem untersuchten Ventilator ist auf diese Weise eine Geräuschminderung von etwa 8 dB(A) bei konstanter Strömungsleistung erreicht worden.

Erleichtert wird die Herabsetzung des Ventilatorgeräusches dadurch, daß sich eine Schaufelzahlvariierung zwischen 12 und 16 Schaufeln zusammen mit den vorgenommenen Zungenänderungen kaum auf das aerodynamische Verhalten des Ventilators innerhalb des optimalen Betriebsbereiches auswirkt.

Die Modifikation des ALLENschen Verfahrens, die im Zusammenhang mit dem erweiterten Produktgesetz zu sehen ist, verbessert infolge einer verfeinerten Geräuschanalyse die Abschätzung des Geräuschspektrums einschließlich eventuell notwendiger Tonpegelzuschläge für eine ganze Baureihe geometrisch ähnlicher Ventilatoren aus den am Modell gewonnenen Daten.

## Benutzte Formelzeichen und Indizes

| Zeichen: | Einheit: | Bedeutung: |
|---|---|---|
| $A$ | $m^2$ | Fläche |
| $a$ | $m\,s^{-1}$ | Schallgeschwindigkeit |
| $b$ | $m$ | Schlitzbreite |
| $C$ | $N\,m^{-1}$ | Federkonstante |
| $c$ | $ms^{-1}$ | Strömungsgeschwindigkeit |
| $c_p$ | $Jkg^{-1}K^{-1}$ | spezifische Wärme bei konstantem Druck |
| $c_V$ | $Jkg^{-1}K^{-1}$ | spezifische Wärme bei konstantem Volumen |
| $D$ | $m$ | Laufraddurchmesser |
| $d$ | $m$ | Rohrdurchmesser |
| $d_i$ | $m$ | Laufradparameter |
| $F$ | $N$ | Wechselkraft |
| $F$ | 1 | Erregerfunktion bzw. Rauschfunktion |
| $F_M$ | 1 | nichtnormierte Erregerfunktion bzw. Rauschfunktion |
| $f$ | $Hz$ | Frequenz |
| $f_T$ | $Hz$ | Terzmittenfrequenz |
| $f_m$ | $Hz$ | Bandmittenfrequenz |
| $\Delta f$ | $Hz$ | Bandbreite |
| $G$ | 1 | Systemfrequenzgang |
| $G_M$ | 1 | nichtnormierter Systemfrequenzgang |
| $H$ | 1 | Klasse der Harmonischen (1,2, ......) |
| $He$ | 1 | Helmholtzzahl $fD_2/a = D_2/\lambda$ |

| Zeichen: | Einheit: | Bedeutung: |
|---|---|---|
| $He^{x}$ | 1 | Helmholtzzahl $ft_2/a$ |
| h | m | Schlitzlänge |
| $\Delta h$ | m | Spiegeldifferenz am Hebermanometer |
| j | 1 | Imaginäre Einheit $\sqrt{-1}$ |
| k | 1 | Isentropenexponent |
| K | 1 | Konstante |
| $K_{\tilde{p}}$ | 1 | Schalldruckkennzahl $\tilde{p}/\tilde{p}_o$ |
| l | m | Schlitzhöhe |
| $\Delta l$ | m | Mündungskorrektur |
| $L_p$ | dB | Schalldruckpegel bezogen auf $2 \cdot 10^{-5}$ Pa |
| $L_{ps}$ | dB | normierter spezifischer Schalldruckpegel |
| $L'_{ps}$ | dB | nichtnormierter spezifischer Schalldruckpegel |
| $L_{pT}$ | dB | Schaufeltonpegel |
| $L_w$ | dB | Schalleistungspegel bezogen auf $10^{-12}$ Watt |
| $\Delta L$ | dB | Pegeldifferenz |
| M | Nm | Drehmoment |
| Ma | 1 | Machzahl |
| $M_u$ | 1 | Machzahl u/a |
| $M_c$ | 1 | Machzahl c/a |
| m | kg | Masse |
| $\dot{m}$ | $kg\,s^{-1}$ | Massenstrom |
| n | $s^{-1}$ | Drehzahl |
| n | 1 | Polytropenexponent $\ln \frac{p_A}{p_E} \Big/ \ln \frac{\rho_A}{\rho_E}$ |

| Zeichen: | Einheit: | Bedeutung: |
|---|---|---|
| P | W | Leistung des Ventilators |
| p | $N\,m^{-2}$ | Schalldruck |
| $p_b$ | $N\,m^{-2}$ | Atmosphärendruck |
| $\Delta p$ | $N\,m^{-2}$ | Druckdifferenz |
| $\Delta p_t$ | $N\,m^{-2}$ | Gesamtdruckerhöhung |
| R | $J\,kg^{-1}\,K^{-1}$ | spezifische Gaskonstante |
| R | $N\,m^{-1}\,s$ | Reibungsglied |
| $R_T$ | $kg\,m^{-2}\,s^{-1}$ | Strahlungswiderstand |
| Re | 1 | Reynoldszahl $cd/\nu$ |
| r | m | Radius |
| r | 1 | Reflexionsfaktor |
| $\Delta r$ | m | Zungenabstand |
| S | $m^2$ | Meßfläche |
| S | 1 | Störfunktion |
| s | m | Schaufeldicke |
| St | 1 | Strouhalzahl $fD_2/u_2$ |
| T | K | absolute Temperatur |
| Tu | 1 | Turbulenzgrad $\tilde{c}/c$ |
| t | s | Zeit |
| $t_2$ | m | äußere Schaufelteilung |
| u | $m\,s^{-1}$ | Umfangsgeschwindigkeit |
| u | $m\,s^{-1}$ | Strömungsgeschwindigkeit |
| V | $m^3$ | Raumvolumen |
| V | 1 | Übertragungsverhältnis |
| $\dot{V}$ | $m^3\,s^{-1}$ | Volumenstrom |
| W | W | Schalleistung |

| Zeichen: | Einheit: | Bedeutung: |
|---|---|---|
| $x_i$ | m | Meßkoordinaten |
| Y | $J\,kg^{-1}$ | spezifische Strömungsarbeit $\int_E^A \frac{dp}{\rho}$ |
| y | m | Auslenkung |
| Z | 1 | Realgasfaktor |
| z | 1 | Schaufelzahl |
| $\alpha$ | 1 | Schallabsorptionsgrad |
| $\alpha$ | 1 | Reynoldszahl-Exponent |
| $\alpha$ | 1 | Durchflußbeiwert |
| $\beta$ | 1 | Machzahl-Exponent |
| $\beta_s$ | 1 | Schaufelwinkel |
| $\delta$ | 1 | Durchmesserzahl $\psi^{1/4} * \varphi^{-1/2}$ |
| $\epsilon$ | 1 | Expansionszahl |
| $\epsilon$ | 1 | Exponent des Schalltrichters |
| $\zeta$ | 1 | Widerstandsbeiwert |
| $\eta$ | 1 | Wirkungsgrad |
| $\Theta$ | 1 | Polarwinkel |
| $\Theta_0$ | Nm/mV | Drehmomentenfaktor |
| $\kappa$ | 1 | Verhältnis der spezifischen Wärmen $c_p/c_v$ |
| $\lambda$ | m | Wellenlänge |
| $\lambda$ | 1 | Leistungszahl $P/(\frac{\rho}{2} \cdot u_2^3 \cdot A_2)$ |
| $\mu$ | 1 | Porosität der Stoffabdeckung |
| $\nu$ | 1 | Abstimmungsverhältnis $\omega/\omega_0$ |
| $\nu$ | $m^2 s^{-1}$ | kinematische Zähigkeit |
| $\rho$ | $kg\,m^{-3}$ | Dichte |

| Zeichen: | Einheit: | Bedeutung: |
| --- | --- | --- |
| $\sigma$ | 1 | Schnellaufzahl $\varphi^{1/2} \cdot \psi^{-3/4}$ |
| $\varphi$ | 1 | Durchflußzahl $\dot{V}/(A_2 \cdot u_2)$ |
| $\varphi_r$ | 1 | Phasenwinkel |
| $\psi$ | 1 | Druckzahl $2Y_t/u_2^2$ |
| $\omega$ | $s^{-1}$ | Kreisfrequenz $2\pi n$ |
| $\omega_o$ | $s^{-1}$ | Eigenfrequenz $\sqrt{C/m}$ |

## Indizes

| Index: | Bedeutung: |
| --- | --- |
| A | Ventilatoraustritt |
| a | austretend |
| Bl | Blende |
| E | Ventilatoreintritt |
| e | einfallend; effektiv |
| i | innen |
| r | reflektierend |
| t | total |
| 1 | Schaufeleintritt |
| 2 | Schaufelaustritt |

---

| | |
| --- | --- |
| $\sim$ | Kennzeichnung des Effektivwertes |
| $\wedge$ | Kennzeichnung des Spitzenwertes |
| — | unterstrichene Größen, komplexe Größen |
| Re | Realteil |
| Im | Imaginärteil |

## S C H R I F T T U M


/1/ Allen, H.C.: Noise Control in Ventilation Systems. Chapter 21, Beranek: Noise Reduction. Mc Graw-Hill 1960

/2/ Christie, D.H. u. J.B. Graham: Sound power level measurements of fan noise. ASRAE 71st Annual-Meeting, Cleveland, Ohio (29.6. - 1.7.1964)

/3/ Baade, P.K.: Accuracy consideration in fan sound measurement. ASRAE Journal 1967

/4/ Zeller, W.: Lärmabwehr bei Lüftungsanlagen. Forschungsbericht Nr. 1117 Westdeutscher Verlag Köln-Opladen

/5/ VDI-Richtlinie-2081: Lärmminderung bei Raumlufttechnischen Anlagen, Entwurf 1978.

/6/ Muheim, J.A. u. E.J. Rathé: Das Geräuschverhalten von Ventilatoren. (Kritische Übersicht über bisherige Erfahrungen und Erkenntnisse) ETH Zürich (1968)

/7/ Neise, W.: Geräuschminderung bei Radialventilatoren. HLH 27 (1976)

/8/ Leidel, W.: Einfluß von Zungenabstand und Zungenradius auf Kennlinie und Geräusch eines Radialventilators. DLR FB 69-16 (1969)

/9/ Baron, P.: La lutte contre le bruit dans les installations électro-méchaniques. Mém. Cos. Ing. Civ. France III (1958)

/10/ Piltz, E.: Geräuschmessung von Radialventilatoren bei unterschiedlicher Laufradbeschaufelung. HLH 26 (1975) Nr. 5

/11/ Mellin, R.C. u. G. Sovran: Controlling the tonal characteristics of the aerodynamic noise generated by fan rotors. Journal of Basic Engineering (1970)

/12/ Lighthill, M.J.: On sound generated aerodynamically.
I. General theory.
A 211 (1952)

II. Turbulence as a source of sound.
A 222 (1954)

The Bakerian Lecture, 1961.
Sound generated aerodynamically.
A 267 (1962), Proc.Roy.Soc. (London)

/13/ Curle, N.: The influence of solid boundaries upon aerodynamic sound. Proc. Roy. Soc. (London)

/14/ Laufer, J., Ffowcs Williams, J.E., Childress, E.: Mechanism of noise generation in the turbulent boundary layer.
AGARDOgraph 90 (1964),
North Atlantic Treaty Organisation, Paris

/15/ Neise, W.: Einfluß der Mikrofonumströmung bei der Messung von Ventilatorgeräusch im angeschlossenen Kanal.
DLR-FB 74-04

/16/ Wikström, B.: Beitrag zur zweckmäßigen Bestimmung und Darstellung des Ventilatorgeräusches als Grundlage für akustische Berechnung von Lüftungsanlagen.
Dissertation TU-Berlin (1964)

/17/ Grünewald , W.: Vorschlag für eine einheitliche Geräuschmessung an Ventilatoren. HlH 10 (1959) Nr. 6, S. 167-172

/18/ Cordier, O.: Ähnlichkeitsbedingungen für Strömungsmaschinen. BWK 5 (1963) Nr. 10

/19/ Sörensen, E. u. A. Garve:
Dubbels Taschenbuch für Maschinenbau
Bd. II, 12. Aufl. (1961) Springer-Verlag

/20/ Pfleiderer, C.: Die Kreiselpumpen
5. Aufl. (1961) Springer-Verlag

/21/ Marcinowski, H.: Einstufige Turboverdichter.
Chemie-Ingenieur-Technik 31 (1959) Nr. 4

/22/ Bommes, L.: Anwendung des Ähnlichkeitsgrundsatzes im Ventilatorenbau. HLH Bd. 20 (1969) Nr. 2 , VDI-Verlag

/23/ Schirmer,W. u.a. Lärmbekämpfung, Verlag Tribüne Berlin (1974)

/24/ Wollherr, H.: Akustische Untersuchungen an Radialventilatoren unter Verwendung der Vierpoltheorie. Dissertation TU-Berlin (1973)

/25/ Leist, H.: Experimentelle Untersuchungen von Schallerzeugung und Stromfeldgrößen bei Radialventilatoren mit unterschiedlicher Beschaufelung. Bericht zum Forschungsvorhaben Ma 236/29. Juni 1976, TH-Karlsruhe

/26/ Brockmeyer, H.: Strömungsakustische Untersuchungen an Kanalnetzelementen von Hochgeschwindigkeits-Klimaanlagen. Dissertation TU-Braunschweig (1968)

/27/ Madison, R.D.: Fan Engineering (Handbook) 5the ed. Buffalo, New York. Buffalo Forge Company, 1949

/28/ Maling, G.C.: Dimensional analysis of blower noise. Journ. Acoust. Soc. Am. 35 (1963) Nr.10.

/29/ Riollett: Les lois d'émission sonores d'un ventilateur présentées à parti de l'analyse dimensionelle. 9the Cong.Intern.Mecan. Appl. 2 (1959)

/30/ Weidemann, J.: Beitrag zur Analyse der Beziehungen zwischen den akustischen und strömungstechnischen Parametern am Beispiel geometrisch ähnlicher Radialventilator-Räder. Dissertation TU-Berlin (1970)

/31/ Agnon, R.: Experimentelle Untersuchungen zum Einfluß des Gehäuses auf die Schallabstrahlung von Radialventilatoren. Dissertation TU-Berlin (1975)

/32/ Bartenwerfer, M.: Einige Aspekte der Lärmforschung an Radialventilatoren.
IB 357-75/2 DFVLR, Institut für Turbulenzforschung Berlin

/33/ Holle, W. u. E. Lübcke:
Zur Schallstärke des von schnellbewegten Profilen erzeugten Schalls.
Luftfahrtforschung 7 (1939) S. 56-58

/34/ Gikadi, T. u. M. Bartenwerfer:
Messung, Berechnung und Verringerung des Lärms von Radialventilatoren.
Klima + Kälte - Ingenieur 10/1977

/35/ Wollherr, H. Akustische Untersuchungen an einem Axialventilator.
Techn. Bericht (1971) des Instituts für Techn. Akustik TU-Berlin

/36/ Shenoda, F.B.: Reflexionsarme Abschlüsse für durchströmte Kanäle. Dissertation TU-Berlin (1973)

/37/ Meyer, E. u. E.G. Neumann:
Physikalische und Technische Akustik.
2. Aufl. 1974, Verlag Vieweg + Sohn.

/38/ DIN 45 635 Teil 9: Geräuschmessung an Maschinen.
Luftschallmessung, Kanal-Verfahren, Rahmenmeßverfahren. Entwurf Sept. 1977.

/39/ Mechel, F., Schilz, W. und J.Dietz:
Akustische Impedanz einer luftdurchströmten Öffnung. Acustica, Vol. 15 (1965)

/40/ DIN 1952 Durchflußmessung mit genormten Düsen, Blenden und Venturidüsen
(VDI-Durchflußmeßregeln)
Neuentwurf zur 7. Auflage

/41/ Friedrich, J.: Ein quasischallunempfindliches Mikrofon für Geräuschmessungen in turbulenten Luftströmungen. Techn. Mittl. RFZ 11 (1967)

/42/ Meyer, E. u. D. Guicking:
Schwingungslehre.
Vieweg-Verlag (1974)

/43/ Mode, F.W.: Ventilatoranlagen, 4. Aufl. 1972,
Verlag Walter de Gruyter, Berlin

/44/ Bommes, L.: Über den Einfluß der Schaufelzahl auf die
Kennlinie eines Radialventilators mit
rückwärts gekrümmten Schaufeln.
HLH, Bd. 14 (1963) Heft 5/6/7
VDI-Verlag GmbH, Düsseldorf

/45/ Heckl, M. u. H.A. Müller:
Taschenbuch der Technischen Akustik.
Springer-Verlag 1975

/46/ Hubert, M.: Untersuchungen über Geräusche durch-
strömter Gitter.
Dissertation TU Berlin (1969)

# FORSCHUNGSBERICHTE
## des Landes Nordrhein-Westfalen

*Herausgegeben*
*vom Minister für Wissenschaft und Forschung*

Die „Forschungsberichte des Landes Nordrhein-Westfalen" sind in zwölf Fachgruppen gegliedert:

Geisteswissenschaften
Wirtschafts- und Sozialwissenschaften
Mathematik / Informatik
Physik / Chemie / Biologie
Medizin
Umwelt / Verkehr
Bau / Steine / Erden
Bergbau / Energie
Elektrotechnik / Optik
Maschinenbau / Verfahrenstechnik
Hüttenwesen / Werkstoffkunde
Textilforschung

SPRINGER FACHMEDIEN WIESBADEN GMBH

<u>GPSR Compliance</u>

*The European Union's (EU) General Product Safety Regulation (GPSR) is a set of rules that requires consumer products to be safe and our obligations to ensure this.*

*If you have any concerns about our products, you can contact us on ProductSafety@springernature.com*

In case Publisher is established outside the EU, the EU authorized representative is:

Springer Nature Customer Service Center GmbH
Europaplatz 3
69115 Heidelberg, Germany

**Batch number: 10584556**

Printed by Printforce, the Netherlands